降水量观测

周冬生　蒋兆宏　著

·北京·

内 容 提 要

本书针对水文行业降水量观测工作的现状及新形势下对水文技能人才的需求情况，结合水文测验的新技术、新方法和新设备，系统介绍了降水量观测的理论、方法、仪器以及相关标准，内容全面、系统、实用性强。全书共分8章：第1章，绪论；第2章，降水量观测系列标准分析；第3章，降水量观测方法；第4章，降水量资料整编；第5章，降水量观测仪器；第6章，水文仪器的检定与校准；第7章，雷达面雨量自动监测系统；第8章，雨量计校准仪。

本书既可作为水文行业降水量观测的培训教材，亦可供从事水文工作的技术人员参考。

图书在版编目（CIP）数据

降水量观测 / 周冬生，蒋兆宏著. -- 北京 : 中国水利水电出版社，2018.9
ISBN 978-7-5170-7064-1

Ⅰ. ①降… Ⅱ. ①周… ②蒋… Ⅲ. ①降水量－水文观测 Ⅳ. ①P332.1

中国版本图书馆CIP数据核字(2018)第241860号

书　名	**降水量观测** JIANGSHUILIANG GUANCE
作　者	周冬生　蒋兆宏　著
出版发行	中国水利水电出版社 （北京市海淀区玉渊潭南路1号D座　100038） 网址：www.waterpub.com.cn E-mail：sales@waterpub.com.cn 电话：（010）68367658（营销中心）
经　售	北京科水图书销售中心（零售） 电话：（010）88383994、63202643、68545874 全国各地新华书店和相关出版物销售网点
排　版	中国水利水电出版社微机排版中心
印　刷	清淞永业（天津）印刷有限公司
规　格	184mm×260mm　16开本　16.75印张　397千字
版　次	2018年9月第1版　2018年9月第1次印刷
印　数	001—500册
定　价	**68.00**元

前　　言

降水是水循环的重要环节，是地表水和地下水的来源，它与人类的生存、发展有着极为密切的关系，因此，在人类活动的许多方面需要掌握降水量资料，研究降水规律。降水量观测是水文测验的重要内容。

随着经济社会的快速发展，水文服务的领域越来越广，社会对水文服务的要求越来越高。降水量观测作为水文观测的主要项目之一也较以往更加受到重视。

本书针对水文行业降水量观测工作的现状及新形势下对降水量观测的需求情况，系统介绍了降水量观测的理论、方法、仪器以及相关标准，以提高技术为主旨，力图反映最新科技的发展，用新的规范（标准），突出新技术、新方法及新仪器设备应用，内容全面、系统、实用性强。

本书既可作为水文行业降水量观测的培训教材，亦可供从事水文仪器研究、生产、检测和应用的专业人员以及水文观测工作人员参考。

水利部南京水利水文自动化研究所为本书的编写提供了翔实资料并鼎力相助，水利部信息中心张建新处长对本书的编写给予了详细的指导和建议，中国水利水电出版社李亮分社长、刘佳宜编辑对本书的编辑和出版给予了大力支持。在此一并致以诚挚的谢意！

本书参考和引用了一些专著、教材和技术文献，在参考文献中尽量注明出处，但难免会有遗漏，在此谨向所有原作者表示谢意！

由于作者水平所限，书中难免会有不妥之处，敬请各位专家和广大读者批评指正！

作者

2018 年 5 月

目　　录

第1章 绪　　论

1.1 水 文 测 验

水文测验是人类认识水文现象、探索水文变化规律必须开展的基础工作，通过水文测验，可开展水文计算、水文预报、水资源分析评价等各项水文应用工作。

水文测验除了积累站网基本资料和调查资料外，还承担了为防洪抗旱、水利工程调度运行、水资源调节、水环境保护与治理等提供直接服务的重任，在相关的涉水事项决策中具有无可替代的作用，同时水文测验为农业生产、交通运输、城市管理、环境保护、工程建设等提供支持和保障作用。

水文测验的内容包括：为了获得水文要素各类资料，建立和调整水文站网；为了准确、及时、完整、经济地观测水文要素和整理水文资料，并使得到的各项资料能在同一基础上进行比较和分析，研究水文测验的方法，制定出统一的技术标准；为了更全面、更精确地观测各水文要素的变化规律，研制水文测验的各种仪器、设备；按统一的技术标准在各类测站上进行水位观测，流量测验，泥沙测验和水质、水温、冰情、降水量、蒸发量、土壤含水量、地下水位等观测，以获得实测资料；对一些没有必要作驻站测验的断面或地点，定期进行巡回测验，如枯水期和冰冻期的流量测验、汛期跟踪洪水测验、定期水质取样测定等；水文调查，包括测站附近河段和以上流域内的蓄水量、引入引出水量、滞洪、分洪、决口和人类其他活动影响水情情况的调查，也包括洪水、枯水和暴雨调查。水文测验得到的水文资料，按照统一的方法和格式，加以审核整理，成为系统的成果，刊印成水文年鉴，供用户使用。

基本的测验项目有水位、流量、泥沙、降水、冰情、蒸发、水温、水质、土壤含水量和地下水等。

1. 水文测验发展的历史

早在4000年以前，我们的祖先已经懂得治水必先知水，大禹治水以疏代堵。都江堰、秦代的灵渠、隋代至元代修成的京杭大运河等伟大的水利工程，都比较符合当地水文总体情势而能长期发挥作用，这足以证明当时的人们对水文知识已具有一定的认识。公元前251年，李冰在岷江都江堰设立石人观测水位，是最具实际表象的水文观测活动。至隋代，改用木桩、石碑或在岸边石崖上刻划成“水则”观测江河水位。中国古代水文工作随水利建设的发展而发展。

明清以来，西方科技发展迅速，中国水文却从早期的先进变为相对落后的状况。近代意义的水文测站设立始于19世纪中叶。民国时期，我国水文工作有所加强。1914年（民国三年），成立全国水利局。其后，陆续成立广东治河处、扬子江水道讨论委员会、太湖水利工程处等流域机构，主持开展各流域的水文工作。1922年（民国十一年），水利专家、第一任黄河水利委员会委员长李仪祉明确提出了重视“水事测量”（即水文测验）的建议，后来又提出了“水文测量包括流速、流量、水位、含沙量、雨量、蒸发、风向以及其他关于气候之记载事项”，明确规定了水文测站的观测内容。1934年（民国二十三年），全国经济委员会成立，内设水利处，负责管理水利（含水文）业务，另设中央水工试验所。当年，首次提出黄河流域布设水文站网的规划，并提出了至今仍有重要参考价值的布设水文站网的思想。到20世纪30年代，水文站网得到发展，水文部门整理和刊布了早期的水文和雨量资料。

1949年后，水文站网发展加快，经过艰苦努力，在全国初步布设了较完善的水文站网。之后，我国进行过4次规模较大的水文站网规划、论证和调整工作。1955年对大、中、小河流，分别采用线的原则、面的原则和站群原则进行了规划。1964年在原有水文站网已收集到一定数量水文资料的基础上，用概念性水文模型检验站网，规划由定性分析向定量分析迈进了一大步。1978年根据站网中存在的问题，通过分析研究编制了近期（1985年以前）水文站网调整充实规划。1983—1986年为加强站网建设，逐步形成科学合理的站网布局，以满足各行各业对水文资料的需求，编制了近期（1985—1990年）和远期（1991—2000年）水文站网调整发展规划。2000年以来，组织编制了《全国水文事业发展规划》等综合规划，组织编制了全国中小河流水文监测、地下水监测、水质监测、土壤墒情监测和水文实验站等专项监测站网规划，以及组织编制了《全国水文基础设施建设规划（2013—2020年）》等建设规划，加强了全国水文基础设施建设，组织开展了全国中小河流水文监测系统建设、国家防汛抗旱指挥系统工程建设、国家水资源监控能力项目建设和国家地下水监测工程项目建设等，水文站网建设取得了跨越式的发展。

到2015年年底，全国水文部门共有各类水文测站99575处，包括国家基本水文站3151处、专用水文站2555处、水位站11180处、雨量站49403处、蒸发站14处、墒情站1856处、水质站14560处、地下水站16800处、实验站56处，其中向县级以上防汛指挥部门报送水文信息的水文测站45863处，发布预报的水文测站1247处。水文部门共有从业人员59403人，其中在职职工25827人，委托观测员33576人。

经过长期努力，水文监测取得了长足的进步。水文要素的观测项目覆盖全面，开展了水位、流量、含沙量、推移质、河床质、降水量、蒸发、地下水、冰情、墒情、水温、水质、土壤含水量等多项水文要素的观测，流域、河段的水文调查与勘测也得到了发展，积累了大量、连续、系统、可靠的水文资料。随着时代的不断发展，水文测验装备技术不断进步，经历了人工、机械、机电、电子时代的发展过程，现在已经进入了计算机和信息化时代，高科技手段得到运用，部分水文技术装备的应用已达到了世界先进水平。水文测验技术和测验方法发生了根本性的变化，自动观测成为发展的方向，巡测得到大力发展，水位、降水量观测基本实现了自动采集、自动存储、自动报汛，水文信息传输的时效性和可靠性大为提高；流量测验使用水文缆道或水文测船测验智能控制系统、声学多普勒流速剖面仪，实现了流量的自动测验或半自动测验；计算机整编技术的应用提高了水文资料整编的效率，全面恢复水文资料年鉴刊印，提高水文资料质量，水文数据库的建立标志着水文信息处理、存储、应用技术的飞跃，已经实现从数据采集到水文资料整编的对接；水文基础设施在建设规模、功能和标准等方面都发生了巨大变化。加入ISO和WTO之后，水文测验技术标准体系不断完善，制定和修订了大量技术规范，水文测验标准化工作得到了发展，使监测技术更趋于统一、测验成果更为可靠。

近 30 年来，水文行业不断推进水文测验现代化的进程，提高水文监测能力，提升水文测验服务水平，以高准确性和高时效性切实支撑提高我国的防汛抗旱与水资源管理等方面的水平，在三峡工程建设、1998 年抗击洪水、汶川地震抢险、长江口整治工程等重大工程建设和抗御自然灾害中，履职尽责，经受了考验，不辱使命，发挥了不可或缺的重要作用。多年来，通过践行“大水文”理念，促进水文事业大发展，取得了显著的成就。随着改革的进一步深入，面对机制体制的变化和调整的需要，水文行业正在迈入新一轮发展周期。

2. 水文测验的任务与内容

（1）站网规划与调整。根据国民经济和社会发展的需要，适时规划调整站网。主要内容是根据经济社会发展的需求，按照不同的要素，确定测站的数量和位置，根据河流水系和水情变化，进行测站设立、迁移、暂停、恢复等调整。

（2）测站查勘与水文测站设立。根据设立、迁移、恢复水文测站的站网规划和调整计划，进行测站选址勘察、设计布置，设置测验设施、仪器设备或更新改造。主要内容有河道与地形测量，确定测验河段，选定观测场位置，建立高程控制，落实保护范围，设定断面位置，设置水文观测设施，安装测验仪器设备，建立供水供电通信保障等。

（3）站网基本观测。根据测站特性、测验任务需要、精度要求、设施设备情况，采用驻测、自动监测等方式进行定位观测，对具备条件的可以开展巡测。主要内容有水文测验设施设备的维护、保养和校测、校核；观测地表水位、地下水位，测验流量、泥沙并进行泥沙颗粒分析；观测降水、蒸发、风速、风向等气象要素；观测水温、冰情、土壤含水量；开展水质监测；及时计算、整理水文资料。

（4）水文调查。当全流域或区域发生暴雨、洪水、泥石流、漫滩、决堤、溃坝、分洪、改道、滞洪、蓄洪、蓄水、引水、退水、断流、冰塞、冰坝、淤塞、水体污染等情况时，需要开展水文调查，收集有关资料，弥补定位观测的不足，以较好地获得相关的水情、灾情状况，必要时需补充测绘、勘察等现场调查，并写出调查报告。

（5）水情信息传报。根据报汛需要，测站将监测的各类水情信息包括原始观测数据传送给中心站或水情信息中心，根据需要传送实测数据或计算结果及时报送防汛机构或相关用户。

（6）资料整编与年鉴刊印。分析、计算、整编、汇编、刊印水文资料，并建立水文资料数据库。主要内容是按照既定的型式和要求，进行资料整理、计算填制各项成果表；完成计算、校对、审查、复审、卷册汇编、流域审查、全国终审流程，统一汇交，刊印年鉴和录入数据库。

（7）水文应急监测。根据涉水自然灾害和人为事故，进行现场勘测、搜寻、监控、预测等工作。主要内容：运用常规和先进装备，进行水下和陆域的快速勘测，监测水流和水质情况，监测相关区域降水和来水量，监控变形和沉降，预测灾情或事故变化。

（8）水文测验基础研究。结合水文生产，分析水文测验对水文要素时空变化反映的效果，进行测验方法和精度的研究，吸收新技术，进行应用研究，开展水文测验标准化技术研究，提高水文测验技术水平。主要内容有站网分析、新技术应用、仪器设备研制、测验误差研究、整编方法研究、标准制修订等。

（9）其他相关研究。融合其他学科的技术应用，与水文测验在专业交叉结合，进行水文特有的专题技术研究，如水文测船设计、水文缆道设计、水文基础设施建筑或结构设计、水文设施设备安装技术、水文安全防护设施装备等。

1.2　降水量观测发展历史

1. 降水量观测概述

降水是指空气中的水汽冷凝并降落到地表的现象。它包括两部分：一部分是大气中水汽直接在地面或地物表面及低空的凝结物，如霜、露、雾和雾凇，又称为水平降水；另一部分是由空中降落到地面上的水汽凝结物，如雨、雪、霰雹和雨凇等，又称为垂直降水。按照降水的状态分，降水有液态降水、固态降水和液态固态混合降水，液态降水又包括雨、雾、露等，固态降水包括雪、雹、霜、冰粒等。

降水是水循环的重要环节，是地表水和地下水的来源，它与人类的生存、发展有着极为密切的关系，因此，在人类活动的许多方面需要掌握降水量资料，研究降水规律。

降水量是指在一定时段内，从大气降落到地面上的液态降水或固态降水（经融化后），在没有产生蒸发、渗透、流失的情况下积聚的水层深度。开展降水量观测，就是要系统地收集降水资料，探索降水在地区和时间上的分布规律，以满足工农业生产、交通航运、国防、防洪抗旱、水利工程、工矿等国家建设的需要。但是单纯的霜、露、雾和雾凇等，不作降水量处理。

降水量是衡量一个地区降水多少的数据。降水观测是研究流域或地区水文循环系统的动态输入项目，是水资源最重要的基础资料之一，对于工农业生产、水利开发、江河防洪和工程管理等方面作用很大。

降水量观测的任务主要是测记降雨、降雪、降雹等类型降水的水量和时间，必要时还需测记雪深、冰雹直径、初霜和终霜日期及雾、露、霜现象等特殊项目。

降水量观测普遍采用直接测定的方式，分为人工观测和自动观测，即人工雨量器观测和自记雨量计观测。近年来开始利用光学、雷达等手段直接测定降水过程，再转换计算为地面降水量；以及利用雷达回波、卫星云图等遥感图像估算降水量。

2. 降水量观测技术发展

根据《中国降水资料》记载，最早开始雨量记录的是河北省境内，可以追溯到清朝光绪年间，是全国运用近代科学技术观测雨量较早的地点之一。那时是用口径为 8in（20.32cm）的雨量器，配以木制量雨尺量取雨量。虽然设备简陋，但已经开始了比较正规的测定及记录。

之后，民国时期，很多地方仍然采用口径为 20.32cm 国产雨量器或者口径为 20cm 的雨量器进行观测。新中国成立之初，口径为 20.32cm 国产雨量器逐渐被 20cm 口径的人工观测雨量器和自记式雨量计替代，一时间，后者成为了测定雨量的最佳仪器。

新中国成立后，我国水文工作也进入正轨，此时，各地水分站分布也逐渐多起来，各省、各市都相继设立了水文站、雨量站和蒸发站。20 世纪 50 年代末，一部分站使用了仿制苏联的 DST 型口径为 25.2cm 的自记式雨量计。从 1955 年开始，在水文站和部分委托雨量站使用口径为 20cm 带有防风圈的雨量器，器口高出地面 2m，用专用量杯计量雨量。60 年代末，水文站全部安装了口径为 20cm，器口高出地面 1.2m 的标准自记或雨量计。以后，大部分委托雨量站也开始安装此仪器。尚未使用雨量记录仪的委托站，采用口径为 20cm 人工观测雨量器观测雨量，器口距地面 0.7m。70 年代后，采用 20cm 口径的翻斗式雨量计开始用于雨量观测，由于翻斗式雨量计本身没有记录功能，因而催生了电子式雨量记录仪器的出现。发展至 20 世纪末，已形成了以翻斗式雨量计为传感器、电子式数据记录仪（也就是后来所说的 RTU）记录降雨量的电子记录方式为主流的雨量自记方式，而且在电子自记的基础上还部分实现了数据远传。

到了 2000 年，用 RTU 以固态存储方式记录降雨量成为全国各地自动监测降雨量的常规方法。至 2003 年全国各地已将固态存储方式记录的降雨量数据作为全年降雨量的基础数据进行资料整编，使得雨量自动观测数据已基本替代人工观测数据成为水位数据整编的依据。采用 RTU 记录降雨量数据，将固态存储的数据导入计算机，可方便地利用这些数据生成报表和图形，大大提高了资料整编的效率。目前国内使用的 RTU 其存储容量都在 20000 条以上的数据，可至少存储两年以上的降雨量数据。

综上所述，我国降水量观测大致经历过以下几个阶段。

第一阶段：新中国成立以前，方法完全为人工观测记录方式。

第二阶段：新中国成立至 20 世纪 70 年代末，在以人工观测记录方式作为降水量资料整编依据的前提下开始应用一些自记式降水量观测仪器。在此阶段，人工观测主要采用雨量器，自记式雨量计主要采用虹吸式雨量计，观测仪器的口径大多采用 20cm 口径，但在 1955—1968 年期间，有部分雨量观测仪器采用了 25.238cm 口径的虹吸式雨量计（苏联标准）。此时的虹吸式雨量计已可以自动将降雨量记录在记录纸上。

第三阶段：20 世纪 70 年代末至 21 世纪初，所有水文站都实现了降雨量自动观测，降雨量观测仪器以 20cm 口径的翻斗式雨量计为主，降雨量数据既可实时传输到所在地区中心站（甚至传送到水利部信息中心），也可以存储在现地的 RTU 中，但此时的自动监测数据还没有在全国范围内应用于数据整编。

第四阶段：21 世纪以来，降水量已可完全实现自动观测，自动观测的降水量数据已在全国范围内应用于数据整编。

1.3 降水量观测技术标准

降水观测通常采用人工观测和仪器观测的方法，为提高降水观测数据的质量，推进降水观测技术的发展，我国水文部门在 20 世纪 80 年代，开始着手研究降水量观测技术规范以及仪器观测的技术标准，于 1989 年发布了《翻斗式雨量计》（GB/T 11832—1989），1990 年发布了《降水量观测规范》（SL 21—1990）。而在同一年代，1983 年我国发布雨量器的专业标准《雨量器技术条件》（ZBY 159—1983），1988 年发布《雨量器和雨量量筒检定规程》（JJG 524—1988）。从标准化的角度出发，在 20 世纪 80 年代，多方位的降水量观测技术标准体系雏形已诞生。

随着我国水文测验和水资源管理的深入发展，以及“最严格水资源管理”、《中华人民共和国水文条例》等一系列水利政策法规的发布实施，全社会对降水量观测资料的需求越来越大，质量要求越来越严格，水文行业对降水观测工作也越来越重视，逐步构建包括观测规范、观测仪器标准、计量检定规程以及与降水外延相关技术标准的降水量观测系列标准体系，并成为目前我国最为完善的降水量观测标准体系，为我国降水量观测技术的发展，提高降水量观测数据的质量，发挥了重要作用。

通过对现行标准实际应用情况的调研，现有标准对目前常用的降水量观测仪器，如虹吸式雨量计和翻斗式雨量计的要求已经比较完善，能够适应降水量观测规范的要求。但是，对新型降水量观测仪器标准制定必须符合仪器推广的进度。

1.4　降水量观测仪器

1.4.1　降水量观测仪器分类

1. 根据观测对象分类

自然界的降水通常呈现出液态和固态两种形式：液态即为降雨；固态则分为降雪和冰雹两种形式。在我国需要对降水量进行观测的行业主要有水文、气象和航海。

作为水文行业的降水量基本观测站，按照《降水量观测规范》（SL 21—2006）的规定，降水量观测仪器应选用取得工业产品生产许可证的产品，其分辨力不应低于该站规定的记录精度。目前国内符合规范要求的用于降水量观测的仪器主要有以下几种。

(1) 适用于液态降水观测的仪器有雨量器、虹吸式雨量计、翻斗式雨量计、浮子式雨量计、称重式雨量计。

其中，大量应用于水文行业的主要是雨量器、翻斗式雨量计和称重式雨量计；而在气象行业应用较多的则是虹吸式雨量计、翻斗式雨量计和称重式雨量计。

(2) 既适用于液态也可用于固态或固液混合状态降水的仪器有雨量器、翻斗式雨雪量计、称重式雨雪量计。

其中，翻斗式雨雪量计是通过将承雨器内的雪融化为水以后再通过翻斗进行计量的。

2. 根据传感器分类

在我国，降水量观测仪器已有行业标准和国家标准对各种传感方式作出了明确规定，现行的标准主要有《雨量器技术条件》（JB/T 9458—1999）、《翻斗式雨量计》（GB/T 11832—2002）、《降水量观测仪器》（GB/T 21978—2008）。

按照上述3个标准的规定，我国用于降水量观测的仪器按传感类型分共有7种，分别是雨量器、翻斗式雨量计、虹吸式雨量计、浮子式雨量计、遥测雨量计、融雪型雨雪量计及光电式雨雪量计。

上述标准对各种降水量观测仪器的结构组成、技术要求、试验方法和检验规则等都做了具体规定，目前我国所有的降水量观测仪器都是遵照这3个标准进行制造的。

1.4.2 观测仪器的适用范围

在日常工作中，雨量观测数据主要应用于水文资料搜集和水雨情预报两个方面。用于水文资料搜集的雨量计，通常安装在国家基本水文站的雨量观测场内，而用于水雨情预报用的雨量计除可以安装在雨量观测场外，还会根据需要安装在屋顶、法拉第筒顶部或杆式雨量站的立柱上等。

作为搜集水文资料的雨量站，《降水量观测规范》（SL 21—2006）3.1.4 款对常用降水量观测仪器的适用范围作了以下规定。

（1）雨量器：适用于驻守观测的雨量站。

（2）虹吸式自记雨量计：适用于驻守观测液态降水量。

（3）翻斗式自记雨量计：记录周期有日记和长期自记两种。

1）日记型：适用于驻守观测液态降水量。

2）长期自记型：适用于驻守和无人驻守的雨量站观测液态降水量，特别适用于边远偏僻地区无人驻守的雨量站观测液态降水量。

应用于水雨情预报系统的雨量计，在现行标准中并没有明确规定可用雨量计类型，从实际应用情况来看，在我国的水雨情预报系统中应用最多的是翻斗式雨量计，其使用率达到95%以上。除翻斗式雨量计外，称重式雨量计已在水雨情预报系统中有少量应用。

1.4.3 降水量观测计量规定

《降水量观测规范》（SL 21—2006）对降水量观测作了明确规定。降水量单位以 mm 表示，其观测记载的最小量（记录精度）应符合下列规定。

（1）需要控制雨日地区分布变化的雨量站应记至 0.1mm。

（2）蒸发站的记录精度应与蒸发观测的记录精度相匹配。

（3）不需要雨日资料的雨量站，可记至 0.2mm；多年平均降水大于 800mm 的地区，可记至 0.5mm；多年平均降水量大于 400mm、小于 800mm 的地区，如果汛期雨强特别大，且降水量占全年 60%以上，也可记至 0.5mm。

（4）多年平均降水量大于 800mm 的地区，可记至 1mm。

上述规定为降水量观测仪器给出了计量分辨力的要求，涉及降水量观测仪器的相关标准中对仪器分辨力的要求也都与该标准一致，这些标准给出了任何降水量观测仪器在设计制造时最基本的依据。

1.4.4 主要降水量观测仪器生产情况

在我国目前使用的降水量观测产品既有国内生产的产品，也有国外进口的产品。国内为水利行业提供降水量观测仪器的主要生产厂家主要有江苏南水水务科技有限公司（原南京水利水文自动化研究所防汛设备厂）、上海气象仪器有限公司等。目前，全国水利行业所用的国产降水量观测仪器绝大多数都是用的江苏南水水务科技有限公司的产品。

在我国水利水文行业提供降水量观测仪器的国外公司有美国哈希公司。

我国水文监测中应用最多的有翻斗式雨量计、虹吸式雨量计、称重式雨量计。目前国内使用的翻斗式雨量计和虹吸式雨量计都是国内产品，而称重式雨量计则主要依赖进口。水文行业在降水量自动监测系统中普遍采用翻斗式雨量计来监测降雨量，虹吸式雨量计则主要用于人工方式记录降雨量，称重式雨量计作为翻斗式雨量计的补充也主要应用于降雨量自动监测系统中，但因价格较高，应用的比例还比较低。下面介绍目前国内水文行业主要应用的翻斗式雨量计、虹吸式雨量计和称重式雨量计，对于应用极少的产品在此就不作介绍了。

1. JDZ系列翻斗式雨量计

JDZ系列翻斗式雨量计是江苏南水水务科技有限公司生产的产品，该系列产品主要分为JDZ-1型和JDZ-1A型。JDZ-1型为塑料翻斗，JDZ-1A型为全金属结构，二者的出厂技术指标并无差异。

(1) 主要技术指标。

1) 承雨口内径：$\phi 200^{+0.6}$mm，外刃口角度45°。

2) 仪器分辨率：0.5mm（JDZ05-1型、JDZ05-1A型）；0.2mm（JDZ02-1型、JDZ02-1A型）。

3) 降雨强度测量范围：0.01～4mm/min。

4) 翻斗计量误差：不超过±4%（在0.01～4mm/min雨强范围）。

(2) 生产应用情况。JDZ系列翻斗式雨量计是江苏南水水务科技有限公司降雨量观测仪器的主打产品，公司生产能力为年产4万台以上。在我国水利水文行业现有的全部约10万个雨量自动观测站中，JDZ系列翻斗式雨量计的应用约为70%，是我国应用最多的翻斗式雨量计。

JDZ系列的全金属翻斗式雨量计除满足国内部分用户需要（如三峡梯调中心）外，还部分出口到美国。

JDZ翻斗式雨量计在国内主要应用于各类水雨情自动测报系统，是国家各种大型信息化系统，如国家防汛指挥信息系统、全国中小河流水文监测系统等应用最多的降雨量观测仪器。

从总体应用情况来看，JDZ系列翻斗式雨量计具有经久耐用、信号稳定的特点，这方面是国内其他厂家同类产品都无法比拟的。JDZ翻斗式雨量计在应用中存在的最大问题是在风沙较大地区使用时翻斗内容易产生积沙，会影响测量精度。如果要保证仪器精度长期不变，则需要2～3个月对翻斗、承雨器进行清洗，清洗后还要对仪器重新进行校准。所以，仪器使用过程中需通过大量的维护才能保证长期测量精度。另外，目前雨量计的现场校准都采用人工滴水方式，对雨量计的检定结果也存在人为影响因素。

2. SJ1型虹吸式雨量计

SJ1型虹吸式雨量计在我国部分水文站还有使用，该雨量计是由上海仪器厂有限公司（原上海气象仪器厂）生产的。该产品没有传感信号输出，无法将降雨量数据传输给数据采集器（即RTU），降雨量是由机械驱动方式将日降雨量画在雨量记录纸上。因此，在有降雨的日子每次都需要工作人员更换记录纸。

（1）主要技术指标。

1）测量范围：0.1～10mm（降水量）。

2）误差：±0.05mm。

3）降水强度范围：0.1～40mm/10min。

4）记录时间：26h 自记钟旋转一周。

5）时间偏差：±5min/24h。

（2）生产应用情况。SJ1 型虹吸式雨量计在我国许多基本水文站还有应用，多集中于南方年均降雨量大于 800mm 的地区。由于全国水文站都已经实现了水雨情自动测报和固态存储，并且自动测量的准确性一直在不断提高，所以，每次都需要人工干预的虹吸式雨量计的使用已呈逐年下降趋势。预计当这些还在使用的仪器到达使用寿命后多数水文站都会淘汰掉现在这种靠记录纸记录降雨量的虹吸式雨量计。

1.4.5 国外降水量仪器在我国的应用

目前，在我国已有应用的国外降水量观测仪器是美国哈希公司生产的 OTT Pluvio2 通用型高精度称重法雨量计。这种称重式雨量计由于采用了称重法和敞开式的采样桶设计，因此不管是牛毛细雨还是倾盆大雨，在 6～1800mm/h 雨量强度范围内都可以获得可靠、稳定的数据，这是传统的翻斗式雨量计做不到的。这种雨量计的技术特点有以下几个。

（1）可靠、无须维护，符合 WMO（世界气象组织）306 第 8 条雨量测量标准，不受外界环境和气候的影响。

（2）称重法测量液态、固态以及固液混合状态的雨量，堪比 Hellmann 雨量计（无漏斗式雨量采样桶）。

（3）测量范围：6～1800mm/h，OTT Pluvio2 在细雨、中雨及暴雨情况下都可获得可靠的测量结果。

（4）区别于传统的翻斗式雨量计，OTT Pluvio2 在强降雨时也可实时准确测量。

（5）装有环形加热装置及防冻液，使得在大雪及霜冻等极端恶劣气候条件下也能正常工作。

（6）太阳能供电，可用于野外测量。

（7）可精确采集一年的雨量数据。

（8）与传统的翻斗式雨量计相比，其使用成本非常低，同时还无须维护。

1. 主要技术指标

（1）常规。

1）测量方法：称重法。

2）传感器元件：工业密封压力传感元件。

3）测量类型：固态、液态以及固液混合降水。

4）采集面积：200/400cm^2。

5）体积（深度）：1500/750mm。

(2) 范围和精度。

实时雨强：6.00～1800.00mm/h。

非实时雨强：3.00～1800.00mm/h。

实时/非实时累计雨量：0.01～1800.00mm。

(3) 分辨率：0.01mm、0.01mm/h。

(4) 精度：±0.1mm。

2. 生产应用情况

OTT Pluvio2 通用型高精度称重法雨量计是美国哈希公司旗下的德国 OTT 公司研制生产的产品，该产品于 2005 年首次在国内使用。据调查，迄今在我国水文行业应用此款产品的未超过 100 台。使用过该产品的用户普遍反映该雨量计具有测量精度高、长期稳定性好的特点，之所以未能在全国大量推广，关键原因是该产品在我国的售价太高，其最基本配置的仪器售价都在每套 3 万元人民币以上，是翻斗式雨量计单台售价的 20 多倍，因此在我国无法大面积推广。此外，该产品执行的是国际气象组织的标准，其承雨器环口面积分别为 200cm^2 和 400cm^2 两种，与我国水文行业降雨量观测规范要求的承雨器环口面积 314cm^2 不一致，需要折算，这也给使用带来了一定的麻烦。

1.4.6 降水量观测传统技术的改进与新技术发展

通过调研可以看到，我国从最初 1841 年开始使用的标准雨量器的纯人工观测阶段，到 1949 年大量使用的雨量计自记仪（主要为虹吸式）开启了自动化时代，再到 20 世纪 90 年代开始推广的翻斗式雨量计，直到如今称重式、光学式雨量计。在水文观测自动化不断推进的背景下，不仅是对仪器的精度，而且对其稳定性与适应性都提出更高的要求，这也是近年来翻斗式雨量计精度虽然不如新式雨量计但依然占据主导的原因。降水量观测也在尝试不断引进新技术，主要表现在两个方面：一方面是在点测量仪器上采用新技术以达到提高点测量雨量计的长期测量精度和稳定性的目的；另一方面是在探索通过面雨量监测获得局部降雨量值的新方法。

目前，我国在点雨量测量应用最多的是翻斗式雨量计，但长期以来始终无法解决在人工不干预的情况下雨量计翻斗积沙给测量带来较大误差的问题。因此，采用其他方法来替代翻斗式雨量计以减少人工维护工作量是近些年从事水文仪器研究的科研工作者一直追求的目标。现在研究较多的是称重式雨量计和光学式雨量计，可以预见，一旦国产的称重式雨量计或光学式雨量计研制成功，只要价格合理，今后必然替代翻斗式雨量计而成为点雨量监测的主要仪器。

除了翻斗积沙会使翻斗式雨量计误差加大外，大雨强情况下对小分辨力的翻斗也会使计量误差急剧增加。为了解决上述问题，利用其他原理的降水量观测仪器研究也在我国大量开展起来。

1. 新方法

(1) 恒定雨强。将自然界中变化的雨强稳定成为恒定雨强，使翻斗在翻转过程中注入其中的水恒定，从而达到减小误差的目的，目前此种方案已运用在南京水利水文自动化研究所遥测水面蒸发器专用雨量计的研究上，且已有相应试验产品。

（2）增加引板。通过增加引板的方式将计量斗原本在翻转过程中仍向其中注水的误差水量通过引板的翻转注入计量斗的另一侧，从而减小计量误差。

（3）翻斗独立定量。由于翻斗式雨量计的工作机制决定是由翻斗一侧（有水）去与翻斗另一侧（无水）进行比较，当一侧注入水达到一定程度就会进行翻转，这也就是天平砝码称重的原理；但在实际过程中，翻斗内部在倾倒水时受翻斗材质、表面光洁度、水表面张力、雨强等因素影响下不能完全将其中水倾倒干净，翻斗底部有时也会有较少水珠，且剩余水并非常量，而这些重量都会作为下次计量砝码的单侧翻斗变量而影响下一次的计量，周而复始。当然这些变量由于较细微，在分辨率较大（如 1.0mm、0.5mm）时不如前两种因素造成的误差影响大，但对于 0.1mm 的分辨率、单斗只有 3.14g 的重量来说还是有一定影响的。

（4）一体化遥测。通过将 RTU 集成在雨量计上，内部电池直接供电，不再需要接入机箱，仅有一个雨量计也可独立成为一个雨量站，提高一体化程度，真正做到无人值守。

对底盘结构的改造、防虫网的改造、漏斗的改进、翻斗形状与材料的选择都是传统翻斗雨量计为了适应市场对传统翻斗式雨量计更高要求的变革。

2. 新技术

（1）称重式雨量计。通过国外称重式雨量计在我国的应用情况看，称重式雨量计在任何雨强和风沙环境下都具有很高的测量精度，国内要做的就是如何能早日研发出具有我国自主知识产权的称重式雨量计，在性能与国外产品一致的前提下大幅降低在国内的售价。据调查，南宁强国科技有限公司已研制出国产的称重式雨量计，但推广应用的效果并不理想；江苏南水水务科技有限公司的自倾倒称重式雨量计也已试验成功，正试制原型机。

称重式雨量计的基本原理是通过重量（质量）传感器来感知降水落入承水器后发生的质量变化，因此无论雨强大小对传感器的称重精度都不会产生影响。另外，称重式雨量计的测量方法可在最大程度上消除累计误差，每次测量都是以本次降水的初始重量（质量）作为起测值，这样就可避免在无降水期间落入承水器中的异物（如泥沙等）给测量造成的误差。

此外，称重式雨量计的分辨率很容易做到 0.1mm，其测量精度可达到±2%以内。

（2）光学式雨量计。光学式雨量计是利用光学方法来测量降雨量的。其基本测量过程：落入承雨器中的雨水经汇流后流入下方的腔体中，该腔体有两个光学液位传感器，这两个液位传感器液位差之间的水量正好为 0.1mm 的降雨量，当上液位传感器检测到腔体中有水时，雨量计就给出一个雨量信号，同时打开排水阀和排水泵排水，当腔体中的液位低于下液位传感器时，排水立即停止，整个排水时间大约为 0.1s。

通过上述原理可以看出，这种光学式雨量计基本测量方法是容积法。目前在海洋和气象行业此种光学式雨量计已有部分应用。这种雨量计的最大特点是安装时不用调平也能保证测量精度。

（3）雷达测雨。在气象行业，雷达测雨已成为日常天气预报中预报降雨最基本的方法。但是，气象行业的雷达测雨主要关注的是降雨分布区域、降雨等级（雨强）和降雨持续时间，而不关注具体的降雨量值。因此，直接将气象行业应用的雷达测雨方法应用于水文行业是不符合水文行业要求的。

水利部南京水利水文自动化研究所研制的 PRS－11 型区域面雨量自动监测系统是一款高时空分辨力且空间连续雨量监测设备，技术居于国际领先水平，可广泛应用于中小河流洪水、山地灾害、城市内涝、高速公路、铁路、航空及输电线沿线、区域水质、水资源精细管理等的雨量、雨强、雨滴谱等监测。

3. 其他

PRS－Ⅱ型区域面雨量自动监测系统主要由雨量雷达、滴谱仪、数据采集、通信模块、数据采集软件、数学物理模型、客户端软件等组成。实施大范围区域面降水自动监测，实现面雨量拼图和网络查询。

PRS－Ⅱ型区域面雨量自动监测系统具有以下特点。

（1）高时空分辨率。实测降雨站每 5min 输出步长为 10s 的粒径谱、速度谱；现场监测站每 5min 输出空间分辨率为 90m×90m 的面雨量场，优于目前 500m×500m 的国际水平。

（2）无缝隙的面雨量。在高时空分辨率基础上，实现 36km 半径内（约 4000km^2）空间的连续覆盖，增强雨量测量的代表性。

（3）最佳仰角扫描。雨量雷达天线根据周围建筑物和地形地势设置可变的最佳扫描仰角，降低城市建筑和山区复杂地形遮挡的影响。

（4）垂直扫描。雨量雷达垂直扫描捕获信息与滴谱仪测量谱输入衰减模型，弥补 X 波段雷达衰减的先天不足。

（5）无人值守。丰富的自动报警、自动监测等控制和分析应用软件，保障系统全自动连续运行和降水场的自动测量。

（6）高性价比。实时衰减订正和动态数学物理模型，提高系统面雨量定量测量能力；科学设计保障系统高可靠性以及较低的建设、运行和维护成本。

（7）应用范围广。系统适用于应急减灾、公共安全服务以及水利、交通、农业、军事、电力、能源、气象、海洋和科研等部门。

上述雷达测雨系统也是在水利部水文局组织下实施的项目，该系统在云南大理和江苏南京已经历 3 年以上的比测应用，其技术正在不断成熟，是今后山洪易发区与小流域、大城市与较大流域洪水预警的重要手段。

第2章　降水量观测系列标准分析

2.1　降水量观测标准的分类及其特征分析

2.1.1　分类

根据目前水利行业技术标准的划分规则，降水量观测标准被划分为非工程建设类标准。非工程建设类标准又分为两类：一类是仪器仪表设备类标准；另一类是非工程措施的规范、规程、导则类标准。

在2014版体系表中，降水量观测规范及计量类标准被划分为水文（专业层次）管理（功能序列）类中；仪器设备类标准被划分在水文建设类中。

2.1.2　标准特征分析

在降水量观测系列标准中，标准特征名主要有规范、检定规程、雨量器、雨量计、技术条件等，分析降水量观测系列标准间的关系，有必要对标准特征名及其包括的主要内容作一些了解。

（1）规范。规范有名词、动词等词性，在标准名称中作为名词使用，意指明文规定或约定俗成的标准。对于某一工程作业或者行为进行定性的信息规定，主要是因为无法精准定量而形成标准。例如，《降水量观测规范》，它主要统一规定雨量站场地建设以及通过雨量站点进行降水观测、资料获取等方面的要求。其主要内容包括适用范围、总则（管理规范）、观测场地要求、仪器安装要求、人工观测技术、自动化观测技术和降水资料处理等内容。

（2）检定规程。检定规程是用标准计量器具对工作计量器具进行检测时必须严格执行的程序，是作为检定计量器具的计量性能依据，具有国家法定性的技术文件。其内容主要包括适用范围、使用条件、操作步骤、检定项目、测试方法、不确定度分析和数据记录格式等。其目的是统一降水计量器具检定工作的执行方法，确保量值传递的准确性。每一种计量器具都应有其自身的检定规程，如翻斗式雨量计检定规程、雨量器检定规程、虹吸式雨量计检定规程等。

（3）雨量器、雨量计。器，本义指器具，是用具的总称。计，测量或核算度数、时间、温度等的仪器。以某种产品名称作为标准名称的，是典型的产品标准，其主要内容包括范围、技术要求、试验方法、检验规则、标志和作用说明书、包装、运输、储存等，如雨量器、翻斗式雨量计、虹吸式雨量计等。

（4）技术条件。以技术条件作为标准名称形成的独立标准，一般是产品的通用标准，规定产品达到的各项性能指标和质量要求，主要内容包括范围、技术条件、试验方法和检验规则，如雨量器技术条件。

2.2 降水量观测系列标准组成

2.2.1 我国的标准体系概况

标准按其标准层次、执行力度、标准化工作对象归属等有不同的划分方式，本书以框图形式列出常见的标准类型。

1. 按标准层次划分

按标准层次划分，如图 2.1 所示。

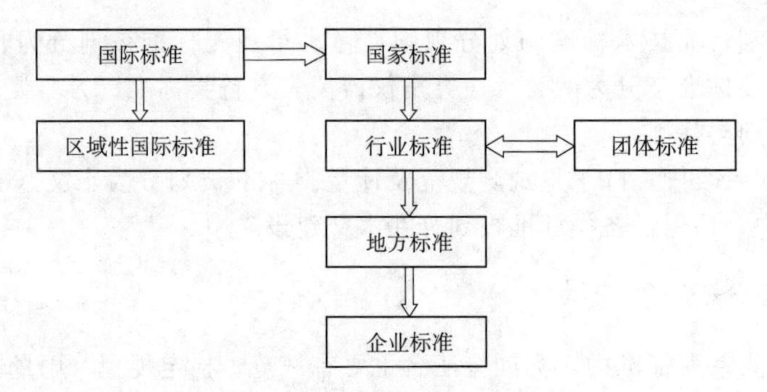

图 2.1　标准层次划分

注：从影响力而言，从左到右、自上而下，逐渐降低；从严格度而言，从左到右、自上而下，逐渐升高。

2. 按标准执行力度划分

按标准执行力度划分，如图 2.2 所示。

3. 按标准化工作对象划分

按标准化工作对象划分，如图 2.3 所示。

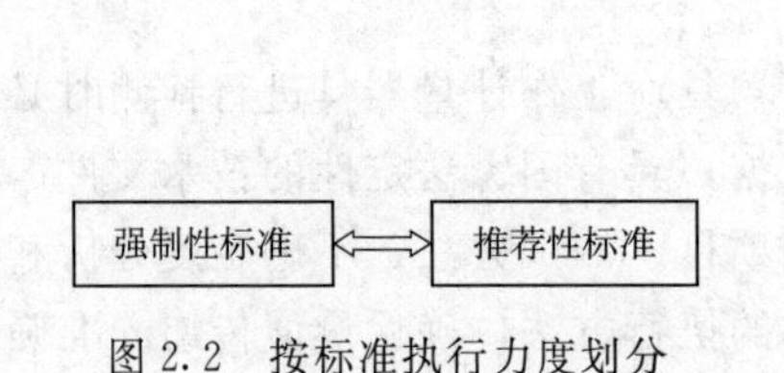

图 2.2　按标准执行力度划分

标准化对象
技术标准
管理标准
工作标准

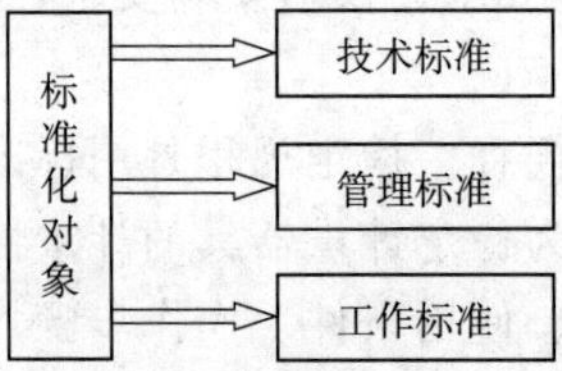

图 2.3　按标准化工作对象划分

2.2.2 水利行业的标准划分

水利行业标准划分，如图 2.4 所示。

2.2.3 降水量观测标准

1. 直接关联标准

降水量观测直接关联标准见表 2.1。

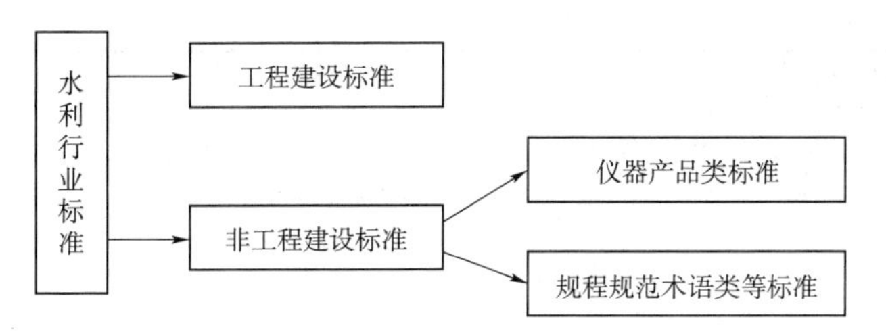

图 2.4　水利行业标准划分

表 2.1　　降水量观测直接关联标准

序号	标准编号	标 准 名 称	备　注
1	SL 21	《降水量观测规范》	规范类
2	JJG（水利）	《翻斗式雨量计计量检定规程》	计量类
3	GB/T 21978	《降水量观测仪器》	产品类（计划有 7 项分标准）
	GB/T 21978.2—2014	《降水量观测仪器　第 2 部分：翻斗式雨量传感器》	
	GB/T 21978.3—2008	《降水量观测仪器　第 3 部分：虹吸式雨量计》	
	GB/T 21978.5—2014	《降水量观测仪器　第 5 部分：雨量显示记录仪》	
	GB/T 21978.6—2008	《降水量观测仪器　第 6 部分：融雪型雨雪量计》	
4	GB/T 28592—2012	《降水量等级》	规范类
5	JB/T 9458—2015	《雨量器　技术条件》	产品类
6	SL 323—2005	《实时雨水情数据库表结构与标识符标准》	规范类

2. 间接关联标准

降水量观测间接关联标准见表 2.2。

表 2.2　　降水量观测间接关联标准

序号	标准编号	标 准 名 称	备　注
1	GB/T 13336—2007	《水文仪器系列型谱》	产品标准
2	GB/T 15966—2007	《水文仪器基本参数及通用技术条件》	产品标准
3	GB/T 19704—2005	《水文仪器显示与记录》	产品标准
4	GB/T 19705—2005	《水文仪器信号与接口》	产品标准
5	GB/T 50095—2014	《水文基本术语和符号标准》	术语标准
6	GB/T 9359—2016	《水文仪器基本环境试验条件及方法》	产品标准
7	SL 34—2013	《水文站网规划技术导则》	规范类
8	SL 58—2014	《水文测量规范》	规范类
9	SL 61—2015	《水文自动测报系统技术规范》	规范类
10	SL 180—2015	《水文自动测报系统设备遥测终端机》	产品标准
11	SL 247—2012	《水文资料整编规范》	规范类
12	SL 460—2009	《水文年鉴汇编刊印规范》	规范类
13	SL 630—2013	《水面蒸发观测规范》	规范类

续表

序号	标准编号	标 准 名 称	备　注
14	BS 7843－3.1—1999	《气象降水数据的采集和管理指南 雨量计规范·蓄水式雨量计》	英国标准
15	BS 7843—1.2—1996	《气象降水数据的获取和管理指南·网络设计·网络设计和监测》	英国标准
16	BS 7843—3.2—2005	《气象降水数据的获取和管理指南·雨量计的规范·倾杯式雨量计》	英国标准

2.3　降水量观测标准体系分析

在标准级别层面上，仪器仪表产品类标准大多为国家标准，规范规程类大多为行业标准。与降水量观测密切相关的气象行业，其标准大多也为行业标准。从这一角度来说，在规范、规程这类融技术标准和管理标准、工作标准为一体的标准，涉及降水量观测的行业，按行业涉及业务领域分别制定。

从标准功能层面上，规范规程类标准、全产品目录类标准是基础通用标准；涉及个体产品形式的标准是专用标准。降水量观测标准体系框图如图 2.5 所示。

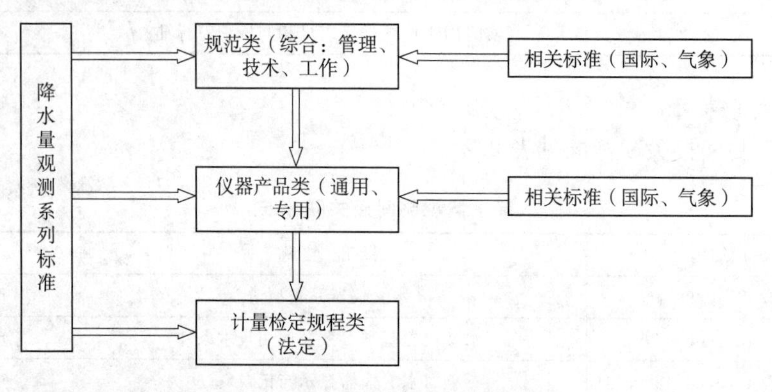

图 2.5　降水量观测标准体系框图

2.4　降水量观测标准间关系分析

2.4.1　规范和仪器标准关系分析

观测规范是开展行业降水量观测工作的统一、规范、有秩序的标准化工作规范性文件，它包括降水量观测全过程的标准作业要点，从观测场地建设、观测设备选型安装、过程观测、数据采集分析处理到资料整编，还包括后期的数据应用服务等。从标准化的角度来说，它集管理标准、技术标准、工作标准于一体，以技术为主、管理为辅，统一规范了降水量观测的工作行为，在降水量观测标准中占有全局性、纲领性的地位。

仪器标准是统一规范降水量观测个体产品质量的规范性文件，它是根据降水量观测工作过程中不同的观测需求，提供可选择的质量可靠、功能指标和准确度满足要求的单一技术标准（表2.3）。

表2.3 规范标准与仪器产品标准的框架结构分析（SL 21—2006与GB/T 21978.3—2008）

序号	规范规程类标准 SL 21—2006	特点	仪器产品类标准 GB/T 21978.3—2008	特点
1	封面	执行工程建设标准格式	封面	GB/T 1.1—2009格式
2	前言	表述了标准编制的来源、过程及变化内容	前言	直接表述标准本身的结构特点和提出、归口、起草单位、起草人等基本信息
3	总则	涉及编制目的、适用范围、通用技术要素等内容	范围	表述标准章节内容和适用范围
4	观测场地	观测场所及其管理、使用的规定	规范性引用文件	标准中需引用的相关标准列表
5	仪器及安装	仪器安装要求	术语和定义	术语和定义的引用
6	雨量器观测降水量	仪器观测方法和要求	产品结构组成	产品结构组成
7	虹吸式自记雨量计观测降水量	仪器观测方法和要求	技术要求	产品各项技术指标、参数、误差等要求
8	翻斗式自记雨量计观测降水量	仪器观测方法和要求	试验方法	针对技术要求各项的测试方法
9	降水量资料整理	技术管理要求	检验规则	产品质量控制检验的规则
10	附录A：雨量站考证簿编制说明	技术管理要求	标志及使用说明书	产品标识和使用说明书的规定
11	附录B：降水量观测常用仪器及其检测和维护	仪器主要技术指标要求及安装检查和维护	包装、运输、储存	产品包装、运输、储存环节的规定
12	附录C：F-86型防风雨量器的安装	特例仪器的安装要求		
13	附录D：雨量站观测记载簿填制说明	技术管理要求		
14	附录E：降水量观测误差	观测误差要求		

从二者的关系来说，仪器标准是观测规范标准中不可或缺的重要组成部分，是细化了后者中有关设备的要求，为后者的设备选型提供多标准参考选择。同时，仪器标准

也是为保障降水量观测工作科学、正确、可靠地有序开展，以及国外产品入场提供技术支撑。

2.4.2　观测规范与计量检定规程的关系分析

观测规范与计量检定规程之间的关系，首先是两种标准化文件的性质不同，其编制的法律依据不同，规范编制的法律依据是《标准化法》，而计量检定规程依据的是《计量法》。其次，二者关联的纽带是数据。观测规范通过管理上、技术上的统一规定，对获取的数据精度提出要求，从而提高观测数据资料的质量，不涉及对数据的认证。计量检定规程，通过制订检定程序，对观测仪器的计量性能的检测、数据量值的溯源和传递，对数据的准确性、合理性进行认定，从而为数据资料的使用提供法律认定依据。再次，计量检定规程所要检定、校准的项目，其来源应观测规范中所涉及的，脱离观测规范制定计量检定规程没有意义。

2.4.3　仪器标准与计量检定规程的关系分析

仪器标准是降水量观测仪器产品研制、设计、生产、检测、使用等必需的技术文献资料和依据，它涉及产品的各个环节，包括产品技术要求、性能指标、试验方法、检验的规则、产品标识标志、使用说明书、产品的包装、运输、储存的要求等。计量检定规程是针对降水量观测产品中具有计量特性的性能指标，而展开的具有法定性质的规定程序步骤的检测，检定项目是观测仪器标准中具有定量要求的指标。从逻辑关系上来说，需先有产品标准，才能制定产品计量检定规程。

2.4.4　与相关标准的关系分析

与降水量观测标准间接相关的标准，属于局部被引用的关系。如引用《水文仪器系列型谱》（GB/T 13336—2007），只是引用这个标准中规定的产品分类和谱型，表示目前降水量观测仪器产品的发展系列及其系列下的种类，避免产品无序发展，增强产品技术发展的协调一致性。引用部分占标准总体的比例相当小，不致引发标准系统性的错误，给标准使用者带来分歧。

2.5　各标准相同内容条款表述一致性分析

2.5.1　引用的关系分析

引用主要有两类：一类是直接引用，如见某标准的×××；另一类是修改引用，引用标准没修订或指标不适合，在原文的基础上进行修改，形成本标准的条文。在标准中，同一要素或相同内容，很少会出现交叉重复的情况，因为在标准引用中，采用的是最新版本有效原则。如同一要素出现在不同年代的不同标准中，虽然都是现行有效标准，如果没有特别指定，只有最新版本才能被采用。《标准化工作导则　第1部分：标准的结构和编写》（GB/T 1.1—2009）中明确规定，对必不可少的引用文件，“凡是注日期的引用文件，仅注日期的版本适用于本文件。凡是不注日期的引用文件，其最新版本（包括所有的修改单）适用于本文件。”标准编写者和使用者，往往忽视这句话带来的作用，对标准进行交叉、重复问题的表述时，也往往忽略这一点。

2.5.2 一致性分析

对一致性分析，本书选取了14项水文系列规范作为样本进行分析（表2.4），包括直接关联标准《降水量观测规范》《降水量观测仪器》，间接关联标准《水文仪器系列型谱》《遥测终端机》（见表2.4），粗略对比同一要素、同一指标在不同标准中的表述。

对观测降水量的主要技术指标上，表述基本一致，因不同时期、在不同标准中产生的不一致性是存在的，原因主要有：①起草人员不同，标准化语言的表述不尽相同；②引用标准的表述不当，注日期引用和不注日期引用，未能进行协调处理；③资料查新工作做得不足。

表2.4　水文系列规范

1.《降水量观测规范》(SL 21)
（1）可靠性、重复性等其他技术要求应符合GB/T 21978的规定。 （2）自记雨量计应能准确测记降水量过程，测量误差不超过±4%。计时方式有日记、周记、月记、季记、半年记和年记，对应电子计时允许误差为±0.25、±1、±2、±4、±6、±9，对应机械计时允许误差为±5、±10、—、—、—、—。 （3）除本站需备份观测外，观测场不宜设置3套及以上同类型的观测设备。 （4）观测场布置遵循以下规定。 1）观测场应避开强风区，其周围应空旷、平坦，不受突变地形、树木和建筑物的影响。 2）观测场不能完全避开建筑物、树木等障碍物的影响时，雨量器（计）至障碍物边缘的距离应大于障碍物顶部与承雨器口高差的2倍。 3）在山区，观测场不宜设在陡坡上、峡谷内和风口处，应选择相对平坦的位置，使承雨器口至山顶的仰角不大于30°。 4）场内仪器之间、仪器与栏栅之间的间距不小于2m。仅设一台雨量器（计）时为4m×4m，设置雨量器和自记雨量计各一台时为4m×6m。 5）场内地面应平整，保持均匀草层，草高不宜超过20cm。设置的小路和门应便于观测，路宽不大于0.5m。 6）观测场四周应设置不高于1.2m的防护栏栅，栏栅条的疏密不应影响降水量观测精度，多雪地区应考虑在近地面不致形成雪堆。 7）有积水的观测场，应在其周围开挖排水沟，防止场地内积水。 8）观测场应设立警示标志，划定保护范围。承雨器口至障碍物顶部高差的2倍距离为保护范围，不应有建筑物，不应栽种树木和高秆作物。 （5）杆式雨量计设置规定。 1）杆式雨量器（计）应设置在当地雨期常年盛行风向的障碍物的侧风区。 2）在多风的高山、出山口、近海岸地区的雨量站，不宜设置杆式雨量器（计）。 3）杆位至障碍物边缘的距离应大于障碍物高度1.5倍，并应避开电力线路。 （6）其他规定。 1）观测场可设在与四周其他障碍物高度基本一致的平顶房顶上。在空旷、平坦地区，独立房屋的房顶上不宜设置雨量器（计）。 2）承雨器口应高于房顶上的障碍物，至其他障碍物的最大仰角不大于30°。 3）雨量器（计）至墙体和房顶上障碍物边缘的距离不小于2m。 4）设置安全防护设施

续表

2.《降水量观测仪器　第2部分：翻斗式雨量传感器》(GB/T 21978.2—2014)

（1）温度：0～＋55℃；相对湿度：不大于95％（40℃凝露）。

（2）传感器的分辨力分为4种规格，即0.1mm、0.2mm、0.5mm、1.0mm。

（3）传感器在正常工作条件下，其MTBF（平均无故障工作时间）可在16000h、25000h、40000h、63000h、100000h中选取

3.《降水量观测仪器　第3部分：虹吸式雨量计》(GB/T 21978.3—2008)

（1）温度：0～＋50℃。

（2）相对湿度：不大于95％（＋40℃，无凝露）。

（3）雨量计记录的分辨率为0.1mm。

（4）承雨口内径尺寸为$\phi 200^{+0.60}_{0}$mm。特殊情况下，采用其他规格的承雨口内径，其承雨面积应与标准承雨面积有相同的相对误差。

（5）承雨口材料应坚实，宜采用铜、铝、钢质合金等，其口缘应呈内直外斜的刃口状，刃口角度为40°～45°，进入承雨口的降雨不应溅出承雨口外。

（6）连续降雨强度记录范围为0.01～4mm/min。当仪器在不超过4mm/min的降雨强度下连续工作时，小漏斗不应有水溅出，各导水管应无阻流现象。

（7）记录纸分度范围为0～10.0mm。降雨量每达到10mm时虹吸一次，自记笔返回零点，循环记录。

（8）当自记笔零点的示值为0mm降雨量时，0～10mm降雨量测量范围内的示值记录误差不应超过±0.05mm。

（9）零点和虹吸点的示值稳定性（即与自记纸上0mm和10mm点相比较），不应超过±0.1mm。

（10）虹吸时，水流应连续，不应有中断、间歇、水汽混杂和滴流等现象；虹吸结束后管内不应有影响下次虹吸的残留液柱。在静态条件下，虹吸过程中无降雨或注水时，虹吸一次排水时间不应超过14s。

（11）雨量计的湿润损失不应大于0.5mm降雨量。

（12）雨量计的灵敏阈不应大于0.1mm降雨量。

（13）机械式自记钟日走时误差不应大于±0.5min。

（14）石英晶体自记钟日走时误差不应大于±1min。

（15）雨量计在正常工作条件下，其MTBF（平均无故障工作时间）不小于16000h）。

4.《降水量观测仪器　第5部分：雨量显示记录仪》(GB/T 21978.5—2014)

（1）室外温度：0～＋55℃；室内温度：0～＋40℃。

（2）室外相对湿度：不大于95％（40℃凝露）。室内相对湿度：不大于95％（40℃凝露）

5.《降水量观测仪器　第6部分：融雪型雨雪量计》(GB/T 21978.6—2008)

（1）普通型室外部分：－25～50℃；普通型室内部分：－10～40℃。

（2）高寒型室外部分：－40～40℃；高寒型室内部分：－20～40℃。

（3）室外部分：40℃时相对湿度不大于95％；室内部分：40℃时相对湿度不大于90％

6.《雨量器　技术条件》(JB/T 9458—2015)

（1）雨量器承水口内径为$\phi 200^{+0.60}_{0}$mm（面积为314cm^2），刃口角度为40°～45°。

（2）雨量器在运输包装的条件下应符合《仪器仪表运输、储存基本环境条件及试验方法》(GB/T 25480—2010)的规定，其中高温试验参数为40℃，低温试验参数为－25℃

7.《自动气象站翻斗式雨量传感器》[JJG（气象）005—2015]

（1）翻斗式雨量传感器的承水口内径制造误差应不大于0.6mm，且不允许有负误差。

（2）测量结果的最大允许误差±0.4mm（雨量不大于10mm，雨强不大于4mm/min）；±0.4mm（雨量大于10mm，雨强不大于4mm/min）

续表

8.《水文仪器基本环境试验条件及方法》(GB/T 9359—2016)

(1) 温度－25～55℃；湿度95%RH，40℃凝露；大气压56～106kPa。

(2) 存储温度－40～60℃，存储湿度90%RH，40℃

9.《水文仪器系列型谱》(GB/T 13336—2007)

(1) 虹吸式雨量计、翻斗式雨量计、加热式雨雪量计、不冻液式雨雪量计雨强≤4mm/min，其他仪器雨强不限。

(2) 雨量器、虹吸式雨量计、浮子式雨量计、雨雪量器分辨力0.1mm；翻斗式雨量计、称重式雨量计、光学式雨量计分辨率为0.1mm、0.2mm、0.5mm、1.0mm；所有型式的雨雪量计分辨力为0.1mm、0.2mm、1.0mm

10.《水文仪器基本参数及通用技术条件》(GB/T 15966—2007)

(1) 虹吸式雨量计、翻斗式雨量计、水导式雨量计、不冻液式雨雪量计、加热式雨雪量计降水强度≤4mm/min；浮子式雨量计降水强度0～8mm/min、0～10mm/min。

(2) 雨量器、虹吸式雨量计、浮子式雨量计、雪量器、光电式雨雪量计分辨力为0.1mm；翻斗式雨量计、水导式雨量计、称重式雨量计、光学式雨量计、不冻液式雨雪量计、加热式雨雪量计分辨力为0.1mm、0.2mm、0.5mm、1.0mm；称重式雨雪量计分辨力为0.1mm、0.5mm、1.0mm。

(3) 降水仪器在雨强为0～4mm/min范围内的误差应不超过±4%：虹吸式雨量计记录误差0.05mm；翻斗式、光学式雨量计允许误差为2%、3%、4%；浮子式、水导式、称重式雨量计允许误差0.2mm(降水量小于10mm时)、1%(降水量大于10mm时)；不冻液式、加热式、称重式雨雪量计允许误差4%(降水量小于10mm时)；光电式雨雪量计允许误差为2%、5%。

(4) 可靠性平均无故障工作时间应从以下指标系列中选择确定，即6000h、8000h、10000h、16000h、25000h、40000h、60000h、100000h、160000h。

(5) 电压：交流220V、50Hz，允许偏差±10%；直流1.5V、3V、6V、9V、12V、24V，允许偏差－15%～20%。

(6) 传感器的绝缘电阻一般不应小于5MΩ；显示与记录等电器装置不接地处的绝缘电阻应不小于1MΩ。

(7) 显示记录的最大远传距离一般应不小于150m。采集及记录时段一般在以下范围中选取，即1min、5min、6min、10min、15min、20min、30min、60min及60min的整倍数。

(8) 精密级日记允许误差±1min、周记允许误差±2min、半月记允许误差±3min、月记允许误差±4min、季记允许误差±9min，半年记允许误差±12min，年记允许误差±15min；普通级日记允许误差±3min，周记允许误差±10min，半月记允许误差±12min，月记允许误差±15min

11.《水文仪器通则　第4部分：结构基本要求》(GB/T 18522.4—2002)

(1) 供电条件：交流380V、220V；允许偏差级－10%～10%、－15%～15%、－20%～15%；允许偏差±5%。直流24V、12V(优选)、6V；允许偏差级－10%～15%、－15%～20%。

(2) 允许计时误差：精密级允许误差±1min/1d、±4min/30d、±9min/91d、±12min/182d、±15min/365d；普通级允许误差±3min/1d、±15min/30d。

(3) 记录周期1d，连续工作时间不小于1.5d；记录周期30d，连续工作时间不小于35d；记录周期91d，连续工作时间不小于100d；记录周期182d，连续工作时间不小于200d；记录周期365d，连续工作时间不小于400d。

(4) 数据记录装置的数据存储容量应与仪器的采样频率和无人值守周期相适应。一般情况下，记录载体的存储容量应不少于30d。

(5) 水下工作的仪器及其部件、线缆及接头等应能承受其规定工作水深1.5倍的井水压力，即具有良好的密封性能

12.《水文仪器显示与记录》(GB/T 19704—2005)

(1) 数据记录电路应满足其各自产品标准的功耗指标要求，电路应采用低功耗设计。所用的电源容量，应能保证在最恶劣的条件下，仪器记录部分正常工作时间相当于记录周期的1.5倍以上。如在工作中采用其他电源充电补充，则应有充分的供充电裕度。

续表

12.《水文仪器显示与记录》(GB/T 19704—2005)
(2) 显示器、记录器应具有防雷、抗干扰设计。 (3) 当采用点阵式显示器时，所显示的数字和字母不应小于 8×8 点阵，中文字符应不小于 16×16 点阵，所选液晶显示器宜具有背光功能。 (4) 记录纸应选择耐候性好的纸质。在各种气候条件下其伸缩变化不应超过±0.5%。记录纸上的坐标刻度应准确、清晰，并应保证配用的记录笔和所用的墨水能保证长期正常清晰画线，记录迹线应能长期保存。 (5) 有记录周期的打印记录，其打印纸的可使用时间应超出记录周期的 1.2 倍以上。 (6) 固态存储器的容量应大于存储周期所需存储容量的 1.2 倍以上。 (7) 在存储容量到达存储周期所需存储容量的 90%或产品规定的告警容量上限时，应有数据下载提示功能
13.《水文仪器信号与接口》(GB/T 19705—2005)
(1) 非智能式传感器的输出信号一般为机械触点（丝、片）的通断状态，其接通状态的接触电阻应不大于 0.5Ω；其断开状态的绝缘电阻应不小于 5MΩ。 (2) 非智能式传感器的输出信号若为 TTL 或 CMOS 电平信号，应具备正逻辑电平输出，也可增加负逻辑电平输出。当使用产品标准规定的输出信号传输电缆时，信号传输距离不应小于 100m。 (3) 智能式传感器的输出信号应是以一定编码方式进行发送的数字式信号，或是 4～20mA（或 1～5V）的模拟信号。当输出为数字式信号或 4～20mA 的模拟信号，并使用产品标准中规定的输出信号传输电缆时，信号传输距离应不小于 100m；当输出为 1～5V 的电压信号时信号传输距离应不小于 10m。 (4) 增量型输入信号接口，可接翻斗式雨量计、增量型水位计等；并行输入信号接口，可接全量型水位或全量型闸位计等；模拟信号 4～20mA 或 1～5V 输入接口，可接模拟信号输出的传感器；总线接口，便于与智能式传感器相连
14.《水文自动测报系统设备遥测终端机》(SL 180—2015)
(1) 普通型温度：−10～55℃。 (2) 普通型相对湿度：≤95%（40℃时）。 (3) 普通型大气压：86～106kPa

2.6　试验方法的科学性分析

通过查阅不同时期版本的标准，对比试验方法的表述，以及和检测人员进行沟通。降水量观测仪器的试验方法变化不大，标准中试验方法文字表述上的变化，是因《标准编写规则　第 10 部分：产品标准》(GB/T 20001.10—2014) 的规定而作的调整，试验次数由原先的 3 次调整到 6 次，以便更科学合理地处理检测数据，得出较为合理的检测结论。

2.7　标准适应新技术发展情况分析

2.7.1　新技术发展情况

降水量观测近年来也在不断地引入新的技术，主要表现在两个方面：一方面是在点测量仪器上采用新技术以达到提高点测量雨量计的长期测量精度和稳定性的目的；另一方面是在探索通过面雨量监测获得局部降雨量值的新方法。

现在，我国在点雨量测量应用最多的是翻斗式雨量计，但长期以来始终无法解决在人工不干预的情况下雨量计翻斗积沙给测量带来较大误差的问题。因此，采用其他方法来替代翻斗式雨量计以减少人工维护工作量是近些年从事水文仪器研究的科研工作者一直追求的目标。目前，研究较多的是称重式雨量计和光学式雨量计，可以预见，一旦国产的称重式雨量计或光学式雨量计研制成功，只要价格合理，今后必然替代翻斗式雨量计而成为点雨量监测的主要仪器。

除了翻斗积沙会使翻斗式雨量计误差加大外，大雨强情况下对小分辨力的翻斗也会使计量误差急剧增加。为了解决上述问题，利用其他原理的降水量观测仪器研究在我国也开始大量开展起来。

2.7.2 标准适应新技术发展情况

从目前降水量观测系列标准的情况来看，新技术发展和标准不相适应的情况逐渐凸显。传统的翻斗式雨量计、虹吸式雨量计，其技术发展已经相当成熟，对应的标准只需作符合其自身规律的滚动式修订即可。而且，现行有效的标准中，以《降水量观测规范》（SL 21）为龙头的系列标准，均有打破最大 4mm 雨强的仪器观测瓶颈，但超大雨强的观测技术、观测仪器尚缺乏标准的指引。雨量器、称重式雨量计、光学雨量计、雷达雨量计等新、老产品，仍没有技术标准。

2.8 体系标准评估

2.8.1 标准评估

标准评估是研究标准之间关系的重要手段，也是目前我国标准化工作发展的趋势，降水量观测系列标准在开展标准评估方面尚存在较多的问题。

（1）复审工作开展不细致，标准的条文比对、技术指标验证基本没有，有组织的复读复审工作基本没有。

（2）缺少体系规划。标准之间的层级不清，相互之间的引用缺乏统一认知原则。

（3）缺乏长效资金支撑。降水量数据是国家基础水文数据，是公益性很强的大数据，降水量观测标准应作为公益性标准，需建立长效投入基金，在标准评估立项编制、宣贯推广中发挥积极作用。

2.8.2 确立降水量观测系列标准框架结构

确立原则如下。

（1）以业务要求确立框架干线、支线。

（2）以行业主导的标准为主体内容，辅以团体标准规划。

（3）对上衔接水利技术标准体系。

在系列标准框架构建的设计上，考虑三线并立的方式：以降水量观测规范为龙头，统筹协调兼顾；以仪器产品标准为基础单元构件，监控观测产品质量，增强观测可靠性和稳定性；以计量检定规程为保障，加强法制数据的建立和应用。

2.8.3　标准制修订类建议

（1）加快落实拟编标准的编制，尽早、尽快完善体系内容；如雨量器标准、浮子式雨量计、光电式雨量计、雷达雨量计以及相应的计量检定规程。

（2）检测方法类标准的研制。

（3）编制服务类工作标准（或以团体标准形式发布）。

第3章 降水量观测方法

降水量观测包括测量记录降雨、降雪、降雹的水量，根据需要也可测记雪深、冰雹直径、初霜和终霜日期及雾、露、霜现象。

常规降水量的观测，在观测场地、雨量站考证、观测仪器与安装、观测记录等方面均应严格按照有关降水量观测的规范开展工作。

3.1 观测场地要求

降水量观测场地的查勘内容包括：地名和交通、通信条件等；附近雨量站分布情况；自然地理特征和水体分布情况；当地降水和气温等气候特征；雷电情况；场地周围障碍物情况。查勘后场地环境应满足观测资料具有可靠性、代表性和一致性的要求。

降水量观测场地环境与设置，必须满足以下要求。

（1）降水量观测应设置地面观测场。当地面观测场环境不符合要求时，可设置杆式观测场。特殊情况下，专用雨量站可设置房顶观测场。

（2）除本站需备份观测外，观测场不宜设置3套及以上同类型的观测设备。

（3）地面观测场环境与设置应符合下列要求。

1）观测场应避开强风区，其周围应空旷、平坦，不受突变地形、树木和建筑物的影响。

2）观测场不能完全避开建筑物、树木等障碍物的影响时，雨量器（计）至障碍物边缘的距离应大于障碍物顶部与承雨器口高差的2倍。

3）在山区，观测场不宜设在陡坡上、峡谷内和风口处，应选择相对平坦的位置，使承雨器口至山顶的仰角不大于30°。

4）场内仪器之间、仪器与栏栅之间的间距不小于2m。仅设一台雨量器（计）时为4m×4m，设置雨量器和自记雨量计各一台时为4m×6m。

5）场内地面应平整，保持均匀草层，草高不宜超过20cm。设置的小路和门应便于观测，路宽不大于0.5m。

6）观测场四周应设置不高于1.2m的防护栏栅，栏栅条的疏密不应影响降水量观测精度，多雪地区应考虑在近地面不致形成雪堆。

7）有积水的观测场，应在其周围开挖排水沟，防止场地内积水。

8）观测场应设立警示标志，划定保护范围。承雨器口至障碍物顶部高差的2倍距离为保护范围，不应有建筑物，不应栽种树木和高秆作物。

9）水面蒸发站的降水量观测场地设置应符合《水面蒸发观测规范》（SL 630—2013）的要求。

10）如试验和比测需要设置多台观测仪器时，观测场面积和仪器布置等应使观测仪器之间相互不受影响，满足观测精度的要求。

（4）杆式观测场、房顶观测场也必须符合相应的环境与设置要求。观测场如受各种环境条件影响不符合要求时，应重新选择。

3.2 雨量站考证要求

查勘设站任务完成后应及时编制考证簿，建立技术档案。逢5年份应考证雨量站情况，逢0年份可重新考证。雨量站考证内容有变化时，应随即补充或另行建立考证簿。

雨量站考证内容包括测站沿革、观测员情况、观测场地环境、仪器使用情况。考证簿应采用纸质和电子文档两种方式保存。

3.3 观测记录精度要求

降水量以mm为单位，其观测记载的最小量（记录精度）应符合下列要求。

（1）需要雨日地区分布变化资料或采用人工雨量器的降水量观测应记至0.1mm。

（2）不需要雨日地区分布变化资料的降水量观测，其多年平均降水量小于400mm的地区可记至0.2mm，多年平均降水量为400～800mm的地区可记至0.5mm，多年平均降水量大于800mm的地区可记至1mm。

（3）水面蒸发站应与蒸发观测的记录精度相匹配。

（4）专用雨量站应根据其设站目的和需要确定。

雨量站选用的仪器，其分辨力应符合上述监测要求，现测记录和资料整理的记录精度应与仪器的分辨力一致。

3.4 观测仪器

3.4.1 分类及适用范围

降水量观测仪器主要有人工雨量器以及翻斗式、称重式、虹吸式等类型的自记雨量计，降雪地区还应有不同类型的雨雪量计用于降水测量。

人工雨量器适用于驻测的雨量站观测液态和固态降水量；翻斗式雨量计和称重式雨量计适用于驻测和无人驻测的雨量站观测液态降水量；虹吸式雨量计适用于驻测的雨量站观测液态降水量；雨雪量计应用于降雪地域的降水测量。

各类降水量观测仪器必须满足以下基本技术要求。

（1）雨量器（计）应具备野外工作条件，有防堵、防虫、防风等措施，能方便、可靠、牢固地进行安装；各零部件所敷保护层应牢固、均匀、光洁，并有较强的防锈、防蚀性能，各类标识应清晰、牢固。

（2）承雨器口内径不同的雨量器（计），应备有专用量雨杯，专用量雨杯的最小刻度不应低于雨量站的记录精度，最下起始刻划线应等于1/2记录精度。

（3）自记雨量计应计时准确，具有人工或自动校时功能，采用中心站随机指令进行数据传输的仪器应具有授时功能。计时方式分为机械计时和电子计时两种。

（4）自记雨量计应能准确记录降水过程，测量误差不超过±4%。

（5）固态存储装置应符合下列要求：存储容量不小于1年的数据量；平均无故障工作时间（MTBF）不少于25000h；具有人工置数功能，可在现场设置参数、校准时间、读取日降水量和累计降水量。

（6）可靠性、重复性等其他技术要求应符合《降水量观测仪器》（GB/T 21978）的规定。

3.4.2 观测仪器安装

仪器安装前应检查确认仪器各部分完整无损。

1. 仪器安装的高度要求

（1）地面观测场的人工雨量器安装高度为0.7m，自记雨量计的安装高度为0.7m或1.2m；地面雨量器（计）的安装高度为0.05m；杆式雨量器（计）的安装高度为2.5～3.0m。

（2）多年平均降雪量占年降水量20%以上的地区，观测降雪量的雨量器（计）安装高度宜为2.0m；积雪深的地区可适当提高，但不应超过3.0m。

（3）雨量器（计）安装后高度不应随意变动，以保持降水量资料的一致性和可比性。

（4）安装仪器的基座和杆式雨量器（计）的基础、立杆应稳固，保证仪器在暴风雨中不发生抖动和倾斜，基座顶部应平整。

（5）人工雨量器应安装在特制的圆形铁架上，以保证仪器位置不变。

2. 自记雨量计安装要求

（1）仪器底座与基座连接应牢固。外壳有筒门的仪器，其筒门朝向应背对本地常见风向。部分仪器可加装3根钢丝拉紧仪器，绳脚与仪器底座的距离宜为拉高的1/2。

（2）各零部件应安装正确，有水准气泡的仪器应调节水准气泡居中。

（3）记录存储传输装置应安装稳固，信号线和电源线应连接正确、牢固，有防水要求的插头和插座应密封。用电缆传输信号时，电缆长度应尽可能短，宜加套保护管后埋地敷设；若架空铺设，应有防雷措施。

（4）仪器调试和注水试验结果应符合仪器性能要求。

（5）试验完毕，应清除仪器内部存留水量和试验数据。

地面雨量器（计）安装应便于观测，暴雨时基坑内不应积水，雨水不应溅入承雨器口。雨量器（计）防风圈安装应便于观测，并能减弱器口处气流对降水的影响，雨水不应溅入承雨器口。

仪器安装完毕，应复核承雨器口是否水平，测定安装高度和观测场地面高程。

3.5 人工雨量器观测

用人工雨量器观测降水量，可采用定时分段观测，段次划分按表3.1。

表3.1 降水量分段观测时刻表

段次	观测时刻/时	段次	观测时刻/时
1段	8	4段	14，20，2，8
2段	20，8	8段	11，14，17，20，23，2，5，8

降水量观测段次，少雨季节宜采用1段次或2段次，遇暴雨时应随时增加观测段次；自记雨量计与人工雨量器进行校测可采用1段次或2段次；当自记雨量计发生故障时，不应少于2段次。

3.5.1 液态降水量观测

(1) 液态降水量观测应在每日观测时检查人工雨量器有无变形，漏斗有无裂纹，储水筒有无漏水，器口是否水平。

(2) 观测时如遇较大降水，应取出储水筒内的储水器，放入备用储水器，然后到室内用量雨杯测记降水量。如降水很小或已停止，可携带量雨杯到现场测记降水量。

(3) 使用量雨杯读数时，视线应与水面凹面最低处平齐，观读至量雨杯的最小刻度，并立即记录，然后校对读数一次。降水量很大时，可分数次量取，分别记在备用纸上，然后累加得其总量，并记录在降水量人工观测记载簿中。

(4) 暴雨时，应及时更换储水器，防止降水溢出。如已溢流，应同时更换储水筒，并量测筒内降水量。

(5) 如遇特大暴雨，无法进行正常观测工作时，应及时进行暴雨调查，调查估算值应记入降水量人工观测记载簿中，并加文字说明。

(6) 为减少蒸发损失，应在降水停止后及时观测降水量。

(7) 观测后应清除储水器、储水筒和量雨杯内的积水。应定期清洗储水器、储水筒和量雨杯。

3.5.2 固态降水量观测

在降雪或降雹时，应卸下承雨器的漏斗或将承雨器换成承雪器，取去储水器，用储水筒承接雪或雹，在规定的观测时间用备用储水筒替换，并将换下来的储水筒加盖带回室内处置。

固态降水量的量测应选择下列方法。

(1) 取回室内的储水筒内的雪或雹，经自然融化后（不得用火烤）用量雨杯量测。

(2) 取定量温水加入储水筒融化雪或雹，用量雨杯测出总量，减去加入的温水量，即得雪或雹量。

(3) 配有感量不大于1g台秤的站，可用称重法。称重前应将附着在储水筒外的降水

物和泥土等清除干净，用台秤称出总质量，将储水筒内降水物清理干净后，再称出储水筒的质量，按以下公式换算成降水量，即

$$P=4000\times\frac{G_1-G_2}{\pi d^2\rho} \tag{3.1}$$

式中 P——降水量，mm；

G_1——降水物和储水筒总质量，g；

G_2——储水筒质量，g；

π——圆周率，可取 3.14；

ρ——降水物融化成水的密度，g/cm³，可取 1.0g/cm³；

d——人工雨量器承雨器口直径，mm。

3.5.3 特殊观测

出现冰雹和霜冻应观测记载；在降雪量较大地区，应观测雪深，以作为测算降雪量参考资料。

遇固态降水物或需要观测雾、露、霜时，应记录降水物符号，降水物符号见表 3.2。降水物符号应记于降水量数值的右侧，单纯降雨或无人驻测的雨量站不注记降水物符号。

表 3.2 降水物符号表

降水物	雪	有雨，也有雪	有雹，也有雪	雹或雨夹雹	霜	雾	露
降水物符号	*	• *	A*	A	U	═	Ω

1. 雪深与雪压观测要求

（1）雪深记录以 cm 为单位，记至 1cm。

（2）当观测场四周视野地面被雪覆盖超过一半时，应测记雪深。

（3）可在观测场安置面积为 1m×1m 的测雪板进行雪深测量，也可在测场附近选择一块平坦、开阔地面，于入冬前平整好，并做上标志作为测记雪深的场地。

（4）测记雪深应采用最小刻度为 1cm 的专用测雪杆。

（5）每次测量雪深应分别测 3 点，求其平均值作为该次测量的值；在测雪板上观测，3 点相距 0.5m；在附近场地上观测，3 点相距 5～10m，且每次测点位置不应重复。

（6）雪深应折算成降水量。当雪深超过 5cm 时，可用体积法或称重法测量与雪深相应的雪压（记至 0.1g/cm²），同时观测降雪形态，作为建立雪深和雪压关系的参数；未测雪压者，可将雪深与同期用人工雨量器观测的降雪量建立关系（也应考虑降雪形态），必要时可乘以 0.1 系数将雪深折算成降水量。

（7）雪深、雪压或雪深折算系数应记在降水量人工观测记载簿相应的备注栏中，也可列表单独记载。

（8）雪深和雪压应只观测当日或连续数日降雪的新积雪。

（9）一日或连续数日降雪停止后，应将测雪板上或测记雪深场地上的积雪清除；冬季降雪量较大且不易消融的地区，可采用压实并平整场地上积雪的办法测量新积雪深。

2. 冰雹直径观测要求

（1）冰雹直径记录以 mm 为单位，记至 1mm。

（2）遇降较大冰雹时，应选测几颗能代表为数最多的冰雹粒径作为平均直径，并挑选测量最大冰雹直径。

（3）被测冰雹的直径，为3个不同方向直径的平均值。

（4）冰雹直径应记录在降水量人工观测记载簿相应的备注栏中。

3.6 自记雨量计观测

自记雨量计观测降水量，有以下通用规定。

（1）驻测站每日8时应检查降水量记录，进行日常检查和操作，清除承雨器内杂物，保持仪器清洁；暴雨时适当增加巡查次数；每月应进行一次全面检查维护。

（2）无人驻测站每年检查维护不应少于两次；特大暴雨过后，应对暴雨中心区域的雨量站检查维护一次；多风沙地区应适当增加检查维护次数。

（3）降水量合理性检查应对照区域内的雨量站进行，重点检查异常值和暴雨特征值。若出现异常，应分析查找原因，及时进行处理。

3.6.1 翻斗式雨量计

翻斗式雨量计的检查维护应符合下列要求。

（1）检查维护前应先下载降水量数据，检查时间误差，然后断开信号线和电源线，再进行仪器拆装、调试等操作。注水试验后，应清除仪器内部存留水量，清除试验数据，复核仪器参数设置是否正确。

（2）固态存储器的站号、日期、时钟、仪器分辨率、存储记录时间间隔、通信方式等参数设置应正确；记录时间间隔宜设置为5min，需要时可设置为1min。

（3）仪器应稳固、无变形，器口内径应符合性能要求。

（4）承雨器口应水平，器口平面水平倾斜度应小于1°。

（5）仪器内外应清洁，过水部件汇流畅通、无堵塞。

（6）供电和通信系统应正常。

（7）存储器记录值、数据中心接收值与传感器输出值应一致。

（8）避雷接地应完好，接地电阻应小于100Ω。

（9）时间误差不应大于±5min。

（10）测量误差应符合仪器性能要求。

（11）检查维护情况应现场详细记录。

翻斗式雨量计用于降水量测量，其测量误差的试验按下述方法进行。

注水试验前应注入5～10mm清水湿润过水部件，并检查翻斗运转是否灵活、信号输出是否正常，清除翻斗存留水量后，采用注入法或自身排水量法进行试验。注入法用便携式雨量计校准装置或其他带有标准量器的降雨强度模拟装置，以1.5～2.5mm/min的模拟降雨强度向仪器注入清水，同时对翻斗翻转次数进行计数，翻斗翻转10/*c*次（*c*为仪器分辨率）立即停止注水，记录注入水量、传感器输出值和历时。分辨率为0.1mm、0.2mm的仪器每次注入量不少于10mm，分辨率为0.5mm、1.0mm的仪器每次注入量分别不少于 12.5mm 和 25mm。自身排水量法，操作要求同注入法，只是记录采用标准量器测量仪器自身排水量。至少进行 3 次试验，取其注入水量或自身排出水量的平均值。

对仪器输出值与注入水量或自身排水量进行比较，按下式计算仪器测量误差，即

$$E_b = \frac{\bar{V}_m - \bar{V}_a}{\bar{V}_a} \times 100\% \tag{3.2}$$

式中 E_b——测量误差，%；

$\bar{V}_m$——仪器记录水量，mm；

$\bar{V}_a$——注入水量或自身排出水量的平均值，mm。

3.6.2 称重式雨雪量计

随着科学技术不断进步，先进的传感器原理不断在水文仪器行业推广应用，近几年，称重式雨雪量计广泛应用于有雪地区的降水量测量，冬季结冰地区，在结冰期之前，应按仪器说明书要求在储水器内加入适量防冻液。非结冰期应及时清理储水器内防冻液，将储水器清洗干净。风速较大的地区，应安装防风圈，以减小从承雨器口进入仪器内部的风力对称重准确性的影响。

无自动排水装置的仪器，当储水器的积水量达到 80%时，应及时清除储水器内积水。

称重式雨雪量计仪器测量误差试验方法如下：进行注水试验，以 4.0mm/min 左右的模拟降雨强度向承雨器注入 50mm 清水，每注入 3～5mm 分别记录仪器测量值和注入水量。

按误差计算公式计算仪器测量误差。

3.6.3 虹吸式雨量计

虹吸式雨量计应用于降水量观测，应在每日 8 时观测，有降水之日应在 20 时巡查仪器，并划注 20 时记录笔尖所在位置的时间记号。遇暴雨时应适当增加巡查次数，以便及时发现和排除故障，防止漏记降水过程。

1. 虹吸式雨量计观测降水量要求

(1) 观测前的准备。在记录纸正面填写观测日期和月份，背面印上虹吸式雨量计观测记录统计表，见表 3.3。

(2) 每日 8 时整，立即对着记录笔尖所在位置，在记录纸零线上画一短垂线，作为检查自记钟快慢的时间记号。

(3) 用笔档将自记笔拨离纸面，给机械钟上发条或检查电子钟电池。

(4) 更换记录纸，给笔尖加墨水，对准记录笔开始记录时间画时间记号。每次对准北京时间开始记录时，先顺时针方向后逆时针方向旋转自记钟筒，以避免钟筒的输出齿轮和钟筒支撑杆上的固定齿轮的配合产生间隙，给计时带来误差。应经常用酒精洗涤自记笔尖，使墨水流畅。

表3.3　　虹吸式雨量计观测记录统计表

＿＿年＿＿月＿＿日8时至＿＿日8时

(1)	自然虹吸量（储水器内水量）＝＿＿mm
(2)	自记纸上查得的未虹吸量＝＿＿mm
(3)	自记纸上查得的底水量＝＿＿mm
(4)	自记纸上查得的日降水量＝＿＿mm
(5)	虹吸订正量＝（1）＋（2）－（3）－（4）＝＿＿mm
(6)	虹吸订正后的日降水量＝（4）＋（5）＝＿＿mm
(7)	时间误差：8时至20时；20时至8时
备注：	

（5）换纸时无雨或仅降小雨，应在换纸前慢慢注入一定量清水，使其发生人工虹吸，检查注入量与记录量之差是否在±0.05mm内、虹吸历时是否小于14s、虹吸作用是否正常，检查或调整合格后才能换纸。

（6）观测自然虹吸量。若有自然虹吸量，应更换储水器，然后用量雨杯测量储水器内的水量，并记载在该日观测记录统计表中；暴雨时，估计降水量有可能溢出储水器时，应及时用备用储水器更换测记。

（7）观测后应稍停片刻，观察仪器记录划线、自记钟等运转情况，仪器运转正常方可离开。

（8）巡查过程中如发现虹吸不正常，在10mm处出现平头或波动线，应将笔尖拨离纸面，用于握住笔架部件向下压，迫使仪器发生虹吸，虹吸终止后使笔尖对准时间继续记录，雨停后及时对仪器进行检查和调整。

（9）量雨杯和备用储水器应保持干燥清洁。

2. 虹吸式雨量计更换记录纸要求

（1）更换在钟筒上的记录纸，其底边应与钟筒下缘对齐，纸面平整，纸头纸尾的纵、横坐标衔接。

（2）当8时降小雨或无雨且记录纸前期划线记录不超过5mm刻度时，可不换纸，应向承雨器注入清水，使笔尖升高至整毫米处开始记录；但每张记录纸连续使用日数不宜超过5d，并应在各日记录线的末端注明日期；每月第一日宜换纸，以便按月装订。降水量记录发生虹吸之日或画线超过5mm刻度应换纸。

（3）在8时换纸时，若遇大雨，可等到雨小或雨停时换纸；若记录笔尖已到达记录纸末端，雨强还是很大，则应拨开笔档，转动钟筒，转动笔尖越过压纸条，将笔尖对准纵坐标线继续记录，待雨强小时再换纸。

（4）特殊情况7时、8时未正点观测换纸，换纸后应将笔尖对准与换纸时间对应的时间坐标线上。

（5）自记纸应平放在干燥清洁的橱柜中，换纸后应将笔尖对准与换纸时间对应的时间坐标线上。

3. 虹吸式雨量计观测降水量时雨量记录要求

（1）正常的虹吸式雨量计的雨量记录线，应为累积记录到10mm时即发生虹吸，允许误差为±0.05mm，虹吸终止点恰好落到记录纸的零线上，虹吸线与纵坐标线平行，记录线粗细适当、清晰、连续光滑无跳动现象，无雨时应呈水平线。

（2）每日时间误差不大于±5min。

4. 虹吸式雨量计注水检查调试方法

（1）示值检定。将虹吸管安装在虹吸点略高于10.2mm的降水量标线，向承雨器注入清水，直至虹吸排水为止，排水结束后，将自记笔调整到零点位置上再次注水，通过虹吸使笔位回零，记录零点的示值。用量雨杯分别注水5mm、10mm，得到5mm和10mm降水量的示值，其与零点示值之差应在（5±0.05）mm和（10±0.05）mm范围内。

（2）虹吸管位置的调整，当示值检定合格后，慢慢降低虹吸管高度，直至虹吸，此时即为虹吸管最佳安装位置，再重新注水，进行复核。

（3）零点和虹吸点稳定性检查。用量雨杯以4.0mm/min左右的模拟降水强度向承雨器注入10mm清水，当水流停止后，仪器应虹吸一次，读取零点和虹吸点示值，重复进行3次，相互间读数之差不应超过0.1mm。

第4章 降水量资料整编

4.1 水文资料整编概述

水文资料整编就是将测站收集的原始资料，按科学的方法和统一的规格进行考证、整理、分析、统计、审查、汇编、刊印和储存的全部技术工作。各项原始资料是基层水文测站职工在外业测验中测取和调查得来的，数量繁多，有些只有一份，部分资料在时间上是离散的、片段的，彼此独立的资料，其数值只能代表现测时的瞬时情况，且一些在测验过程中的数据又是没有使用意义的。同时，由于天然和人为的影响，存在一定的测验误差甚至计算错误，或是测验设备上的故障及观测人员的过失，贻误观测时机，造成资料的局部中断、缺测等情况。因此，每年年终，各水文测站都要在“四随”（随观测、随计算、随分析、随整理）工作的基础上，经过审核、查证，按照统一的标准和规格进行资料整编。整编的初步成果还要经过审查、复审，并进行全流域或全水系上下游、干支流、各测站同项资料的综合合理性检查，以求达到各方面的平衡或协调，保证水文资料的准确性和一致性。最后再以水文年鉴的形式刊印成册或者以规定的表结构形式存入数据库，使之便于应用和长期保存，并为防汛、抗旱、水利建设、水资源管理和保护、国防、科学研究及其他国民经济建设服务。没有经过整编的水文资料是不可靠、不完整、不连续的，使用部门不能直接使用或使用起来存在着一定的风险。

水文资料来源于测站，测验是整编的基础，其质量好坏对以后各阶段的工作影响很大。只有测验质量符合要求，才能整编出精度可靠的成果；测验质量不高，不仅会造成整编上的困难，而且也很难得出理想的成果。资料整编可以说是测验工作的总结和继续，通过整编可以对原始资料去伪存真，检查和指导测验。如发现测验中的问题，提出改进测验的意见，可以提高测验水平；反过来，通过测验又可以检验整编方法是否合理。二者有机联系，相互促进。所以，资料整编是水文工作的一个重要组成部分，也是水文测站的日常工作之一，必须给予足够的重视。

4.2 水文资料整编的发展历程

民国时期的水文资料编印多系实测记录，少数虽编为年统计格式，也只是由实测且断断续续的资料表面统计的特征值，未经系统的整理和合理性鉴别，刊布的形式和规格也不统一，内容为逐年（或多年）水位和雨量资料的月年特征值统计表等。

1949 年以后，对此前的历史资料和 1950—1955 年资料进行系统的整编刊印，项目有水位、流量、含沙量、降水量、蒸发量 5 项。1956 年，水利部颁布了具有规范性的《水文资料审编刊印须知》，以后陆续增加泥沙颗粒级配、水温、水化学、地下水等项目，采用全国统一的《中华人民共和国水文年鉴》形式整编刊印。1964年，水利部颁发《水文年鉴审编刊印暂行规范》。水文年鉴逐年刊布，它提供当年有普遍使用价值的基本水文资料，这些资料是实测的而且经过整理和审查汇编等加工过程，然后用统一、科学的形式刊布出来。全国水文年鉴统一编排卷册，卷册的划分以流域水系为主要依据，适当考虑省区汇刊和使用资料的方便。我国按流域或地区分为10个区域，每个区域的水文年鉴为一卷，自北向南、自东而西编排卷号；每个区域再按水系划分为一些小的区域，每个小的区域的水文年鉴为一册，自上游向下游编排册号。全国共10卷，75册。

在20世纪70年代之前，我国水文资料整编主要是通过人工的方法进行计算、摘录绘制图表和确定水位—流量关系线。从20世纪70年代初、中期，长江水利委员会、黄河水利委员会等单位采用ALGOL-60语言开始尝试用计算机进行资料整编。到80年代中、后期在计算机中应用FORTRAN语言编程，全国形成了比较系统的整编软件，主要有降水、水位、泥沙、蒸发、流量等要素整编软件，并在全国推广应用。但由于中国大多数河流水位—流量关系不稳定且复杂，均需水位—流量关系单值化处理，导致流量整编工作复杂，采用的定线方法较多，实现计算机整编难度很大。一般是人工定线后，把相关过程和关系的数据录入计算机后进行整编。

到20世纪90年代初期，随着微机普及应用，在DOS系统下，应用BASIC语言开发了第二代整编程序。2000年左右，长江水利委员会、安徽、辽宁、山东等流域省水文局组织技术人员开发在Windows系统下应用VB和VC第三代整编软件，并取得成功。2002年后，水利部水文局结合水文年鉴复刊和贯彻新的整编规范需要，分别委托长江水利委员会水文局和黄河水利委员会水文局牵头组织开发适合南方片、北方片资料整编需要的统一的整汇编软件。目前整汇编软件已处于应用阶段，其主要功能有GIS平台功能、系统管理功能、水文资料整编功能、图形处理功能、汇编功能、图形分析及特征值统计功能。同时系统还提供了水位、流量、输沙率、悬移质泥沙颗粒级配降水量等要素生成各站特征值统计对照表格，便于用户对某区域各站水文特征值进行分析。该系统功能较为全面，界面友好，较好地满足了当前水文资料整编生产应用的需要。

4.3　水文资料整编的工作任务

水文资料整编的项目包括各类测站定位观测的各项成果（不包含地下水和水质项目），以及对定位观测有重要补充作用的水文调查资料。因此，资料整编项目可概括为河、湖、堰闸、水库、潮水等的水位、流量、输沙率、泥沙颗粒级配、水温、冰凌、降水、蒸发和水文调查等。

从原始资料整理开始，到水文年鉴的刊印成册，要经过在站整编、审查、复审和汇编4个工作阶段。各阶段的工作任务叙述如下。

（1）在站整编阶段。在站整编工作由水文站或水文勘测队负责完成，条件不具备时也可在地、市水文部门和流域机构的水文二级机构的指导下完成。主要内容包括：测站考证，有测站说明表和位置图、水文站以上（区间）主要水利工程基本情况表和分布图、陆上（漂浮）水面蒸发场说明表及平面图；对原始资料进行审核，审核原始资料的目的在于全面消除错误，统一规格。审核时，着重检查资料的插补、日平均值的计算及各项特征值的统计有无错误，必要时，对计算数字可部分抽算或全部重算一次；确定整编方法、定绘水位—流量关系曲线及检验；数据整理、计算机输入及编制图表；单站合理性检查；编写单站资料整编说明，并进行单站资料质量评定。在站整编是整编工作的重要环节，是资料整编工作的基础。因此，测站对各项原始资料和整编图表必须认真填制，严格校核，把好质量关。

(2) 审查阶段。审查工作由地、市水文部门和流域机构的水文二级机构负责完成。主要内容包括：抽查原始资料；对考证、定线、数据整理表和数据文件及整编成果进行全面检查；审查单站合理性检查图表；做整编范围内的流域、水系上下游站或邻站的综合合理性检查；进行资料质量评定；编制测站一览表及整编说明。

审查这一步骤是保证资料质量的重要环节。审查时要着重消灭大的错误，注意解决影响资料使用的大问题。

(3) 复审阶段。复审工作由省（自治区、直辖市）水文部门和流域管理机构直属水文机构负责完成。主要工作内容包括：抽取不少于10%的测站，对考证、定线、数据整理表、数据文件及成果表进行全面检查，其余只作主要项目检查；对全部整编成果进行表面统一检查；复查综合合理性检查图表，进行复审范围内的综合合理性检查。

(4) 汇编阶段。汇编工作由汇刊机关主持、有关单位参加共同完成。主要包括资料审查及综合说明资料编制等。

4.4 水文资料整编的基本要求

(1) 尊重原始资料。原始资料是整编的第一手资料，是整编的基础，所以整编过程中要尊重原始资料，在没有找出充分理由或没有进行仔细分析时，不要轻易修改剔除原始资料。

(2) 合理安排工作程序。对于一站的各项资料来说，可以从降水量、水位等基本资料开始整编，再依次整编流量和泥沙资料；以某项资料来说，首先要考证清楚，确定合理的整编方法，再做推算制表工作。避免由于前一工序产生的错误引起下道工序大量返工。如水位未经考证而计算日平均值，流量中突出点未经分析批判而定线推流，都会因水尺零点高程变动或定线不当而重新修改计算。

(3) 符合测站特性。整编的过程是如实反映水文要素变化规律的过程，因此在整编过程中，要多做调查研究，全面了解测验情况。遇到矛盾问题，要深入调查研究，认真分析，力求采用的整编推算方法正确合理，符合测站特性等。

(4) 严格工序。原始资料都必须经过初作、一校、二校3道工序，才能进行整编。对于考证、定线、推算、制表及计算机整编的数据加工表，录入数据文件等也都须做齐3道工序。

(5) 做好日常工作。测站原始资料的校核，各种过程线、关系图的点绘，实测成果表的编制，以及对资料的初步分析等工作，都要在测站随时进行或分阶段去完成，给年终整编创造条件。

（6）认真执行规范。水文资料整编规范是统一全国水文资料整编的技术标准，是保证资料质量所必须遵循的规定。只有认真贯彻规范标准，才能达到统一标准、统一规格，保证整编质量。在整编过程中应严格按照规范去做，各项表格必须按照规范填制，不能任意更改。

（7）质量符合标准。经过审查以后的成果质量定性标准要达到：项目完整，图表齐全；考证清楚，定线合理；资料可靠，方法正确；说明完备，规格统一；数字准确，符号无误。成果数字质量标准要达到：无系统错误（无整编方法错误，无连续数次、数日、数月或影响多项、多表的错误）；无特征值错误；其他数字错不超过1/10000。

4.5 水文资料整编工作的程序

水文资料整编工作成果用表格表示，主要表式有反映逐日数值及月年统计值的逐日表、反映实测内容的实测成果表、反映瞬时变化过程的摘录表以及考证资料、综合图表等。资料整编工作的程序一般包括考证、定线（只有流量、泥沙、水质等项目有此内容）、制表、合理性检查等。

（1）考证。查证和订正水文测站有关水文测验的基本情况，作为选择整编方法和使用资料的依据。这些情况包括测站地点及所属水系、流域特征、测验河段特性、水准基面、水准点、水尺零点高程及其变动情况、地下水测井所测含水层的情况、各项目主要测验仪器的型号、主要测验方法等。考证的成果用测站说明表及位置图、测站一览表和在各种表头上的标注等形式，载入水文年鉴。

（2）定线。指按照整编需要，根据实测资料，确定两个水文要素间的关系曲线，作为用一个要素的资料去推算另一个要素的依据。例如，流量测验一般是间断而不是连续进行的。为了取得连续的流量资料，就要在整编时定出水位-流量关系曲线，然后用连续观测的水位资料，通过水位—流量关系曲线推算成连续的流量资料。同样，对悬移质含沙量资料，要定出单样含沙量（即代表含沙量或标志含沙量）与断面平均含沙量的关系线；对推移质输沙率的资料，要定出断面平均流速（或流量）与推移质输沙率的关系线；对水质资料，有时要定出流量与离子流量的关系线，作为用前一要素推算后一要素的依据。其他如水位面积、水位流速、水位库容等关系曲线，在整编中也都是常用的辅助工作曲线。有些关系是稳定的，定线工作比较简单。但在天然江河中，许多测站的关系是不稳定的，这时要查清不稳定原因，正确处理。有时，可以增加一个水力因素参数，建立三变量之间的稳定关系，如测站水面比降经常变动时，可以用附近河段的水面落差作参数，建立水位、落差与流量的稳定关系。这类方法称为水力因素型方法或称单值化处理。那些不能作单值化处理的，则只能把两要素的关系看作是时间的函数来处理。例如，可以在关系图上按时间顺序绘出绳套形曲线，这类方法称为时序型方法。它要求测量次数足够多，能反映出关系的变化过程。

（3）制表。按照统一规格编制水文年鉴的刊印底表。工作内容包括逐日总量或均值的计算，月、年总量、均值、极值的统计等。极值统计一般为挑选月、年最高最低或最大最小值。对降水量资料来说，还要统计不同时段（从若干分钟到若干天）的最大降水量。

(4) 合理性检查。利用各种图表来检验整理成果是否符合水文要素的变化规律，以便发现和处理差错。这种检查分为：单站合理性检查，如水位过程线连续性的检查，本站水位、流量、输沙率过程线对照，历年同类关系曲线对照等；综合合理性检查，如相邻测站逐日降水量对照，上下游流量，输沙率过程线对照，上下游干支流月、年平均流量或输沙率的平衡检查等。

4.6　降水量资料整编基本要求

降水量资料是水文资料的重要组成部分，其用途极为广泛。降水量资料整编，是指雨量站从每日降水量原始观测资料到年度降水量整编成果的具体工作方法。它包括整编、审查、复审3个工作阶段。其整编分为说明资料、基本资料和调查资料整编，说明资料整编为雨量站基本资料收集、考证、整理的概述与分析说明；基本资料整编包括雨量基本站网、试验站、专用站的各项资料；调查资料整编主要是暴雨调查资料的整编。

采用不同类型的观测仪器，所得到的降水量原始观测资料不一样，后续的资料整编方法及整编成果也有差异。例如，采用人工雨量器观测降水量，由于人工观测段制的限制，只能得到相应段次时段降水量和“逐日降水量表”，无法获得较小时段的“降水量摘录表”，不能做“各时段最大降水量表”，可以做“各时段最大降水量表”，但只能按观测段制整理数据，精度较差。若采用自记雨量计，虽然各类仪器的资料整编方法有所不同，但最终整编成果是一致的，不仅有逐日降水量，还有各种时段的降水量。因此，测站有固态存储或遥测的自记雨量计记录资料时，应采用固态存储或数据接收中心原始数据库的降水量资料进行整编。

在有固态降水（降雪、降雹）地区、固态降水时段，固态降水一般由人工雨量器测记，降雨由自记雨量计自动记录。因此，全年降水量的资料整编往往是采用两种降水量观测仪器的资料进行混合整编。例如，采用人工观测的时段降雪量资料取代翻斗式雨量计的同期记录资料，并删除翻斗式雨量计其中降雪融化所形成的记录数据部分。当然，在无固态降水地区、无固态降水年份或者采用融雪型自记雨量计的测站，则全部采用自记雨量计资料进行降水量资料整编。另据调查，目前我国北方部分地区在冬季已采用雨雪量计自记降雨、降雪量，其资料可以直接进行降水量资料整编。

4.6.1　降水量资料整编工作内容

降水量资料整编工作，从每日降水量原始观测资料到年度降水量整编成果需经过整编、审查、复审3个工作阶段，其工作内容及其侧重点是不同的。

1. 整编阶段

整编开始前，收集降水量站原始资料、考证资料、水文调查成果、历年整编有关情况以及测验工作中的有关降水量分析图表和文字说明；着重检查降水量观测、计算方法及实测成果的合理性；原始资料、考证资料、数据整理、成果图表等均应做齐3道工序后方可进行整编。

整编阶段主要工作内容如下。

(1) 雨量站考证。按有关规范要求填写“雨量站考证簿”，其内容包括测站沿革、观测场地环境、平面图、观测仪器及观测员说明等。当降水量观测地点有迁移时，除了在考证中说明有关情况外，还要在单站资料整编说明书中予以说明。

(2) 对原始资料进行审核。审核的资料分为人工雨量器、自记雨量计的原始资料两大类，人工雨量器原始资料为“降水量观测记载簿”；自记雨量计的原始资料，包括翻斗式、称重式、虹吸式雨量计的原始资料，其中，翻斗式、称重式雨量计的原始资料为固态存储或数据接收中心原始数据，虹吸式雨量计的原始资料为虹吸式雨量计自记纸。

(3) 确定整编方法。根据测站任务书和前面考证与原始资料审核情况，按照水文资料整编规范的规定，选择具体的整编方法。

(4) 数据整理、输入及图表编制。数据整理的工作内容：①解决记录数据中缺失、失真部分存在的问题，进行降水量的插补与改正；②将降水量记录数据整理成降水量资料整编软件规定的数据格式。输入的工作内容就是应用降水量资料整编软件进行数据录入，并解决录入过程中可能发生的各种问题。图表编制的工作内容就是完成测站任务书规定内容，得到符合水文资料整编规范的图表成果。

(5) 单站合理性检查。其工作内容：①对降水量成果表进行表面合理性检查；②进行长时段降水强度与短时段降水强度的比较分析；③将降水量摘录表、各时段最大降水量与逐日降水量进行对比分析；④看固态降水标注符号与季节的相关性；⑤将本站降水量特征值与历年极值进行比较。

(6) 编写单站资料整编说明，并进行单站资料质量评定。单站资料整编说明主要写本站的观测环境、观测情况、当年降水情况、资料整编情况、资料质量评定及遗留问题等。

2. 审查阶段

抽查原始资料。抽查数量由整编单位确定。其与整编阶段的“对原始资料进行审核”的工作内容相似，但只是抽查某站一年中数个月的资料进行审核，如果发现该站资料存在问题，则增加抽查数量直至全年资料。

对雨量站考证、数据整理表和数据文件及整编成果进行全面检查。其工作内容是审查资料的正确性，审查自记记录故障的处理、插补和改正的合理性。

审查“单站合理性检查”的各项图表，工作重点是审查其内容和方法。

与整编范围内的邻站进行综合合理性检查。其工作内容：①将本站与邻站的逐日降水量表进行对照检查，看相邻站的降水时间、降水量、降水过程及观测物符号的规律性；②相邻站月、年降水量及降水日数对照；③进行邻站的暴雨、汛期及年降水量等值线检查；④将邻站的降水量摘录表、各时段最大降水量表进行对比分析。

进行资料质量评定。根据前面的工作步骤对审查资料进行资料质量评定。

编制测站一览表及整编说明。本阶段整编说明主要写整编区域内的当年降水情况、雨量站站网情况、降水量观测情况、资料整编审查情况和资料质量评定等。

3. 复审阶段

(1) 抽取不少于10%的雨量站，对各站的考证、数据整理表、数据文件及成果表进行全面检查，其余只作主要项目检查。

（2）对雨量站全部整编成果进行表面统一检查。

（3）复查各站降水量的综合合理性检查图表，进行复审范围内的综合合理性检查。

（4）评定各站降水量整编成果质量，并进行验收。

4.6.2 降水量资料分类

（1）说明资料有4种，即降水量资料整编说明表、降水量站一览表、降水量站分布图、按照规范要求填写雨量站考证簿（一般是逢0、逢5年份重新编制；当年雨量站发生变化时必须填写）。

（2）基本资料有4种，即逐日降水量表、降水量摘录表、各时段最大降水量表、各时段最小降水量表。

（3）调查资料有两种，即暴雨调查说明及成果表、暴雨量等值线图。

4.6.3 降水量资料的质量要求

（1）质量定性标准。项目完整，图表齐全；考证清楚，数据合理；资料可靠，方法正确；说明完备，规格统一；数字准确，符号无误。

（2）成果数字质量标准。无系统错误；无特征值错误；其他数字错不超过1/10000。

4.6.4 降水量资料数据整理与审核

在降水量资料整编之前要对观测记录进行数据整理与审核，检查观测、记载、缺测等情况。对于虹吸自记资料，除检查时间和降水量的虹吸订正外，还应检查仪器的故障处理情况；翻斗式自记资料应检查记录数值与仪器分辨率是否相符，记录时间日误差是否符合有关规范的规定。

1. 数据整理方法

当一个雨量站同时有自记记录和人工观测记录时，应使用自记记录进行资料整编。自记记录确有问题的部分，可用人工观测记录代替，但应附注说明。当自记记录无法整理时，可全部使用人工观测记录，同时期的降水量摘录表与逐日降水量表所依据的记录必须一致。

做各时段最大降水量表的站，根据降水强度转折情况按5min选摘数据；做各时段最大降水量表的站，自记记录按24段制摘取数据，人工观测记录根据观测段制整理数据。

2. 资料审核方法

对人工观测资料和自记观测资料进行同时段对比，看是否有不合理现象，尤其是发生固态降水时，看数据处理是否正确、融雪过程是否歪曲了实际降水过程。

将人员技术水平较高、历年来降雨量资料质量较好的站，或者同时进行蒸发量观测的站作为重要参证站，对邻近的其他站点数据进行质量检查，重点检查观测资料有无缺测和观测记载、计算方面的错误。

对于虹吸自记雨量资料，除要检查时间和虹吸订正是否恰当外，还应着重检查发生故障的处理方法是否正确。

将邻近站自记数据进行同步对比分析，可找出某些站的记录故障问题。例如，该站与邻站雨程明显不同，便要查找原因所在，本是无雨却记录有雨，很可能是雨量计承雨口因树叶、蛛网、昆虫、灰尘、藻类等引起堵塞，导致记录失真、失准。

检查翻斗式自记资料，要对每个雨量数据进行检查，看是否是翻斗分辨力的整数倍。若非整数倍，便要检查传感器设置、存储器是否有问题。

根据降水量传感器检测、检查记录对数据文件进行检查，看是否已经将检测、检查所产生的非降水量数据进行剔除。

检查时段雨量与报汛记录差值是否在合理范围之内。

3. 整编控制信息检查

主要是检查摘录时段和非汛期雨量数据加摘是否符合有关规定，如复审单位规范性文件的要求、整汇编规范的规定、整汇编软件的要求等。

4.6.5　降水量资料插补与修正

当降水量因故发生少数日期（时段）缺测或自记雨量观测设备有故障时，应尽量根据具体情况予以插补或修正，无法进行插补时，方可作缺测处理。

1. 降水量的插补方法

插补缺测日的降水量，可根据地形、气候条件相近的邻近站降水量时程分布情况，采用邻站平均值法、比例法或等值线法进行插补。

当自记仪器出现故障时，如果降水过程不准确但其时段总量是准确的，或有准确的人工观测总量，则以人工观测时段量或日量进行插补，日量后不需要加插补符号，日表也不加附注；若总量准确但无人工观测量，也可根据邻近站的雨程进行分列，而无需加插补符号及附注。其他情况插补降水量，要在日量后加插补符号或在日表加附注。

当降雪量发生缺测时，如果观测到雪深，可以根据 10∶1 的比例将雪深折算成降水量，并记录折算系数；也可以通过“雪深∶降水量”的试验数据记录降雪量的观测值。若未观测雪深，可根据邻近站插补，日量后需加插补符号，日表加附注说明。

2. 降水量的修正方法

如自记雨量计短时间发生故障，使降水量累积曲线发生中断或不正常时，则应通过分析对照或参照邻站资料进行插补和修正；否则，应将不能进行插补和修正的部分数据或记录舍弃，采用人工观测记录。对不能改正的部分，又无人工观测记录，按缺测处理。

4.6.6　降水量资料整编方法

降水量基本资料包括逐日降水量表、降水量摘录表、各时段最大降水量表和各时段最小降水量表。

前期准备工作。在整编工作之前需收集相关资料，主要有：各类降水量观测资料（含气象部门的资料）；降水量传感器检测、检查记录；降水量报汛记录；近期水文年鉴；各类现行有效规范和标准；复审汇编单位、流域机构的相关规定。

4.6.7 逐日降水量表

1. 逐日降水量填列方法

河站逐日降水量表见表4.1，降水量单位为mm，其数值保留1位小数。

逐日降水量数值均要依据审核后的降水量观测记载簿或订正后的自记记录数据计算得出。有降水之日，填记1d各时段各类降水物的总和。降雪或降雹时的降水量数值的右侧加注观测物符号。有必要测记初终霜的站，在初终霜之日记霜的符号。整编符号与观测物符号并用时，整编符号记在观测物符号右边。逐日降水量出现雹符号时，可在本表附注中注明降雹的平均粒径、最大粒径及降雹历时。

少数日期降水量缺测者，应尽量予以插补；不能插补的记缺测符号。全月缺测者，各日空白，仅在月总量栏记缺测符号。

表4.1　　河站逐日降水量表　　单位：mm

<table>
<tr><td>月份
日期</td><td>1</td><td>2</td><td>3</td><td>4</td><td>5</td><td>6</td><td>7</td><td>8</td><td>9</td><td>10</td><td>11</td><td>12</td></tr>
<tr><td>1
2
⋮
31</td><td></td><td></td><td></td><td></td><td></td><td></td><td></td><td></td><td></td><td></td><td></td><td></td></tr>
<tr><td>降水量</td><td></td><td></td><td></td><td></td><td></td><td></td><td></td><td></td><td></td><td></td><td></td><td></td></tr>
<tr><td>降水日数</td><td></td><td></td><td></td><td></td><td></td><td></td><td></td><td></td><td></td><td></td><td></td><td></td></tr>
<tr><td>最大日量</td><td></td><td></td><td></td><td></td><td></td><td></td><td></td><td></td><td></td><td></td><td></td><td></td></tr>
<tr><td rowspan="4">年统计</td><td colspan="6">降水量</td><td colspan="6">降水日数</td></tr>
<tr><td colspan="2">时段/d</td><td colspan="2">1</td><td colspan="2">3</td><td colspan="2">7</td><td colspan="2">15</td><td colspan="2">30</td></tr>
<tr><td colspan="2">最大降水量</td><td colspan="2"></td><td colspan="2"></td><td colspan="2"></td><td colspan="2"></td><td colspan="2"></td></tr>
<tr><td colspan="2">开始时间</td><td colspan="2"></td><td colspan="2"></td><td colspan="2"></td><td colspan="2"></td><td colspan="2"></td></tr>
<tr><td>附注</td><td colspan="12"></td></tr>
</table>

降雪量缺测，应将雪深折算雪量比例记入附注。未按日界观测降水量，可将资料进行分列并加分列符号；无法分列的将总量记入最后一日，在末测日栏记合并符号。

2. 月统计填列方法

月降水量填列本月各日降水量的总和，全月未降水者记“0”。一个月部分日期（或时段）雨量缺测，月总量仍需计算，但要加不全统计符号。全月缺测者，记缺测符号。有跨月合并情况者，合并的量记入后月。前后月的月总量不加任何符号。合并量较大时要在附注中说明。

月降水日数填列本月降水日数的总和。全月无降水日者，记“0”。全月缺测者，记缺测符号。一部分日期缺测者，根据有记录期间的降水日数统计，但要加不全统计符号。确知有降水和记合并符号之日，可加入全月降水日统计。

月最大日量的填列：全月无降水者，本栏空白。全月缺测者，记“—”号。一个月部分日期缺测或无记录者，仍需挑选，但要加不全统计符号。如确知其为月最大，则不加不全统计符号。一个月部分日期有合并降水者，如合并各日的平均值比其余各日仍大时，可选作月最大量，并加不全统计符号。全月只有合并的降水量者，记“—”号。

3. 年统计、各时段最大降水量、附注的填列方法

年降水量、降水日数参照月统计规定统计。

各时段最大降水量。从逐日降水量栏中分别挑选全年最大1d降水量及连续3d、7d、15d、30d（包括无降水之日在内）的最大降水量填入，并记明其开始日期（以8时为日界）。全年资料不全者，统计值要加不全统计符号，能确知其为年最大时，可不加不全统计符号。

附注。填列雨量场（器）的迁移情况（迁移日期、方向、距离、高差等）；有关插补、分列资料情况；其他影响资料精度的说明。

4.6.8　降水量摘录表

降水量摘录表主要提供汛期或主要暴雨的各个分段观测记录，包括各个分段的起始时间及分段降水量。此项成果可以反映出降水随时段的变化情况及场次降水量。除复审汇编单位规定不作此表者，每日按4段制（或以上）观测及自记雨量资料整编的测站，一般均要编制此表。降水量摘录表见表4.2。

表4.2　　降水量摘录表

月	日	时或时分		降水量/mm	月	日	时或时分		降水量/mm	月	日	时或时分		降水量/mm	月	日	时或时分		降水量/mm
		起	止				起	止				起	止				起	止	
____河　____站																			

1. 降水量摘录要求

（1）自记站可选择一部分站按24段制摘录，其他自记站根据需要确定一种段制摘录。测站选择应符合的要求：①所有水文站应列入；②降水径流分析所需要的站应列入；③山区、丘陵、平原交界处及水文站以上（区间）集水区中心应有站；④考虑面上分布均匀，在暴雨中心区、山区、暴雨梯度大的地区适当加密；⑤选取系列长、观测质量好的站；⑥雨量站较少的地区，也可规定将自记站全部列入；⑦选定的测站宜维持历年稳定。

（2）人工观测并且观测时段不少于四段次的测站按观测段制摘录。

（3）雨洪配套摘录。中、小河流水文站以上的配套雨量站，其资料主要是为了满足暴

雨洪水分析的需要，可采用与洪水配套的摘录方法，摘录段制一般按涨洪历时的1/3确定。

(4) 稀遇暴雨的摘录标准由复审单位自行确定。

(5) 采用"汛期全摘"的站，在汛期前、后出现与汛期大水有关的降水，均应摘录。非汛期的暴雨，其洪水已列入洪水水文要素摘录表时，该站及上游各站的相应降水均应摘录。

(6) 采用"雨洪配套摘录"的站，应根据洪水水文要素摘录表所列入的洪水，摘录该站及上游各站的相应降水，必要时还应摘录流域边界周围站的相应降水。

(7) 复审汇编单位规定相邻时间（正点之间）可以合并的，当相邻时间的降水强度不大于规定强度（如2.5mm/h，少雨地区可减少）者，可予以合并摘录，合并后不得跨越规定段制的分界时间，且同一站当年资料必须一致。同一复审汇编单位的资料合并标准也尽可能统一，并维持相对稳定。

2. 降水量摘录方法与摘录时段

(1) 摘录方法。

1) 中、小河流水文站以上的配套雨量站，为了满足暴雨洪水分析的需要，可采用与洪水配套的摘录方法。

2) 汛期全摘，非汛期按雨洪配套进行加摘。

(2) 摘录时段。自记降水量资料一般按24段制摘录。

雨洪配套摘录资料，可按暴雨洪水分析的需要确定，一般按涨洪历时的1/3作为一个摘录时段。

3. 制表方法

(1) 记降水起止时分者，当一次降水量的起止时分跨过一个或几个正点分段时间时，则将该次降水按正点分段时间分成几段，分别记各段起止时间及各段降水量。有时可记相邻段的合并时间及总量。

(2) 不记降水起止时分，只记降水的起止时段及降水量，有时可记相邻段的合并时段及总量。

4. 降水量摘录填列方法

(1) 记起止时分的填列方法。

1) 月、日、起止时分。一次降水分为几段者，填记各段开始的月、日和开始及终止时分；一次降水只有一段者，填记该次开始的月、日和开始及终止时分。

2) 降水量。填记降水过程中定时分段观测及降水终止时所测得的降水量。

3) 起止时分缺测，但各时段降水量记录完整者，起止时分栏填降水开始以前和结束以后正点分段观测的时间，但只记时不记分。月、日栏填"起"时所在月、日。

4) 未按日界或分段时间进行观测但知其总量者，记总的起止时间及其总量。

5) 一日或若干日全部缺测者，在月、日、时分栏记缺测的起止时间，只记时不记分。缺测一日者记一行，降水量栏记"—"符号；缺测两日以上者，分记两行，只在下一行降水量栏记"—"符号。

(2) 不记起止时分的填列方法。

1）月、日、起止时间。填列时段开始的月、日和起止时间，时段小于1h，记至时、分；时段不小于1h，记至时。

2）各种缺测情况及配套摘录，可按照记起止时分的有关规定填列。

4.6.9 各时段最大降水量表（1）

各时段最大降水量表（1）见表4.3。

表4.3　各时段最大降水量表（1）

站次	最大时段/min 站名	10	20	30	45	1×60	1.5×60	2×60	3×60	4×60	6×60	9×60	12×60	24×60
		降水量/mm 开始时间												

1. 各时段最大降水量表（1）编制说明

（1）本表汇列部分自记雨量站指定时段的年最大降水量及其发生日期。选站时可根据暴雨公式的指数变化大小，以及地域分布情况，由复审汇编单位确定。已选定的站要维持历年稳定。自记站较少的地区可全作此表。

（2）本表填列各站10min、20min、30min、45min、1×60min、1.5×60min、2×60min、3×60min、4×60min、6×60min、9×60min、12×60min、24×60min最大降水量及日期。为了使用方便，可以将各站资料连续编排列入同一表内，也可单站成表。

2. 各时段最大降水量表（1）统计与填列方法

（1）各分钟时段最大降水量一律采用1min或5min滑动进行挑选，在数据整理时，应注意采用1min或5min滑动摘录，虹吸资料处理时应符合前述查读误差要求。在同一复审汇编单位的同一年资料中，标准尽量保持一致。

（2）表中各时段最大降水量值，分别在全年的自记资料中连续滑动挑选。

（3）自记雨量计短时间发生故障，经邻站对照分析插补修正的资料，可参加统计。

（4）无自记记录期间可采用人工观测资料挑选，但应附注说明暴雨的时间、降水量等情况。一年内暴雨期自记记录不全或有舍弃情况，且无人工观测资料时，应在有自记记录期间挑选，并附注说明情况，如年内主要暴雨都无自记记录，则不编本表。

（5）为了便于统计和准确选到各时段的年最大降水量，可由复审汇编单位自行确定填列标准，逐月挑选各时段最大降水量。

（6）挑选出来的数据分记两行，上行为各时段最大降水量，下行为对应时段的开始日期。日期以零时为日分界线。

4.6.10 各时段最大降水量表（2）

各时段最大降水量表（2）见表4.4。

表 4.4　　各时段最大降水量表（2）

站次	时段/h 站名	1			2			3			6			12			24		
		降水量	开始		降水量	开始		降水量	开始		降水量	开始		降水量	开始		降水量	开始	
			月	日		月	日		月	日		月	日		月	日		月	日

1. 编制说明

（1）本表填列各站 1h、2h、3h、6h、12h、24h 最大降水量及日期。为了使用方便，可将各站资料连续编排列入同一表内，也可单站成表。

（2）有自记雨量记录并编制“各时段量大降水量表（1）”的站，不再列入表内，其他站，一般均作此项统计。雨量站很密时，也可由复审汇编单位选定一部分站作此统计，但应保持系列长期稳定。

2. 统计与填列方法

（1）表内各小时时段降水量，通过降水量摘录表统计而得。

（2）所有作此项统计的自记雨量站或人工观测站，均应按观测时段或摘录时段滑动统计。

（3）按 24 段观测或摘录的，各种时段最大降水量都应统计；按 12 段观测或摘录的，统计 2h、6h、12h、24h 的最大降水量；按 8 段观测或摘录的，统计 3h、6h、12h、24h 的最大降水量；按 4 段观测或摘录的，只统计 6h、12h、24h 的最大降水量。不统计的各栏，任其空白。按两段制观测或只记日量的站，不作此项统计。

（4）挑选出来的各时段最大降水量，均应填记其时段开始的日期。日期以零时为日分界。

4.7　降水量资料合理性检查

4.7.1　单站合理性检查

降水量的单站合理性检查是在站整编的基本内容之一，其方法如下。

（1）检查各时段最大降水量是否随时段加长而增大，长时段降水强度是否小于短时段的降水强度。若不符合此规律，说明各时段最大降水量资料可能存在错误。

（2）将降水量摘录表或各时段最大降水量表与逐日降水量表进行对照：检查相应的日量及符号是否一致，24h 最大量是否大于或等于一日最大量；各时段最大量是否大于或等于摘录表中的相应时段量。如果前列检查结论是否定的，则说明各时段最大降水量表、逐日降水量表存在错误。

（3）如果该站有蒸发观测项目，还应用逐日降水量表中数据与计算蒸发量的降水量数据进行比较，看其是否一致（资料来源不同时是否在合理的偏差范围内）。

4.7.2　综合合理性检查

降水量资料的综合合理性检查是资料初审的基本内容之一。在资料复审时，还要对初审资料区域内的边缘雨量站点与邻近地区的雨量站点资料进行对照检查。降水量资料综合合理性检查的方法如下。

（1）邻站逐日降水量对照。用各站的逐日降水量表直接比较，也可编制各站逐日降水量对照表比较。在发生大暴雨或发现有问题的地区，可用相邻各站某次暴雨的自记累积曲线或编制时段降水量对照表进行检查。通常相邻站的降水时间、降水量、降水过程具有一定的规律性或相似性。如果发现某站情况比较特殊，要进一步检查数据并分析其原因，确定是否观测有误，或是缺测插补方法不对，也可能是雨区移动、地形特点等因素所致。

（2）邻站月、年降水量及降水日数对照。一般采用编制各站月、年降水量及降水日数对照表进行检查。各站可按地理位置自北向南、自西向东的次序排列，也可采用其他排列方法，使相邻站、相同水系站在表中排在相近的位置上。对照检查时，若发现某站降水量或降水日数与邻站相差较大，要分析其原因，并在相关整编表中附注说明。

（3）暴雨、汛期及年降水量等值线检查。将审查区域内的所有雨量站按准确的地理位置点绘在同一张电子地图上，再按次暴雨时段、月降水量、汛期、年降水量等不同的时段降水量，分别绘制降水量等值线图，然后分析次暴雨中心、月降水量、汛期、年降水量分布的合理性。对于有梅雨的地区，还可以绘制各站梅雨期降水量等值线图，分析梅雨期降水量分布的合理性。

4.8　降水量观测误差

4.8.1　降水量观测误差组成

用雨量器（计）观测降水量，由于受观测场环境、气候、仪器性能、安装方式和人为因素等影响，使降水量观测值存在系统误差和随机误差，其组成按式（4.1）和式（4.2）计算，即

$$p=p_m+\Delta p \tag{4.1}$$

$$\Delta p=\Delta p_a+\Delta p_w+\Delta p_e+\Delta p_s+\Delta p_b+\Delta p_g+\Delta p_j+\Delta p_r+\Delta p_d \tag{4.2}$$

式中　p——降水量真值，mm；

p_m——降水量观测值，mm；

Δp——降水量观测误差，mm；

Δp_a——风力误差，mm；

Δp_w——湿润误差，mm；

Δp_e——蒸发误差，mm；

Δp_s——溅水误差，mm；

Δp_b——积雪漂移误差，mm；

Δp_g——仪器误差，mm；

Δp_j——仪器计量误差，mm；

Δp_r——测记误差，mm；

Δp_d——仪器残留误差，mm。

(1) 风力误差，即因高出地面安装的雨量器（计），在有风时阻碍空气流动，引起风场变形，在器口形成涡流和上升气流，器口上方风速增大，降水迹线偏离，导致仪器承接的降水量系统偏小而产生的误差。风力误差的大小与风速、器口安装高度、雨量器（计）形状、雨滴大小有关，降雪风力误差值大于降雨。风力误差是降水量观测系统误差的主要来源，安装不当可使年降雨量偏小2%～10%，年降雪量偏小10%～50%。

观测场地周围有障碍物阻碍气流运动，会致使降水量观测值偏大或偏小，且误差很难确定，要重视场地查勘，使勘选的观测场地环境符合有关要求。如能在森林、果园内的空旷区或灌木丛中建立观测场，则更能削弱风的影响。为了减少动力损失，雨量器（计）安装高度越低越好，使地面雨量器（计）的观测值近似降水量真值。将器口离地面高度控制在0.7～1.2m以内，可以将年降水量观测误差控制在3%以内。特殊情况下，安装器口高度不超过3.0m的杆式雨量器（计），也能使年降水量误差控制在3%以内。

降雪量符合有关要求的地区，用于观测降雪量的雨量器（计），要安装防风圈。不允许将雨量器（计）安装在房顶上观测降水量，因其观测值比实际降水量偏小很多，一般可使年降水量平均偏小10%左右。

(2) 湿润误差，即在干燥情况下，降水开始时，雨量器（计）有关构件要黏滞一些降水，使降水量系统偏小而产生的误差。湿润误差的大小与仪器结构、观测操作方法、风速、空气温度和气温有关。每次降水量的湿润误差，一般为0.05～0.3mm，可使年降水量偏小2%左右；降微量小雨次数多的干旱地区，年湿润误差可达10%左右。因此，要采取有关方法尽可能地将湿润误差控制在1%～2%以内。提高雨量器（计）各雨水通道、储水器和量雨杯的光洁度，保持仪器各部件洁净、无油污、杂物，可减少器壁黏滞水量。预知即将降水之前，用少许清水细心湿润雨量器（计）各部件，抵偿湿润损失。但必须注意，不可使储水器、浮子室、翻斗等因湿润仪器而积水。

(3) 蒸发误差，即降水汇入储水器、雨停后截留在翻斗内的降水量，因蒸发损失而产生的误差。蒸发误差与风速、气温、空气湿度以及仪器封闭性能有关。蒸发误差可达年降水量的1%～4%。因此，要采取有关措施将蒸发误差控制在1%～2%以内。用小口径的储水器承接雨水。向长期自记雨量计的储水器注入防蒸发油，防止雨水蒸发。每次降水停止后，及时观测储水器承接的降水量。尽量提高仪器各接水部件的密封性能。

(4) 溅水误差，即较大雨滴降落到地面上，可溅起0.3～0.4m高，并形成一层雨雾随风流动降入到地面雨量器（计），以及正好落在承雨器口边缘和防风圈上的雨滴溅入承雨器，导致降水量偏大而产生的误差。溅水误差与雨滴和风力大小成增函数关系，防风圈的溅水误差可使年降水量偏大1%左右，地面雨量器（计）的溅水误差可使年降水量偏大0.5%～1.0%。

(5) 积雪漂移误差，即因风力将积雪吹起飘入承雪器口，造成伪降雪，致使降雪量偏大而产生的误差。

(6) 仪器误差，即因承雨器口不水平和仪器受碰撞变形等产生的误差。

（7）仪器计量误差，即因仪器计量精度不准确产生的误差，其大小取决于仪器的视精度。

（8）测记误差，即人工观测时，由于观测人员的视差造成的随机误差。

（9）仪器残留误差，即仪器排水不尽而产生的误差，如翻斗式雨量计在降水停止后不足一斗时，将残留在翻斗内，无法进行计量；或在降水前期因有上次降雨残留量，降雨未满一斗时就会翻斗计量，造成部分降水量值的延后，属于随机误差，具有抵偿性。

4.8.2 虹吸式自记雨量计观测误差

虹吸式雨量计观测降水量误差主要由以下几部分组成。

（1）仪器的起始误差。仪器安装在野外，在初始干燥情况下，若降水开始，先由仪器器口汇集，通过管道、进入漏斗，最终进入浮子室。进水管道、仪器集水面、进水漏斗处的残留水珠，都无法在仪器中得到计量，造成仪器系统偏差，即测量值总是小于真值。一般来讲，其值是一个定值，与降水量、降雨强度基本无关，并可由试验测得，称为湿润误差。虹吸式雨量计的湿润误差通常小于翻斗式雨量计的湿润误差。

（2）浮子室内径误差引起的计量误差。浮子室的内径与仪器承雨器口的内径有一确定的理论比例值。从而每 0.1mm 的降雨进入浮子室后，能使浮子上升一个记录纸的最小分度值。事实上，由于浮子室加工中存在误差，不可能完全达到理论上的要求。所以浮子室直径偏大时，将使雨量记录结果偏小；反之亦然。

（3）零点不稳定引起的计量误差。由于制造工艺造成零件尺寸的离散性，浮子的大小、形状、传动系统的摩擦力等方面的差异，使每次虹吸结束后，浮子杆上的记录笔不能绝对归零，产生零点误差。零点误差可正可负，是随机误差。

（4）记录纸误差引起的测量误差。记录纸印刷刻度的误差，以及记录纸受环境温湿度变化引起伸缩变形而产生的误差也是随机误差。

（5）虹吸过程引起的误差。在仪器虹吸过程中，若还在降雨，则承雨器仍然向浮子进水。这部分水亦随虹吸过程排出，而造成雨量计量值比实际降雨量小，使测量结果偏小。

（6）承雨器口直径误差引起的误差。仪器器口尺寸直接控制了仪器承受雨量的面积，是影响仪器精度的因素之一。

（7）浮子室内雨水蒸发形成的误差。当雨停时，浮子室内承接的雨水已被记录在记录纸上。随后，较长时间不下雨，尽管浮子室并不是敞口的，但其中的存水还是会蒸发，使下次的降雨量记录偏小。此误差可以通过仔细判读从记录纸上发现。

由于虹吸式雨量计的虹吸误差是最主要的误差，该误差使测量结果偏小，所以在规定器口尺寸中，与翻斗式雨量计一样，同样规定其为 $\phi 200^{+0.6}$ mm，其目的也是希望抵消部分仪器的起始误差与虹吸误差，从而提高仪器的整体测量精度。

4.8.3 翻斗式自记雨量计观测误差

翻斗式雨量计观测降水量误差主要由以下几部分组成。

（1）仪器的起始误差。在初始干燥情况下，若降水开始，在翻斗未翻转之前，翻斗的降水、进水漏斗及管道、仪器集水面等处残留水珠、水膜，都无法在仪器中得到计量。翻斗翻转以后，翻斗内的降水虽然参加了计量，但进水漏斗、管道、仪器集水面等处残留水珠、水膜仍然无法得到反映。降雨停止时，残留在翻斗内的水量也无法得到反映，造成仪器系统偏差。这一误差称为起始误差，它的存在总使估测量值小于真值。

起始误差又可分为两部分：①湿润误差，即管道、进水漏斗、仪器集水面等处残留水珠、水膜，导致降水并不立即进入翻斗计量，湿润误差一般是一个定值，可由试验测得；②分辨率误差，即残留在翻斗内未计量的降水导致的误差，其最大值为仪器的分辨率，也是一个定值。

（2）仪器的翻斗计量误差。在翻斗翻转过程中，虽然时间是极其短促的，但总需要一定的时间，在翻转的前半部分，即翻斗从开始翻转到翻斗中间隔板越过中心线的 Δt 时间内，进水漏斗仍然向翻斗内注水，如果降雨强度越大，注水的水量也越大；降雨强度越小，注入的水量也越小，而注入的水量将一起随原承水翻斗水量排空，所以就产生了随降雨强度变化而不同的计量误差。

此外，翻斗翻转水量与翻斗的倾斜角度有关，而翻斗的倾斜角度是需要人工调校的，并随着外界条件的变化发生细微的改变，以上这些都是翻斗计量误差的主要起因。

（3）仪器的器口尺寸误差。器口尺寸在雨量计中比较重要，器口直接控制了仪器承受降水量的面积，同样是决定仪器精度的因素之一。如将仪器的器口尺寸扩大，使得同一降水量时进入雨量计承雨口的降水量增加，有利于降低器口尺寸误差的影响。

第5章 降水量观测仪器

5.1 综 述

5.1.1 发展历程

降水有各种各样形态，如雨、雪、霰、雹、霜、露等，是形成径流、洪水等水文现象的基本条件，是一项重要的水文观测项目。降水量以一定时间内降落的水层厚度（mm）来表示。由于降水量在水平面上分布不均匀，而目前国内外使用的仪器，除少数国家使用雷达雨量计可大致定量地观测100～200km半径内的雨量外，都只能测得点雨量，因此需要在各流域上布设很多站点，每个站点代表一定的控制面积。

自1841年北京首次使用标准雨量器观测降雨首创我国雨量观测先河始，至今已有150年历史。常规仪器型式也从最简单的雨量器逐步发展到目前先进的自动化仪器。具体来说，1949年前除少量进口的自记仪器外，基本上都使用人工观测的雨量器测量降雨。1953年国内批量生产传统的虹吸式雨量计，该仪器为日记型，模拟记录。以后曾试制过多种降雨仪器但均没有形成规模，也存在着不少缺陷。1983年研制完成长周期（一个月）翻斗式雨量计配以模拟记录仪器。长期自记开始成为雨量仪器发展主流。

随着计算机技术和集成电路工艺的飞跃发展，也给雨量仪器的研制注入了活力。特别表现在记录方式上，摆脱了单一的模拟记录方式，跨越了国外同类仪器采用的磁带记录、穿孔纸带记录等阶段，而直接采用固态存储方式，变原来的模拟曲线记录为数字化记录，从而顺利实现与计算机的连接，为雨量数据计算机处理、整编、存档、检索和服务提供了可能。

目前我国水文系统雨量观测站有46000余个，降水量观测仪器是使用量最大的水文仪器之一。除均配备了人工计量的雨量器外，大多数测站还配备了虹吸式雨量计、翻斗式雨量计，为保证资料的连续性，采用自记仪器与人工观测同步的方式，意在互为校核与资料插补。近20余年建成的水文自动测报系统，大都使用单翻斗式雨量传感器收集测站降雨量，分辨率为1mm或0.5mm，近年内研制的带有固态存储的记录仪器推广使用后，证明其性能和可靠性可满足要求，使水文系统雨量观测在装备上实现了质的飞跃。

按观测对象的不同，降水量观测仪器可分成雨量计、雪量计或雨雪量计。雨量计包括雨量器、自记雨量计、遥测雨量计。

雨量器是一种简单的收集器，可将一定控制面积内的降水收集起来，用人工量测。

自记雨量计可用各种记录方式，在现场或现场附近自动记录降雨过程，从记录周期上可分日记、周记、月记、季记或年记等；从记录方式上可为划线模拟记录、穿孔纸带记录、磁带记录、固态数据存储等。

遥测雨量计使用在无线或有线遥测的自动测报系统中，它可以将雨量信号转换成数字信号输出。从感应方式来看，其型式多种多样，但其基本途径有容积法、称重法、测量雨强法等。

容积法是目前最常用的方式，采用不同的方法测其容积，从而求得降水量，包括人工量测和使用浮子式、翻斗式、水导式等传感器。人工量取是用肉眼观读水量，使用标准量雨筒直接读取雨量。浮子式一般用容器储存水量，以浮子感应带动记录笔记录雨量过程线，并用虹吸法、电磁阀等方式定量放空，也有将容器做得很大，较长时间连续记录，定期人工放空。翻斗式雨量计使用中间分隔开的三角形斗，属于机械双稳态装置，当左斗或右斗内降水达到某一定量时，它就翻转将水倒掉，并发出一个信号脉冲。同时另一斗又开始承接降水，重复上述计量。其最小分辨值即翻斗的翻转雨量，可为0.1mm、0.2mm、0.5mm、1mm，视观测需要而定。结构上可分为单翻斗、双翻斗、三翻斗，单翻斗结构简单，多翻斗可减小雨强对测量精度的影响。

水导式是利用水为导体，通过电测计量。常用方法有触针法，在容器内一定位置上设置触针，雨量增加使水位上升，触及针尖时即产生电信号。

称重法是测得降水的雨重量换算为降水量，包括采用机械称重机构和压力传感器感应。

测量雨强法是通过测量降雨强度来测降雨量。一般采用水滴式、电容式、光学法一类原理。水滴式雨强计是在雨量出口用一接合管将雨水分成标准雨滴下落，采用光电计数等方法测量雨滴数量。电容式雨强计利用雨水从一电容器两极间的喷嘴中流过，根据电容值和降雨强度之间的关系求得降雨强度，光学雨强计一般利用光在不同降雨强度中的衰减原理制成。雪量计观测除了使用简单的人工量取雪深方法外，大多通过称重法、测量降雪密度或加热融化后测雨量的方法来测量。其中称重法多利用压力传感器、电子转换器或机械浮力装置；降雪密度有用光电法和放射性同位素来测量的。此外，积雪深度也可使用超声波雪量计观测。

5.1.2　主要观测仪器简介

1. 雨量器

雨量器仍然是测站使用的最基本雨量观测仪器，专业厂生产的雨量器已能满足水文测站需要，由于雨量器直接收集降水，量筒人工计量，所以往往作为其他自记仪器比测依据，在一些重点台站，为防止资料丢失，雨量器更是必备的仪器。

雨量器的结构由承雨器（口径为200mm）、漏斗、储水瓶及外筒等几部分组成，并配有专用量测降雨量的量雨杯。

专用量雨杯的直径为40m，其内截面积恰好是承雨器截面积的1/25，故承雨器口接得的1mm降雨倒入量雨杯内其高度为25mm，即量雨杯25mm高度为雨量1mm的标定值，并精确到0.1mm。为保证在接收降雨过程中取样的正确，对雨水不应有过多的截留，不发生渗漏，故要求承雨器的内壁应圆滑，承雨器刃口不得有毛刺或碰伤等缺陷，口径尺寸应严格控制在$\phi200^{+0.6}$mm，所有与水接触的零部件表面应光滑，不得有松脱、变形及其他影响使用的缺陷。

雨量器是采用人工计量降雨的仪器，其最大弱点是只能测量某一时段内的降雨总量，而无法得知降雨在该时段的分布情况。由于雨量器是由仪器承接雨水，人工用专用量雨杯读数计量，所以对有经验的测工一般只会发生微小的视觉上的观读误差，除在雨水进入过程中和倒入量雨杯内可能产生微小的湿润损失外，一般不会产生大的误差。正因为如此，在一些水文测站，为了对比自动化降雨测量仪器的测量精度，往往将放在同一地点的雨量器作为标准值进行比较，从而判断其他仪器的测量精度。但需要指出的是，降雨量的收集、承雨口对雨水的捕捉与外界因素（如地形、风的大小、风向、仪器安装高度）均有相当大的关系，所以，虽然在同一测站，彼此相隔数米的雨量计和雨量器往往会产生一些差别。若只考虑仪器自身因素，雨量器的测量误差可由承雨器口径误差、湿润误差、观测者的视觉误差、量雨杯的制造误差等几个部分组成。

2. 虹吸式雨量计

虹吸式雨量计在小雨情况下，测量精度较高，性能较稳定，由于使用历史悠久，多数测站对仪器的维护、检修、数据订正都取得了一定的经验，目前的降水量观测规范也对该仪器作了详细的说明与规定，使仪器得以推广使用。但由于受原理上的限制，该仪器不能将降雨量转换成可供处理的电信号，因而不能远距离传输，也不可能直接进行数据处理，仪器的局限性客观上限制了它的发展。

虹吸式雨量计是利用虹吸原理对雨量进行连续测量，降雨由承水器取样收集，经大、小漏斗和进水管进入浮子室，持续的降水引起浮子室内水位升高，浮子室内的浮子也因受浮力作用而随之升高，并带动浮子杆上的记录笔在记录纸上运动，作出相应记录。当降雨量累计达 10m 时，浮子室内水位恰好到达虹吸管弯头处，启动虹吸，浮子室内的雨水从虹吸管流出，排空浮子室内降水。在虹吸过程中，浮子随浮子室内的水位下降而下降，虹吸结束时，浮子降落到起始位置。若继续降雨，则浮子室中浮子重新升高，再虹吸排水，从而保持循环工作。雨量计中的自记钟通过传动机构带动记录纸筒旋转，从而使记录笔在记录纸上作出相应的时间记录。根据记录曲线，可以判断降水的起讫时间、降雨强度和降雨量。

虹吸式雨量计主要由承水部分、虹吸部分和自记部分组成。

虹吸式雨量计误差由下列几部分组成。

（1）仪器的起始误差，虹吸式雨量计不存在分辨率的误差，其起始误差通常小于翻斗式雨量计的最大起始误差。仪器安装在野外，在初始干燥情况下，若降水开始，先由仪器器口通过管道、进水漏斗，最终进入浮子室。进水管道、仪器集水面、进水漏斗等处的残留索，都无法在仪器中得到计量，造成仪器系统偏差，即测量值总是小于真值。一般来讲，其值是一个定值，与降水量、降雨强度基本无关，并可由试验测得。

（2）浮子室内径的制造误差引起的相对误差。浮子室的内径与仪器承雨器口的内径应有一个确定的理论值。从而每米的降雨进入浮子室后，能使浮子上升一个记录纸的最小分度值，这样即可在记录纸上自动记下 0.1mm 降雨的记录值。事实上，由于浮子室加工中存在误差，不可能完全达到理论上要求，所以当浮子室直径偏大时，将使雨量记录结果偏小；反之亦然。

（3）零点不稳定引起的雨量计量值相对误差。由于制造工艺造成零件尺寸的离散性，浮子的大小、形状、传动系统的摩擦力等方面的影响，使每次虹吸结束后，浮子杆上的记录笔不可能绝对归零，而产生零点误差。零点误差是随机误差。

（4）记录纸误差引起的雨量计测量相对误差。记录纸印刷刻度误差，以及记录纸受环境温度、湿度变化引起伸缩变形而产生的误差。

（5）虹吸过程引起的雨量计量值相对误差。在仪器虹吸过程中，若还在降雨，则承水器仍然向浮子室进水，造成雨量计量值比实际降雨量小，使测量结果偏小。

（6）承水器环口直径制造误差引起的雨量计量值的相对误差。与翻斗式雨量计一样，器口尺寸直接控制了仪器承受雨量的面积，同样是决定仪器精度的因素之一。

以上是虹吸式雨量计各分项的测量误差，其总误差是各项误差的合成。

3. 翻斗式雨量计

尽管自记雨量计的形式繁多，但目前国内外用于远传和实时雨情预报调度的雨量传感器仍是翻斗式较为广泛，其数量仅次于虹吸式雨量计，且有取代虹吸式雨量计的趋势。翻斗式雨量计工作可靠，结构简单，易于把降雨量转换成电信号输出，便于远距离传输，为有线远传和无线遥测提供了方便。它已广泛应用于水文自动测报系统与雨量资料收集固态存储系统中。翻斗式雨量计可分为单翻斗式和双翻斗式。单翻斗式其结构简单，在特大雨强情况下，也能保证一定的测量精度，由于它能方便地将降雨量转换成电信号输出，所以在水文自动测报系统中得到广泛应用。

翻斗式雨量计由传感器与记录器两部分组成。为了保证翻斗式雨量传感器一定的测量精度，往往在分辨率较大时采用单翻斗型式，而在分辨力较小时采用双翻斗型式。

（1）单翻斗式雨量传感器的工作原理：单翻斗式雨量传感器的工作原理比较简单。在雨量筒内设置呈机械双稳态性质的翻斗，降雨由器口控制一定承雨面积，通过进水漏斗，到达翻斗一侧，当降水到一定量时，翻斗平衡破坏，发生翻转，从而带动磁钢运动，吸合或释放干簧管，发生一次接点通断输出变化。翻斗的倾斜角度是可以改变的，可以调节到所需降水量时翻斗才翻转，这样降水量的多少与接点通断次数就有了确定的比例关系。记录通断次数随时间变化的过程，即可求得降雨起讫时间、降雨量及降雨强度。翻斗式雨量计记录的降水过程，就其本质上来说是呈间歇性的，这也是由仪器工作原理所决定的。所以，当降水很小时，仪器记录的降雨起始时间往往推迟，而降雨结束时间往往提前。这一局限性也是一切以脉冲信号传输方式为基础的雨量计共同的局限性，是很难克服的。

（2）双翻斗式雨量传感器工作原理：当仪器分辨率较小时，为了保证一定的测量精度，从而设计了双翻斗型式。双翻斗式雨量传感器分成上、下两层，上层为过渡翻斗，下层为计量翻斗。计量翻斗上装有磁钢，用来吸合干簧管，输出通断信号。过渡翻斗翻转所需降雨量可以小于计量翻斗翻转水量，也可大于计量翻斗翻转水量，而计量翻斗翻转水量应等于额定的仪器分辨力。当降雨开始后，先由过渡翻斗承接降雨，若以过渡翻斗翻转水量小于计量翻斗翻转水量为例进行讨论，则降水到一定量后，过渡翻斗发生翻转，降雨通过节流管全部流入计量翻斗。节流管的作用是控制一定的雨强，此时计量翻斗并不翻转，降雨继续注入仪器，过渡翻斗发生第二次翻转，降雨再次通过节流管流入计量翻斗，在流入过程中，计量翻斗发生了翻转，从而输出接点通断信号。值得注意的是，在计量翻斗翻转过程中，仍然有降水从节流管注入计量翻斗，如此循环，计量翻斗在翻转瞬间始终有一个基本恒定的由节流管形状决定的雨强注入计量翻斗内，这个雨强一般控制在 4mm/min。这样使计量翻斗翻转水量与外界实际雨强基本无关，从而克服了单翻斗雨量计的误差来源。

（3）翻斗式雨量计记录装置的工作原理：翻斗式雨量传感器输出接点通断信号，再转化为电信号输出。目前翻斗式雨量计的记录装置仍分为模拟曲线记录与固态存储两类。模拟曲线记录依靠自记钟作为走纸的动力，控制走纸的速度。自记钟有机械发条与石英晶体钟两类，后者走时精度明显高于前者。雨量信号的计数一般由电磁铁等机构带动记录笔运动，从而记录降雨量。两者运动的合成，可在记录纸上记录下降雨随时间分布的过程，从而也能计算出某一时段的降雨强度。随着电子技术的发展，固态存储技术在水文数据收集中获得应用，而雨量仪器的记录是最早使用固态存储技术的。

翻斗式雨量传感器可分为筒身、翻斗、底座等几个主要部件。降水进入传感器后，首先经过防虫网，过滤清除污物，然后进入翻斗。翻斗可由金属或塑料制成，支承在刚玉轴承上。当斗内水量达到规定量时，翻斗即自行翻转。翻斗下方左右各有一个定位螺钉，调节其高度可改变翻斗倾斜角度，从而改变翻斗每一次的翻转水量。翻斗上部装有磁钢。翻斗在翻转过程中，磁钢与干簧管发生相对运动，从而使干簧管接点状态改变，可作为电信号输出。仪器内部装有圆水泡，依靠 3 个脚螺钉调平，可使圆水泡居中，表示仪器已呈水平状态，使翻斗处于正常工作位置。

双翻斗雨量传感器的结构与单翻斗类似，只是多了一层翻斗，所以其结构较单翻斗复杂。翻斗式雨量计的记录装置，由于产品不同往往有一定的差异，但总的来讲，对具有模拟记录功能的记录装置可分为雨量信号记录机构、走纸机构、箱体等部件。雨量信号记录机构主要由电磁铁部件、记录笔、来复装置等组成。电信号放大后，控制继电器动作，推动电磁铁部件，使记录笔运动，记录降雨量。由于记录纸宽度有限，所以当记录笔运动到记录纸末端一侧时，应有来复杆或其他回零机构，使记录笔循环记录或回到初始端重新开始记录。走纸机构主要由自记钟、走纸轮、记录纸等组成。主要是保证记录纸按规定速度运动，从而记录时间。两种运动的合成，完成雨量随时间变化的模拟曲线。

（4）从原理上分析，翻斗式雨量计误差由下列几部分组成。

1）仪器的最大起始误差。仪器安装在野外，在初始干燥情况下，若降水开始，先由仪器器口汇集，通过管道、进水漏斗进入翻斗。在翻斗未翻转之前，翻斗内的降水、进水漏斗、管道、仪器集水面等处残留水珠，都无法在仪器中得到计量。翻斗翻转以后，翻斗内的降水虽然参加了计量，但进水漏斗、管道、仪器集水面等处残留水珠仍然无法得到反映，翻斗最后一次翻转到降雨停止这段时间内，残留在翻斗内的水量也无法得到反映，造成仪器系统偏差，即测量值总是小于真值。

最大起始误差 δ 可由下列两部分组成，即湿润误差、分辨率误差。湿润误差与降雨量、雨强基本无关，一般是一个定值，可由试验测得。分辨率误差即残留在翻斗内未计量的降水导致的误差，其最大值为仪器的分辨率，是一个定值。

2）仪器的翻斗计量误差。翻斗在翻转过程中，虽然时间是极其短促的，但总需要一定的时间。在翻转的前半部分，即翻斗从开始翻转到翻斗中间隔板越过中心线的时间内，进水漏斗仍然向翻斗内注水，如果降雨强度越大，注入的水量也越大，降雨强度越小，注入水量也越少，就会产生随着降雨强度不同而不同的计量误差。

双翻斗式雨量传感器由于采用了双层翻斗，其翻斗翻转瞬间降雨均以约4mm/min雨强注入翻斗，而与外界实际雨强无关，所以其测量精度获得了提高，这也是采用双翻斗结构的主要目的。双翻斗雨量传感器的雨强与精度关系，不像单翻斗雨量传感器那样，呈线性关系，而是呈比较离散的关系。

3）仪器的器口尺寸误差。器口尺寸在雨量计中比较重要，器口直接控制仪器承受雨量的面积，同样是决定仪器精度的因素之一。

4）仪器的记录误差。对模拟记录曲线的记录器而言，由于记录纸、笔的安装以及相对运动、自记钟的快慢，均可能造成记录误差。但一般而言，记录器记录误差大大小于传感器测量误差。

4. 雨雪量计

如前所述，自然界的降水可划分为液体降水和固体降水两种。雪是最主要的固体降水，由结晶组成，外形呈枝状、片状或星状。降雪测量系指测量给定地面的降雪量、雪深及水分含量，其中最主要的观测项目为降雪量。降雪量是指从天空落到地面上的降雪经融化成液体降水后，未经蒸发、渗透、流失而在面积上积聚的水层深度，以mm为单位，取一位小数。降雪与降雨有时会同时出现在一场降水中，所以降雪量测量仪器往往又要求同时能测雨量，即通常所说的雨雪量计。

与雨量观测相比，雪量观测自动化要困难得多。直到现在，无论水文站还是气象站，基本上仍采用雨量器人工观测，将收集到的雪，通过融化或称重得到雪量。融雪型雨雪量计有3种，即电加热式雨雪量计、燃气加热式雨雪量计、不冻液式雨雪量计。

1990年前后，气象、水文部门相继研制成功“浮力式传感器雨雪量计”和“溶液式（翻斗）雨雪量计”，填补了国内雨雪量自动观测仪器的空白，但由于种种原因，推广工作进展甚微。随着技术的进步及雨量遥测（自记）化的推进，为满足水文体制改革的需要，无人值守的雪量观测自动化仪器已逐步得到推广。

我国地域宽广，年最低温度、年固态降水量等在不同地区差异显著；多数地区市电供应也极不正常；交通、安全经常会得不到保证；加上对精度、无人值守周期甚至价格的不同要求，给遥测雨雪量计的研制、推广带来了一定的困难，几乎不可能使用一种或两种仪器就能满足雨雪量观测的需要。

溶液式（翻斗）雨雪量计是一种利用不冻液将雪融化为液态，再由翻斗雨量计测量的仪器，可以方便地实现雨雪量遥测和自记。它设计为可拆卸式，冬季前安装补液式融雪器可测量降雪量，而雨季将其拆除后即为翻斗式雨量计，为了提高长期测量精度，该仪器可设置补液桶定时校准溢流液面。仪器一次测量范围为100mm，精度为0.5mm±4%，可在最低气温－25℃内地区使用。不冻液配方简单，无需另外融雪能源。近年来雨量传感器和固态记录器的进展为该仪器的推广创造了有利条件。目前不冻液尚不具备回收条件，故需一定使用成本。某些地区风沙太多或杂物进入后，对精度会产生一些影响，需定时进行维护。

燃气加热式雨雪量计可在市电无保证的测站利用液化气加热测量降雪量。实际上，它是一种具有燃气加热功能的翻斗式雨量计，国内外应用较少。该仪器传感器由丙烷加热装置、翻斗机构和筒身三大部分组成。

电加热式雨雪量计实际上是一种将电能转换为热能而将雪融化的翻斗式（称重式）雨

量计，结构上增加了电加热装置。

电加热的翻斗式及称重式雨雪量计用于降雪量观测，具有它特有的优势——精度高、测量范围不受限制、使用方便，国内外均有较成熟的产品在水文、气象行业得到推广应用。

溶液式（翻斗）雨雪量计与电加热雨雪计取长补短，共同发展，可作为我国今后一段时期内雨雪量观测仪器方向，并可望接近或达到先进国家水平。

鉴于目前雨雪量观测大多为驻站观测，限制了遥测雨雪量计推广使用。但试验比测、规范修订、经费支持必须提前，从而有利于仪器的推广与改进。

我国降雨量观测仪器与国外先进水平有一定差距，目前迫切需要研究解决的关键技术如下。

(1) 可靠性的研究，众所周知，可靠性是长期自记仪器的生命线；否则长期自记仪器无法推广使用。可靠性水平提高不但表现在设计上，还表现在工艺、检测方法等诸方面，这是仪器得以正常工作的基础。

(2) 传感器长期自记防堵淤技术，采用固态存储的记录方式后，记录周期得以大幅度延长，这样传感器防堵淤性能成为最薄弱一环。基本要求应是 3 个月内无人维护，无特殊情况，不发生堵淤。

(3) 低成本固态存储装置的开发，从长远看，有必要研制低成本、高可靠性的固态存储装置，从而以最小的代价装备大多数测点。

5.2 JQH-1 型雨量器

JQH-1 型雨量器依据《雨量器技术条件》(JB/T 9458—1999) 进行生产，用于观测自然界的降水量。可广泛应用于气象台（站）及水文、农业、林业等行业。JQH-1 型雨量器不适用于固态降水（降雪）的观测。

5.2.1 仪器结构组成

JQH-1 型雨量器由承雨器、外筒、储水杯、专用雨量杯、安装架及筒盖等组成，如图 5.1 所示。

承雨器用于控制和收集降水量，其材质为不锈钢，口径按照国家标准为 $\phi200^{+0.6}$mm。

安装分体式（通过引水管将降水引入置于室内的储水杯中）雨量器时，承雨器下端有方便用户配接引水管的接头。

外筒用于确保在野外环境中仪器的正常工作。降雨持续时间长、雨强大的情况下，外筒可用作辅助储水设备（分体式安装方式除外）。

分体式安装时，外筒的底部有一直径 16mm 的孔，以方便用户穿入、穿出引水管。

根据不同的使用需求，外筒的材质分为普通钢板和不锈钢板两种。

储水杯为一容量为 2000mL 的广口杯，使用时置于外筒内（安装分体式雨量器时，储水杯置于室内），其所能承接的降水量最大为 64mm。

专用雨量杯为一特制的带有刻度的玻璃量杯，其口径及分度与承雨器的口径成一定比例关系。该量杯共有 100 分度，最大读取值为 10mm 降水量，每一分度值代表 0.1mm 降水量。

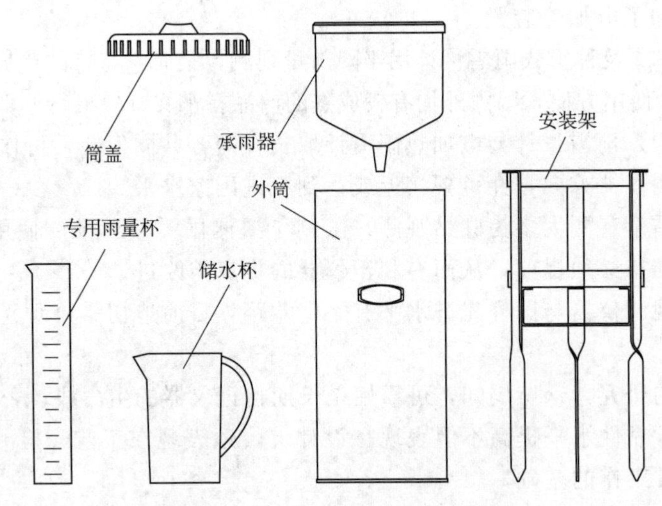

图 5.1 JQH-1型雨量器组成结构

安装架用于外筒的安放和相对固定。根据不同的用户需求及安装现场条件，安装架有两种形式。

安装架形式之一：其下端三脚呈尖形，便于插入泥土。另外，三脚的上端各有一个孔，可用于进一步拉索固定，以增强安装架固定的可靠性。

安装架形式之二：其下端三脚折弯成形，每个脚有一个 ϕ12mm 的孔，便于固定于混凝土基础上，3个孔的分布圆直径为 ϕ240mm。

根据不同的使用需求，安装架的材质分为普通钢板和不锈钢板两种。

筒盖用于无降水期或不使用仪器时对承雨器的保护。

5.2.2 主要技术指标

(1) 承雨器：内径 $\phi200^{+0.6}$mm，刃口角 40°～45°。

(2) 分辨率：0.1mm。

(3) 测量范围：雨强 0～10mm/min。

(4) 工作环境：温度－10～＋50℃，湿度不限。

(5) 外形尺寸：ϕ210mm×760mm。

5.2.3 JQH-1型雨量器安装、使用及维护

1. 安装

雨量器应牢固地安置在比较空旷和平坦的地方，其周围不应有影响降水量观测的障碍物。承雨器口应保持水平。

2. 使用

(1) 每天按照规定的观测时间（一般为8时和20时）量取前12h降水量。应先换取储水杯，然后小心地将水倒入专用雨量杯内（必须倒净）；使量杯保持垂直，同时观测者视线应与水面齐平，并以水凹面为准，读得的数值即为降水量。降水量大时，应分数次量取，求其总和。最后做好相应记录并存档。

（2）炎热、干燥的季节，为防止蒸发，降水停止后应及时进行观测。

（3）降水较大时，应视降水情况增加观测次数，以免降水溢出，造成记录失真。

3. 维护

（1）经常保持雨量器清洁，每次巡视仪器时，应注意清除承雨器、储水杯内的昆虫、尘土、树叶等杂物。

（2）定期检查雨量器的高度、水平，发现不符合要求时应及时纠正；若外筒有漏水现象，应及时修理或撤换。

（3）避免碰撞承雨器的器口，以免造成变形，影响计量的准确性。

（4）长期不使用时应移至室内，并盖上筒盖。

5.2.4　JQH－1型雨量器主附件

（1）承雨器1只。

（2）外筒1只。

（3）储水杯1只。

（4）专用雨量杯1只。

（5）安装架1副。

（6）筒盖1个。

（7）使用说明书1份。

（8）产品合格证1份。

5.3　SJ1型虹吸式雨量计

SJ1型虹吸式雨量计是利用虹吸原理来测量降水的日记型仪器，主要适用于气象台（站）、水文行业雨量站，以及农业、林业等有关部门连续测量液态降水量、降水强度和降水起讫时间。本仪器特点是当中、小雨强时，测量精度较高，误差仅为0.5%。由于它是机械式结构，构造简单，维修方便，价格低廉，又不需要能源，故应用较广泛。

SJ1型虹吸式雨量计外形见图5.2。

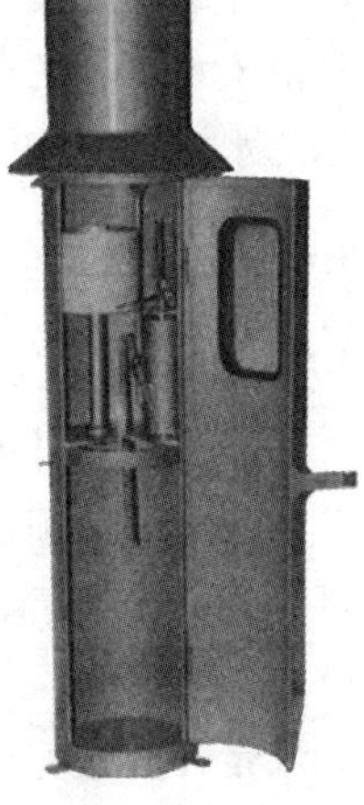

图5.2　SJ1型虹吸式雨量计外形

5.3.1　主要技术指标

（1）承水口内径为$200^{+0.6}$mm，刃口角40°～45°。

（2）测量范围：0.1～10mm，降水量，循环。

（3）当零点的示值为0mm降水量时，0.1～10mm/min降水量测量范围内的示值记录误差不得超过±0.05mm。

（4）连续降水强度记录范围为0.01～4mm/min。

（5）静态虹吸排水时间（虹吸过程中无降水或注水时）不得大于14s。

（6）记录时间：26h自记钟旋转一周。

(7) 时间偏差：±5min/24h。

(8) 外形尺寸：ϕ350mm×1182mm。

(9) 重量：约17kg。

5.3.2 工作原理及结构

仪器由承水器、储水筒、自记钟、外壳等组成，如图5.3所示。

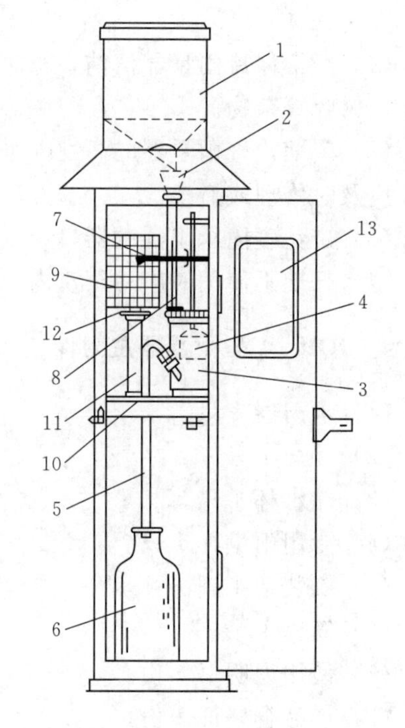

图5.3 SJ1型虹吸式雨量计结构

1—承水器；2—漏斗；3—储水筒；4—浮子；5—虹吸管；6—储水器；7—记录笔；8—笔档；9—记录筒；10—底盘；11—钟支柱；12—主轴；13—观察窗

承水器的口径为ϕ200mm，其面积为314cm^2，降水进入承水器后经下部的漏斗注入小漏斗并流入贮水筒，储水筒是一个内径为ϕ63mm的圆筒，在储水筒的左下侧有一个斜形管状的壶口，上面可插入虹吸管，储水筒内装有浮子，降水进入而使浮子上升，在浮子杆上装有记录笔，记录笔随浮子上升而上升，从而在记录筒上作出记录，当储水筒内的降水达到10mm高度时，由于虹吸作用，虹吸管将储水筒内的全部降水迅速排出存放在储水器内，此时笔杆跟着下落到“0”线。若仍有降水，则笔杆又重新开始上升。自记钟在记录筒内，在底盘上竖有固定的钟支柱11，在它上面装有带齿轮的主轴，记录筒底部有自记钟伸出的齿轮，钟筒套入主轴后，大小齿轮便啮合，当记录筒内机械钟运转时，带动记录筒围绕主轴做回转运动，从而使记录笔在记录纸上作出有时间坐标的降水量记录。笔档可在更换记录纸时拨开记录笔，便于取下记录筒。外壳是支持整个仪器的结构，并起保护内部结构的作用，外壳的门上装有观察窗13，便于观察记录情况。

由于承水器的截面积是储水筒截面积的10倍，因而记录笔在自记纸上的上升高度是实际降水深度的10倍，即每0.1mm的降水量在自记纸上的线距是1mm。

5.3.3 安装、调整和使用

1. 安装

虹吸式雨量计安装在平整的水泥底座上，承水口离地高度一般以雨量计本身高度为准。承水器口必须水平，安装好的雨量计应用3根金属拉丝拉紧，并用拉丝固定钉牵牢。雨量计外壳安装后，再将储水瓶放在外壳内规定的位置上。

2. 调整

雨量计安装完毕后，进行虹吸管位置的调正：先将自记纸卷在钟筒上，把钟筒套到钟主轴上，此时应注意钟筒下的小齿轮与大齿轮的啮合，先顺时针方向后逆时针方向旋转记录筒，以消除齿轮间间隙。再将虹吸管插入储水筒旁的斜管内并稍旋紧紧固螺套，然后进行下述调整工作，即调笔尖零位、调虹吸点、复测容量。

（1）笔尖零位调整。在承雨器内徐徐注入清水，至虹吸时停止，待虹吸排水完毕后，调节笔杆使笔尖指在记录纸的“0”线上，如有微量偏差，可调节笔杆微调机构来消除。

（2）虹吸点调整。零点调好后，再将以雨量杯定量的10mm清水缓缓注入承水器，当笔尖快到达自记纸上10mm线附近时，须减慢注水速度。虹吸应在清水注完时发生，如过早虹吸应将虹吸管拉高，如不起虹吸应将虹吸管放低。虹吸调整好后应紧固虹吸管的紧固螺套。

（3）容量调整。雨量计的容量就是虹吸一次的排水量，容量调整就是调整雨量计的测量精度，它是在累计10mm降水量时的雨量计精度，在虹吸调整后再进行容量调整。调整方法如下：向储水筒倒入雨量杯内10mm降水量的清水，笔尖上升的距离在自记纸上应正好相当于10mm降水量，其误差不应大于±0.05mm（即0.5小格），如容量超差不大，允许调节导板位置去消除超差，如果超差大于±1mm，则应检查分析以下原因。

1）量筒是否标准，10mm的水是否为314.16mL。

2）储水筒内径是否超差。

用雨量量杯计量降水的正确方法是用拇指和食指夹持量杯上端，使量杯自由下垂，观测水面时，眼睛要求与水面同一高度，以水面最低处为标准。雨量计自记钟在一天内走时快慢应不超过5min，如有超差则应进行调整。调整方法：取下记录筒，推开记录筒上的快慢调节孔的防尘片，将自记钟上的快慢针稍稍拨动，如走时太快应将快慢针拨向“－”的方向，太慢则拨向“＋”的方向。

3. 使用

雨量计的自记纸更换应在规定的时间进行。更换记录纸时应分别在记录纸上作终止时间和开始时间的记号，并记录时间。换纸时应注意自记纸两端的水平线应对齐，避免记录产生误差。如果24h内完全没有下雨，则可以不换自记纸，但应转动记录筒，重新对准记录的开始时间作记号并记上日期和时间，并向承水器内注以1mm的清水，补充蒸发损耗。如继续无雨，则仍如前法处理。一张自记纸可以多次使用，若在规定换纸时间，适遇下大雨，自记纸尚有一部分可以继续记录，则可以等雨停后再更换或选择在小雨时进行。

如有降雹的情况时，由于冰雹融化缓慢，会使记录曲线不真实，所以应在自记纸的背面记明冰雹下降的起讫时间。

5.3.4 维护

（1）经常保持仪器的承水器清洁，防止树叶及其他杂物堵塞进水漏斗，还要防止承水器口径变形。仪器的虹吸管很容易弄脏，脏污的虹吸管可能影响虹吸排水时间。虹吸管的清洗方法：取下虹吸管用肥皂水洗涤后再用清水漂洗，洗清后装上仪器进行虹吸试验。应注意在排水过程中笔尖在自记纸上所划的线条是否垂直，如有偏斜必须找出原因加以纠正。

（2）浮子直杆与储水筒顶盖应保持清洁，无锈蚀，以减少摩擦。

（3）在雨季，每月要对仪器进行1～2次容量测试，如有较大误差应找出原因及时进行检修。

(4) 在冬季初次结冰前，应把储水筒内的水排尽，以防浮子冰裂，并在承水器上加盖保护。

5.3.5 检修

1. 自记钟安装位置

自记钟安装位置不正确，会造成垂直轨迹线和水平轨迹线超过规定的间距。按要求自记钟的中心轴应与底盘垂直，与浮子杆平行，笔尖在自记纸的全程范围内移动的垂直轨迹线应与时间标线吻合或平行，其最大偏差不应大于相邻两时间标线间距的1/5，水平轨迹应与雨量标线吻合或平行，其最大偏差不应大于相邻两雨量标线的间距。

检查方法：在虹吸时，观察自记笔向下划线情况，检查应在钟筒圆周大致等分的3个位置上进行，然后将自记笔分别调整到0.0mm、9.8mm降水量标线位置，转动钟筒一周，观察自记划线情况。

倘若达不到上述要求，储水筒与承水器就不平行，它们的水平截面之比将发生变化，从而影响放大倍率和仪器精度，同时将增加仪器活动部分的摩擦。如果超差，允许用不同厚度的铜皮垫在钟支柱底部，但铜皮不许外露，绝对禁止扳动钟筒。

2. 虹吸状况

虹吸时水流应连续，不得有中断间歇、气泡和滴流等现象，虹吸结束后管内不得残留水柱。检查方法：当雨量计快要虹吸时，向承雨口内滴水，使之虹吸，观察虹吸状况。

(1) 若出现虹吸中断，可从下面找原因。

1) 虹吸封装不好，出现漏气。铜套管用火漆封固在虹吸管上，铜套和虹吸管口应齐整，使虹吸管居中；虹吸管内壁不应有火漆，铜套管与虹吸管不应有空隙；否则会出现漏气造成虹吸中断。

2) 虹吸管与储水筒斜接管连接处有空隙，在虹吸时管内会出现气泡，造成虹吸中断，此时可拧紧固定虹吸管的六角螺套或更换密封垫圈来解决。

(2) 虹吸管滴水，此时出现不虹吸或虹吸时间延长，即水面升到虹吸管顶后水从管壁一点点流下去，不起虹吸作用。其主要原因是虹吸管储水筒内壁不清洁，存在油垢灰尘等，还有可能是虹吸管的弯曲半径大或弯曲处太扁使水柱不能充满。

(3) 虹吸不准确，提前或落后虹吸，虹吸后笔尖降不到“0”线或者在虹吸管高度安装正确的情况下出现提前与落后虹吸。

1) 受风压影响。当雨量计的门迎风而未关严时，虹吸管上将增加一个向上的风压，它能使正常的虹吸开始时间推迟，在虹吸结束时又会使虹吸吸不尽，造成虹吸直线的记录在10mm处超出，在“0”线附近又达不到。

2) 雨量计安装或储水筒安装有倾斜，还会造成液柱实际高度未达到要求就提前虹吸，致使虹吸的容量减小。排除的办法是重新安装调整。

3) 浮子底部有凹陷，还会造成提前虹吸和笔尖回不到“0”线。经反复检查，确认浮子底部有凹陷的，则应换浮子或进行整形。

4) 强降雨时，浮子和水面晃动。

5) 笔尖摩擦大。

3. 降水曲线出现不规则的平线、跳跃或间断

其主要原因：笔尖与自记纸摩擦大，浮子杆与储水筒筒孔导板孔的摩擦大。

4. 无降水时笔尖所划的“0”线有下降趋势的原因

（1）储水筒的水自然蒸发。

（2）浮子与储水筒微弱漏水。

（3）自记纸安装不正。

（4）钟筒有倾斜。

5. 记录的降水量与实际降水量差值大的主要原因

（1）承水器部分储水筒、接水小漏斗以及虹吸管连接处有漏水。

（2）大雨强时，随虹吸过程一并带走的降水较多。

（3）浮子上升时摩擦过大。

5.4 DY1090A 型翻斗式雨量计

DY1090A 型翻斗式雨量计用于观测自然界降雨量，同时将一定的降雨量转换为开关信息量输出，以满足信息传输、处理、记录和显示的需要。

DY1090A 型翻斗式雨量计主要适用于多年平均降雨量大于 800mm 地区的雨量站观测降雨量，不适用于降雪量的观测。

5.4.1 主要技术性能及参数

（1）承雨口：内径 $\phi200^{+0.6}$mm，外刃口角度 40°～45°。

（2）雨量分辨率：1mm。

（3）降雨强度测量范围：0.01～4mm/min。

（4）翻斗计量误差：不超过±4%（室内人工模拟降雨条件下，以自身排水量为准进行考核）。

（5）输出信号：开关接点通断信号。

单触点输出：单个干簧管，通断脉冲。

双触点转换输出：两个干簧管，常态时一通一断。

（6）开关接点容量：直流 U 不大于 24V、I 不大于 120mA。

（7）接点工作次数：1×10^7。

（8）工作环境：温度 0～+50℃，空气相对湿度不限。

（9）储存环境：温度−40～+60℃，湿度不大于 95%。

（10）外形尺寸：ϕ280mm×625mm。

（11）净重：5kg。

5.4.2 DY1090A 型翻斗式雨量计结构特征与工作原理

DY1090A 型翻斗式雨量计由承雨器、翻斗部件等组成（图 5.4）。

承雨器用于承接、采集降雨。它固定于外筒上部，与外筒成为一体。其口径按国家标

图 5.4 DY1090A 型翻斗式雨量计

准为 $\phi200^{+0.6}$mm。为防止昆虫、树叶等杂物进入承雨器内阻塞水道，在承雨器锥底装有防虫网。

翻斗部件（图 5.5）的核心是翻斗，起计量作用。翻斗分为左、右两个斗室，其重心位置处于翻斗轴的上方，形成一个非稳态机构。翻斗轴由宝石轴承支承，在清洁环境中，摩阻力矩极小，可使翻斗灵活转动。

翻斗下方有两个调斗螺钉（左、右各一），可用来调节翻斗的倾斜角度，控制翻斗每次翻转的水量。

工作时，进入承雨器内的降雨，在其锥形底部汇集后，流入翻斗部件的漏斗，再注入翻斗。当翻斗居上的一侧斗室累积到一定水量时，由翻斗自重、翻斗内水的重量、支承力、转动摩擦阻力、磁阻力、流水冲击作用力等组成的力平衡关系被打破，使翻斗状态产生突变，翻斗翻转（翻斗动作正是利用突变机构工作原理）。固定在翻斗架上的干簧管受到磁激励（磁钢安装于翻斗上，与翻斗一起动作），便产生一次通断信号。

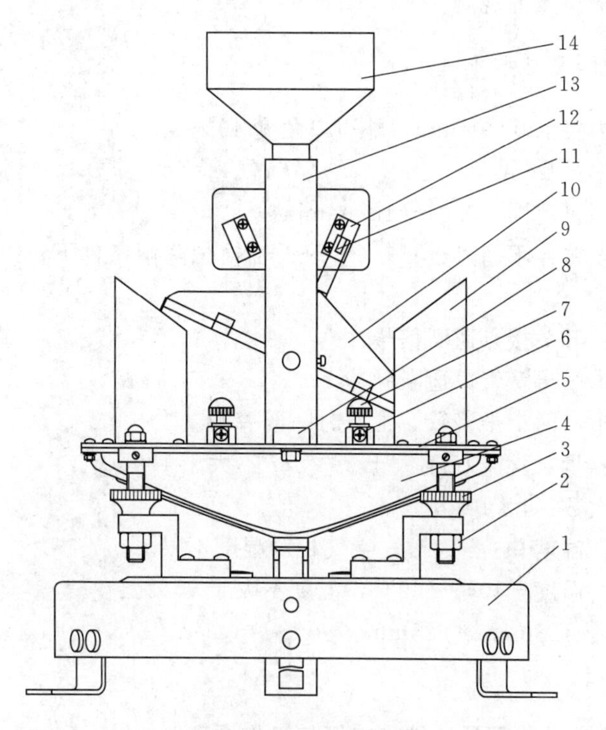

图 5.5 翻斗部件

1—底座；2—调平锁紧螺帽；3—调平螺帽；4—集水斗；5—工作平台；6—调斗锁紧螺钉；7—调斗螺钉；8—圆水泡；9—挡水墙；10—翻斗；11—磁钢；12—干簧管；13—翻斗架；14—漏斗

5.4.3　安装与调试

雨量传感器的安装应符合有关降水量观测规范的要求。

1. 安装程序、方法及注意事项

雨量传感器一般应安装在坚实的水泥基础上，水泥基础应水平。若需收集雨量传感器自身排水（用于自身排水法检测），基础应有足够的高度，并应设置一个可以安放接水容器的空间。

（1）预埋地脚螺栓。在水泥基础上预埋3个M12地脚螺栓（雨量传感器安装附件），并使之露出约25mm。注意3个M12地脚螺栓应均匀分布在直径为320mm的圆周上。也可现地利用M12膨胀螺栓（用户自备）进行安装和固定。高杆安装或在其他支架上安装时，应视具体情况确定其适合的安装和固定方式（安装附件自备）。

（2）固定雨量传感器。待水泥基础干燥后，将雨量传感器固定于水泥基础上（先将3个地脚固定于底座上）。此时承雨器器口应处于水平状态。

（3）取下外筒。借助内六角扳手（雨量传感器安装附件），取下外筒。

（4）调平工作平台。通过3个调平螺帽与调平锁紧螺帽的配合调节，使圆水泡居中，此时可认为工作平台处于水平状态。完成调平后，锁紧3个调平锁紧螺帽。

（5）安装翻斗。松开前轴套处的锁定螺钉（图5.6），将前轴套退出约2mm。翻斗带磁钢的一侧朝向后轴套，将翻斗轴轴颈支承于前、后轴套的宝石轴承孔内。在确认前轴套已完全到位后锁紧。此时，翻斗应能灵活翻转。

需要注意的是，雨量传感器出厂前，已调整好翻斗轴向工作游隙（翻斗轴在前、后轴承间的轴向窜动量），因此，用户在安装翻斗时不可随便调整后轴套位置（雨量传感器出厂前，后轴套头部已用红漆作了涂色标记，以提醒用户）。

另外，雨量传感器出厂前，用红漆作了涂色标记的还有：位于翻斗下方的两个调斗螺钉，旨在提醒用户在没有任何特殊情况的条件下，切不可随意调整。翻斗安装过程中，不可触摸翻斗内壁，不可触碰任何油污。

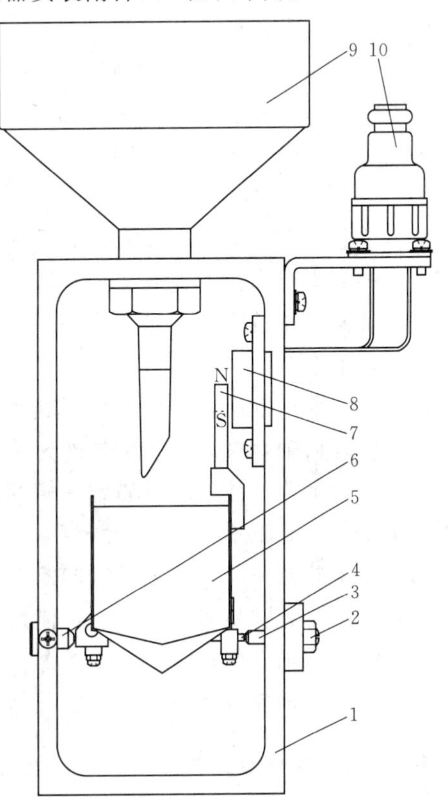

图5.6　翻斗安装

1—翻斗架；2—后轴套螺母；3—后轴套；4—翻斗轴；5—翻斗；6—前轴套；7—磁钢；8—干簧管；9—进水漏斗；10—五芯航插

（6）测试翻斗信号。用万用表检测导通电阻不大于0.5Ω，绝缘电阻不小于

1MΩ；手动翻转翻斗，检测信号是否正常。

(7) 连接信号线缆。信号线缆由底座上的橡胶护套穿入，然后分别将其两芯（双触点转换输出为三芯）连接到五芯航空插头上（图5.7）。

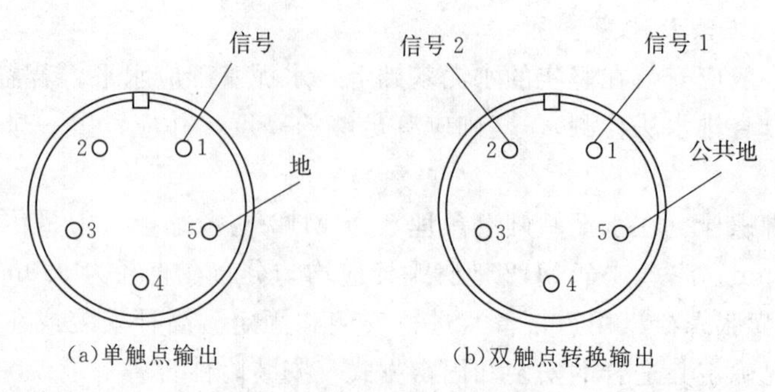

图5.7 接线

(8) 再次测试信号。手动翻转翻斗或向漏斗内缓慢注入清水使翻斗翻转，检测信号是否正常。

(9) 重新装上外筒。

2. 调试程序、方法及注意事项

安装完毕后，一般情况下无需做任何调整即可投入使用。受运输及非正确安装的影响，可能会存在翻斗轴向工作游隙过大或过小、翻斗倾斜角度偏离正常值的情况，此时应作调整。

需要注意，翻斗倾斜角度直接关系到雨量传感器的计量精度，强烈建议用户不可自行调整，应送交生产商由专业人员进行调整。

翻斗轴向工作游隙的调整方法如下。

(1) 取下翻斗。

(2) 确认前轴套已抵到位（松开其锁定螺钉，将前轴套推到底），然后锁紧前轴套。

(3) 松开后轴套螺母，借助螺丝刀旋退后轴套。

(4) 安装翻斗（注意：带磁钢一侧朝向后轴套），并同时缓慢旋进后轴套，使翻斗轴轴颈支承于前、后轴承孔内。

(5) 用手感测一下翻斗轴的轴向窜动量，并细心感觉其轻微的撞击；若存在窜动，但这种窜动并不十分明显时，即可认定满足技术要求，此时的轴向窜动量在0.25mm左右。

(6) 锁紧后轴套螺母。

注意：以后拆装翻斗时，若无特殊情况，只可动拆前轴套。

5.4.4 使用、操作及维护

1. 使用、维护及注意事项

雨量传感器安装完成后即处于正常工作状态。日常使用和维护过程中应注意以下几个方面。

(1) 翻斗翻转后，在触碰调斗螺钉的瞬间，翻斗会有一定的弹跳，从而可能使输出信号产生抖动。因此，对单触点输出的雨量传感器，其信号接收部分的入口电路应设有延时，通常延时值 $T \geqslant 300$ms（4mm/min 降雨强度下，翻斗两次翻转时间间隔理论上为 15s，仅供参考）就可充分消除因翻斗弹跳而产生的干簧管触点抖动影响。对双触点转换输出的雨量传感器，其信号接收可由带 RS 触发器的入口电路实现。

（2）经常保持雨量传感器清洁，每次巡视时应注意清除承雨器内的昆虫、尘土、树叶等杂物，保证水道畅通。

（3）定期检查雨量传感器的器身是否稳定、器口是否水平，发现不符合相关规范要求时应及时纠正。

（4）避免碰撞承雨器的器口，严防器口产生变形。

（5）风沙较大的地区，雨量传感器使用一段时间后，翻斗内可能会沉积泥沙，应定期清淤；可用干净的脱脂毛笔刷洗，必要时可加入适量洗涤剂，然后用清水冲洗干净。维护过程中不可直接用手触摸翻斗内壁。

（6）定期检查翻斗翻转的灵活性。若发现有阻滞感，应检查翻斗轴向工作游隙是否正常、轴承副是否有微小的沉沙、翻斗轴是否变形或磨损，并及时采取有效措施。

（7）每次巡视时应检查工作平台是否水平，圆水泡是否处于中间位置。

（8）严禁往轴承孔内注油、脂或其他所谓润滑材料。

（9）严禁随意调整翻斗下方的调斗螺钉。该项调整直接影响计量精度，它要求调校人员具有较高的技能水平、熟练程度，还需要具备相应的检测手段。

（10）长期不使用时建议移至室内，或就地盖上筒盖。

2. 翻斗计量误差及简单测试

用户在使用过程中，若对雨量传感器的计量准确性存在疑问，可进行一些简单测试。以下为测试原理及方法。

（1）翻斗计量误差（E）的形成。降雨是连续的，因此，在降雨过程中，翻斗从开始翻转（假设开始翻转时翻斗内的水量恰好是理论值）到翻斗呈水平状态这一时段（Δt）内，雨水仍不间断地流入翻斗居上的一侧斗室，从而造成翻斗计量的雨水量小于实际降雨量的情况。

在一定的雨强条件下，可以通过调整翻斗倾斜角度来消除这种影响，也就是说，通过人为控制流入翻斗一侧斗室的水量，使之在未达到理论水量的情况下，翻斗就开始翻转。然而，降雨强度不是定值，雨量传感器须适用于 0.01～4mm/min 范围内的降雨强度。在翻斗倾斜角度一定的情况下，大雨强时，Δt 时段内注入的水量多，翻斗计量误差（E）较大，小雨强时则误差较小。这就可能造成在最大雨强 4mm/min 条件下，翻斗计量误差值（E）大大超出 -4% 的情况。为避免这种现象的出现，雨量传感器出厂前，已将小雨强下的翻斗计量误差（E）调整为正值（图 5.8）。降雨强度的变化是构成翻斗计量误差（E）的主要因素。

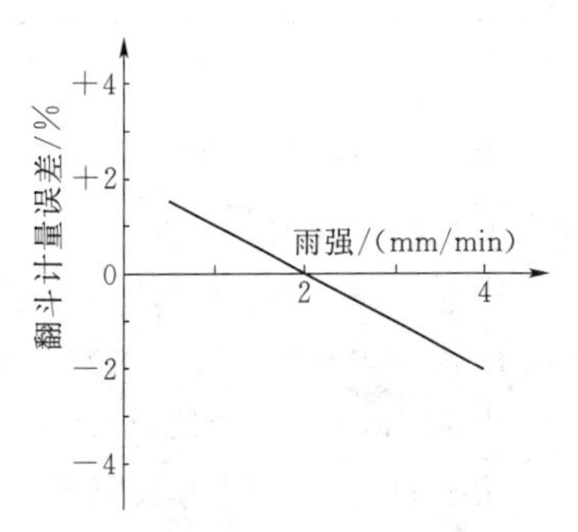

图 5.8 翻斗计量误差与雨强关系

（2）翻斗计量误差（E）的计算。按照《翻斗式雨量计》（GB 11832—2002）规定，在 0.01～4mm/min 降雨强度范围内，翻斗计量误差值（E）应不超过 $\pm 4\%$，按

以下公式计算，即

$$E = \frac{W - V}{V} \times 100\% \tag{5.1}$$

式中 W——翻斗理论翻转水量（传感器感量×翻转次数）；

V——翻斗实际翻转水量（雨量传感器自身排水量）。

本产品传感器感量为1mm（相当于31.4mL水量）。

(3) 简单测试方法。首先取下外筒，在确认工作平台已处于水平状态、翻斗翻转灵活、信号正常、水道无阻塞、相关零部件已润湿后可进行以下测试。

1) 定翻转次数法。用雨量量筒［《雨量器和雨量量筒计量检定规程》(JJG 524—88)］量取定量清水，缓缓倒入漏斗内，待翻斗欲翻未翻时，改用滴管汲取雨量量筒内清水若干，一滴一滴地注入翻斗内，直至翻斗翻转。依此反复，记录翻斗翻转次数与总耗用水量；

以翻斗翻转10次计，若耗用水量在305～309mL（相当于9.7～9.85mm降雨量）范围内，则可认定雨量传感器计量基本正常。

2) 自身排水法。

a. 自行设计一套可控制模拟降雨强度的简单装置。在不同雨强条件下，以传感器自身排水量为准进行测试。

b. 在雨量传感器上方置一容器，盛一定量的清水，水面至漏斗处高差为0.5～0.6m。用医用输液器的胶管将水以虹吸方式引入漏斗，并用其上的调节阀控制出水流量。在雨量传感器下方再置一容器，用于承接雨量传感器的自身排水。

c. 自备下列计量设备：计时计数器、天平（分辨率不大于0.5g）或10mm雨量量筒。

d. 模拟不同雨强，分别测试。表5.1给出了不同雨强下的翻斗翻转历时（以理论降雨量10mm计）。

表5.1　　降雨强度与翻斗翻转历时关系表

降雨强度/(mm/min)	翻斗翻转一次翻转历时/s	翻斗翻转10次翻转历时/s
0.5	120±0.2	1200±10
2	30±0.1	300±5
4	15±0.05	150±2

注　以上是生产商掌握的历时要求，用户自行测试时可放宽。

根据式(5.1)可计算出翻斗计量误差。若计量误差E满足下述条件，则可认定雨量传感器计量基本正常。

雨强0.5mm/min时：$E \leqslant +3\%$。

雨强2mm/min时：$-1.5\% \leqslant E \leqslant +1.5\%$。

雨强4mm/min时：$E \geqslant -3\%$。

用户自行测试时可放宽至±6%以内。

3) 定水量法。用雨量量筒量取10mm降雨量的清水，并在5min±1min内缓慢、均匀地全部注入漏斗。建议方法：准备一只干净的吹塑饮料瓶，在其瓶盖及瓶底上分别钻一个直径约为1.5mm和4mm的小孔，再将量杯量取的清水倒入瓶中进行测试（此法较量杯直接注水效果好、水流相对稳定）。

测试10次（相当于100mm降雨量），若翻斗累计翻转次数在100±4以内，则表明雨量传感器计量基本正常。

用户自行测试过程中，受技术手段的限制，测得的误差值稍大一些是正常的。

5.4.5　故障分析与排除

故障分析与排除见表5.2。

表5.2　　故障分析与排除

故障现象	原因分析	排除方法
自动测报系统中，降雨时中心站接收不到数据，但定时自报数据可收到	（1）干簧管失效。 （2）磁钢与干簧管距离过远。 （3）焊线脱落或信号线断。 （4）翻斗卡阻。 （5）水道阻塞	（1）更换。 （2）调整。 （3）修复。 （4）清洗、更换轴承，调整轴向游隙，更换翻斗轴。 （5）清除
实测降雨量与实际降雨量（如比测雨量传感器测得的降雨量）相差较大	（1）翻斗翻转基点失调，这种误差一般不会超过±10%。 （2）磁钢与干簧管位置配合欠佳，致部分信号遗漏。 （3）与比测雨量传感器间相隔较远或有强风，比测数据无代表性。 （4）翻斗卡阻	（1）按“翻斗计量误差及简单测试”所述重新检查，基点调整需慎行。 （2）调整或更换。 （3）客观情况如此，雨量传感器无故障。 （4）参见上一栏

注　对于零部件损坏、松动等，应从结构上处理，不列入表内。

在自动化系统中，一些故障现象都是在中心站接收雨量数据时观察到的，不一定全部来自雨量传感器。排除表列现象后，可怀疑是其他设备故障。

5.4.6　产品配置清单

（1）雨量传感器主机（未含翻斗）1套。

（2）翻斗1件。

（3）备用干簧管1件（仅双触点转换输出的产品）。

（4）地脚螺栓套件，含地脚螺栓、螺母M12、平垫圈12各一，3套。

（5）底脚套件，含底脚1件及螺钉M6×16、平垫圈6、弹簧垫圈6、螺母M6各2件，3套。

（6）内六角扳手1件。

（7）筒盖1件。

（8）信号线缆（含五芯航空插头，长约15m）1件（仅单触点输出的产品，双触点转换输出的产品用户自备三芯屏蔽线缆)。

(9) 产品使用说明书1份。

(10) 产品合格证1份。

5.5 JDZ系列翻斗式雨量计

5.5.1 概述

JDZ系列翻斗式雨量计用于观测自然界降雨量，并将降雨量信息转换为开关量输出，以满足雨量信息传输、处理、记录和显示的需要。

JDZ系列翻斗式雨量计符合以下标准及规范。

《降水量观测仪器　第2部分：翻斗式雨量传感器》(GB/T 21978.2—2014)。

《降水量观测规范》(SL 21—2015)。

《水文自动测报系统技术规范》(SL 61—2015)。

5.5.2 主要用途及适用范围

JDZ系列翻斗式雨量计广泛适用于国家基本雨量站、气象观测站以及农林、水电、矿山、地质、交通、科研院所、市政等行业或部门进行降雨量的观测。

JDZ系列翻斗式雨量计可作为水情自动测报系统、防汛指挥系统、洪水预报系统等的终端传感设备。

JDZ系列翻斗式雨量计不适用于降雪量的观测。

5.5.3 型号的组成及其代表意义

型号的含义如图5.9所示。

雨量分辨率代码：雨量分辨率0.2mm，代码为02；雨量分辨率0.5mm，代码为05；雨量分辨率1mm，代码为10。

结构形式代码：结构形式为全金属结构，代码为A；结构形式为非全金属结构，代码为空。

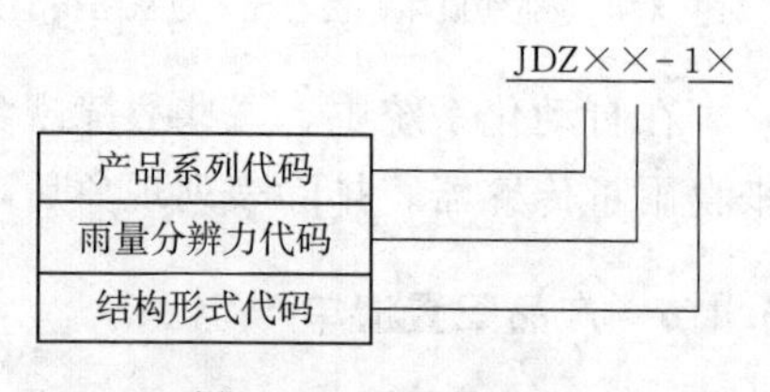

图5.9　型号的含义

5.5.4 主要技术性能及参数

(1) 承雨口：内径$\phi 200^{+0.6}$mm，外刃口角度40°～45°。

(2) 雨量分辨率：0.2mm (JDZ02系列)；0.5mm (JDZ05系列)；1.0mm (JDZ10系列)。

(3) 降雨强度测量范围：不大于4mm/min。

(4) 翻斗计量误差E：$|E|$不大于4% (室内人工模拟降雨条件下，以自身排水量为准进行考核)。

(5) 输出信号：开关接点通断信号(单触点输出：单个干簧管，通断脉冲；双触点转换输出：两个干簧管，常态时一通一断）。

（6）输出形式：接线端子。

（7）开关接点容量：直流 U 不大于 24V，I 不大于 120mA。

（8）接点工作寿命：不小于 10^7 次。

（9）工作环境：温度－10～＋55℃，空气相对湿度不限。

（10）储存环境：温度－40～＋60℃，湿度不大于 95%。

（11）外形尺寸：ϕ210mm×540mm。

（12）净重：约 4kg。

5.5.5 结构特征与工作原理

1. 结构特征

JDZ 系列翻斗式雨量计由承雨器、翻斗部件等组成（图 5.10）。

承雨器用于承接、采集降雨。它固定于外筒上部，与外筒成为一体。其口径按国家标准为 $\phi 200^{+0.6}$ mm。为防止昆虫、树叶等杂物进入承雨器内阻塞水道，在承雨器锥底装有防虫网。

翻斗部件（图 5.11）的核心是翻斗，起计量作用。翻斗分为左、右两个斗室，其重心位置处于翻斗轴的上方，形成一个非稳态机构。翻斗轴由宝石轴承支承，在清洁的环境中，摩阻力矩极小，可使翻斗灵活转动。

翻斗下方有两个调斗螺钉（左右各一），可用来调节翻斗的倾斜角度，控制翻斗每次翻转的水量。

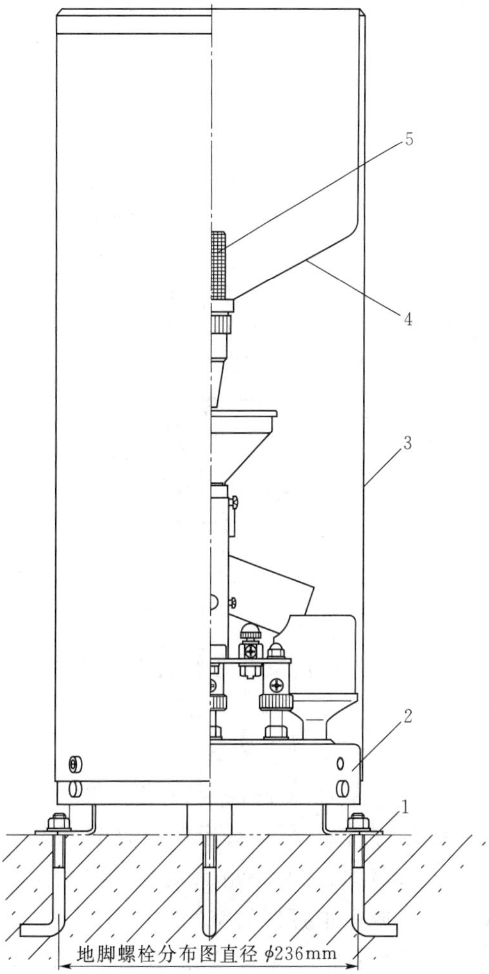

图 5.10　JDZ 系列翻斗式雨量计总体结构

1—M8 地脚螺栓；2—翻斗部件；3—外筒；4—承雨器；5—防虫网

2. 工作原理

工作时，进入承雨器内的降雨，在其锥形底部汇集后，流入翻斗部件的漏斗，再注入翻斗。当翻斗居上的一侧斗室累积到一定水量时，由翻斗自重、翻斗内水的重量、支承力、转动摩擦阻力、磁阻力、流水冲击作用力等组成的力平衡关系被打破，使翻斗状态产生突变，翻斗翻转（翻斗动作正是利用突变机构工作原理）。固定在翻斗架上的干簧管受到磁激励（磁钢安装于翻斗上，与翻斗一起动作），便产生一次通断信号。

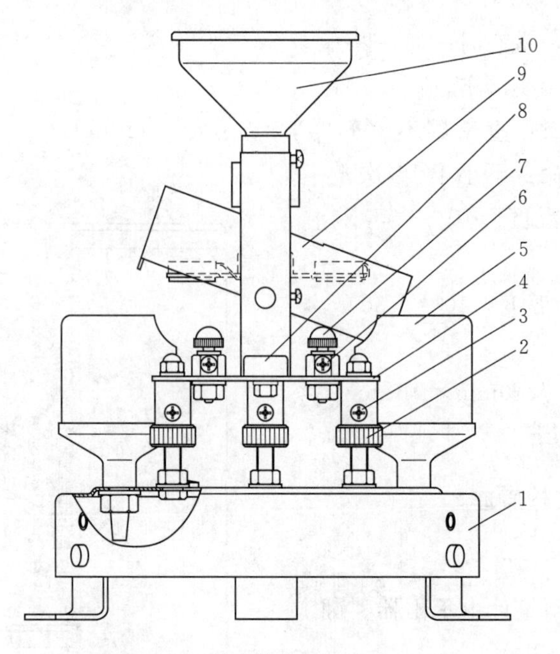

图5.11　翻斗部件（JDZ05-1型）

1—底座；2—调平螺帽；3—调平锁紧螺钉；4—工作平台；5—集水罐；
6—调斗锁紧螺钉；7—调斗螺钉；8—圆水泡；9—翻斗；10—漏斗

5.5.6　安装与调试

翻斗式雨量计的安装应符合有关降水量观测规范的要求。

1. 安装程序、方法及注意事项

雨量计一般应安装在坚实的混凝土基础上。混凝土基础应水平。若需收集雨量计自身排水（用于自身排水法检测），基础应有足够的高度，并应设置一个可以安放接水容器的空间。

（1）雨量计的安装步骤如下（图5.12）。

1）预埋地脚螺栓：在混凝土基础上预埋3个M8地脚螺栓，并使之露出合适的高度。3个M8地脚螺栓应均匀分布在直径为236mm的圆周上。也可现地利用M8膨胀螺栓进行安装和固定。高杆安装或在其他支架上安装时，应视具体情况确定其适合的安装和固定方式。

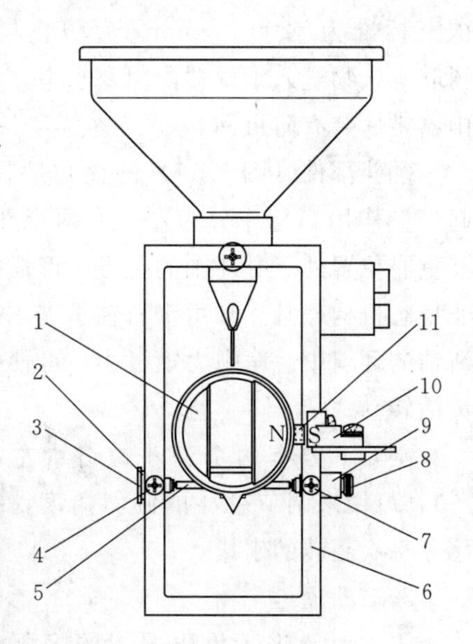

图5.12　翻斗安装（JDZ05-1型）

1—翻斗；2—前轴承套；3—前轴承；
4—前轴承锁定螺钉；5—翻斗轴；
6—翻斗架；7—后轴承锁定螺钉；
8—后轴承；9—后轴承套；
10—干簧管；11—磁钢

2）固定雨量计。待混凝土基础干燥后，将雨量计固定于混凝土基础上。此时承雨器器口应处于水平状态。

3）取下外筒。借助内六角扳手（雨量计安装工具附件），取下外筒。

4）调平工作平台。旋松（不可松太多）3个调平锁紧螺钉，调节调平螺帽，直至圆水泡居中，此时可认为工作平台处于水平状态。完成调平后，锁紧3个调平锁紧螺钉。

5）安装翻斗。松开前轴承锁定螺钉（参见图5.12），将前轴承往外拉出约2mm。翻斗带磁钢的一侧朝向后轴承，将翻斗轴轴颈支承于前、后轴承孔内。在确认前轴承已完全到位后锁紧。此时，翻斗应能灵活翻转。

JDZ05－1型雨量计的磁钢安装于翻斗正后侧（左右各一），单触点输出时对应位置的干簧管，一个作为工作用，一个为备用；其他型号雨量计的磁钢安装于翻斗后侧的立柱内。

6）测试翻斗信号。用万用表检测导通电阻不大于0.5Ω，绝缘电阻不小于1MΩ；手动翻转翻斗，检测信号是否正常。

7）连接信号线缆。信号线缆由底座上的防水接头穿入，然后分别将其两芯（双触点转换输出为三芯）连接到相应的接线端子上（参见图5.13）。

8）再次测试信号。手动翻转翻斗或向漏斗内缓慢注入清水使翻斗翻转，检测信号是否正常。

9）重新装上外筒。

（2）安装注意事项如下。

1）雨量计出厂前，已调整好翻斗轴向工作游隙（翻斗轴在前、后轴承间的轴向窜动量），因此，用户在安装翻斗时不可随便调整后轴承位置（雨量计出厂前，后轴承锁定螺钉已用红漆作了涂色标记，以提醒用户）。

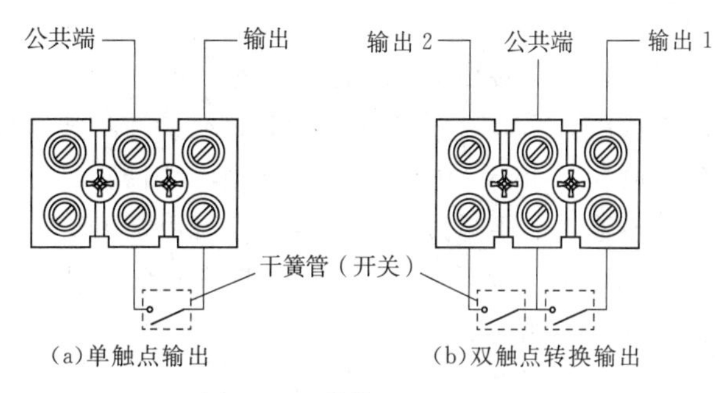

图5.13 接线JDZ05－1型

2）雨量计出厂前，用红漆作了涂色标记的还有位于翻斗下方的两个调斗螺钉，以提醒用户在没有任何特殊情况的条件下，切不可随意调整。

3）翻斗安装过程中，不可触摸翻斗内壁，不可触碰任何油污。

2. 调试程序、方法及注意事项

安装完毕后，一般情况下无需做任何调整即可投入使用。受运输及非正确安装的影响，可能会存在翻斗轴向工作游隙过大或过小、翻斗倾斜角度偏离正常值的情况，此时应作调整。

翻斗轴向工作游隙的调整步骤如下。

（1）取下翻斗。

（2）确认前轴承已抵到位（松开前轴承锁定螺钉，将前轴承推到底），然后锁紧前轴承。

（3）松开后轴承锁定螺钉，旋退（逆时针方向旋转）后轴承（应防止后轴承套随之旋转）。

（4）安装翻斗（注意方向：带磁钢一侧朝向后轴承），并同时缓慢旋进（顺时针方向旋转）后轴承，使翻斗轴轴颈支承于前、后轴承孔内。

(5) 用手感测一下翻斗轴的轴向窜动量，并细心感觉其轻微的撞击；若存在窜动，但这种窜动并不十分明显时，即可认定满足技术要求，此时的轴向窜动量为0.1～0.2mm。

(6) 锁紧后轴承。以后拆装翻斗时，若无特殊情况，不可动拆后轴承。

翻斗倾斜角度的调整：翻斗计量偏离正常值时，应调整翻斗的倾斜角度。计量值明显大于实际水量时，应增大翻斗倾斜角度，调斗螺钉顺时针方向旋转；反之，应减小翻斗倾斜角度，逆时针方向旋转调斗螺钉。建议：调斗螺钉每旋转半圈后应进行测试，重复此过程，直至符合计量精度要求。调整完毕后，应固紧调斗锁紧螺钉。

翻斗倾斜角度直接关系到雨量计的计量精度，强烈建议用户勿自行调整，应送交生产商由专业人员进行调整。

5.5.7　使用、操作及维护

1. 使用、维护及注意事项

雨量计安装完成后即处于正常工作状态。日常使用和维护过程中应注意以下几个方面。

(1) 翻斗翻转后，在触碰调斗螺钉的瞬间，翻斗会有一定的弹跳，从而可能使输出信号产生抖动。因此，对单触点输出的雨量计，其信号接收部分的入口电路应设有延时，通常延时值T不小于200ms就可充分消除因翻斗弹跳而产生的干簧管触点抖动影响。对双触点转换输出的雨量计，其信号接收可由带RS触发器的入口电路实现。

(2) 经常保持雨量计清洁，每次巡视时应注意清除承雨器内的昆虫、尘土、树叶等杂物，保证水道畅通。

(3) 定期检查雨量计的器身是否稳定、器口是否水平，发现不符合相关规范要求时应及时纠正。

(4) 避免碰撞承雨器的器口，严防器口产生变形。

(5) 风沙较大的地区，雨量计使用一段时间后，翻斗内可能会沉积泥沙，应定期清淤；可用干净的脱脂毛笔刷洗，必要时可加入适量洗涤剂，然后用清水冲洗干净。维护过程中不可直接用手触摸翻斗内壁。

(6) 定期检查翻斗翻转的灵活性。若发现有阻滞感，应检查翻斗轴向工作游隙是否正常、轴承副是否有微小的沉沙、翻斗轴是否变形或磨损，并及时采取有效的措施。

(7) 每次巡视时应检查工作平台是否水平，圆水泡是否处于中间位置。

(8) 严禁往轴承孔内注油、脂或其他所谓润滑材料。

(9) 严禁随意调整翻斗下方的调斗螺钉。该项调整直接影响计量精度，它要求调校人员具有较高的技能水平、熟练程度，还需要具备相应的检测手段。

(10) 长期不使用时建议移至室内，或就地盖上筒盖。

2. 翻斗计量误差及简单测试

用户在使用过程中，若对雨量计的计量准确性存在疑问，可进行一些简单测试。以下为测试原理及方法。

(1) 翻斗计量误差 (E) 的形成。降雨是连续的，因此，在降雨过程中，翻斗从开始翻转（假设开始翻转时，翻斗内的水量恰好是理论值）到翻斗呈水平状态这一时段 (Δt)

内，雨水仍不间断地流入翻斗居上的一侧斗室，从而造成翻斗计量的雨水量小于实际降雨量的情况。

在一定的雨强条件下，可以通过调整翻斗倾斜角度来消除这种影响，也就是说，通过人为控制流入翻斗一侧斗室的水量，使之在未达到理论水量的情况下，翻斗就开始翻转。

然而，降雨强度不是定值，雨量计须适用于0～4mm/min范围内的降雨强度。在翻斗倾斜角度一定的情况下，大雨强时，Δt时段内注入的水量多，翻斗计量误差E较大，小雨强时则误差较小。这就可能造成在最大雨强4mm/min条件下，翻斗计量误差值E大大超出－4%的情况。为避免这种现象的出现，雨量计出厂前，已将小雨强下的翻斗计量误差E调整为正值（图5.14）。降雨强度的变化是构成翻斗计量误差E的主要因素。

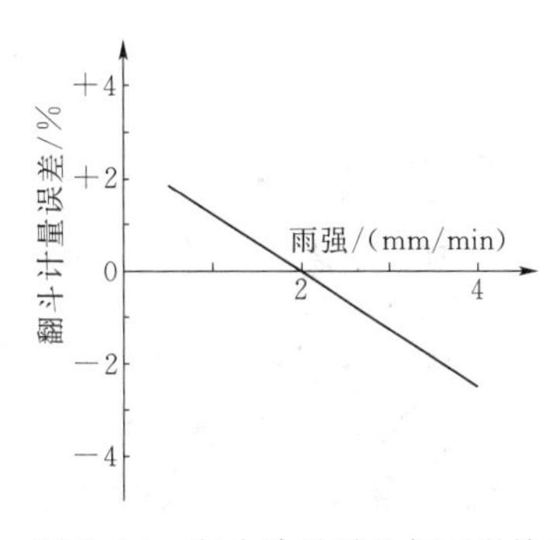

图5.14 翻斗计量误差与雨强关系

（2）翻斗计量误差E的计算。按照《翻斗式雨量计》（GB/T 11832—2002）规定，在0～4mm/min降雨强度范围内，翻斗计量误差值E应不超过±4%，按式（5.2）计算，即

$$E=\frac{W-V}{V}\times 100\% \tag{5.2}$$

式中 W——翻斗理论翻转水量（雨量计感量×翻转次数）；

V——翻斗实际翻转水量（雨量计自身排水量）。

（3）翻斗计量误差E的简单测试方法。首先取下外筒，在确认工作平台已处于水平状态、翻斗翻转灵活、信号正常、水道无阻塞、相关零部件已润湿后可进行以下测试。

1）定翻转次数法。用雨量量筒［《雨量器和雨量量筒计量检定规程》（JJG 524—88）］量取定量清水，缓缓倒入漏斗内，待翻斗欲翻未翻时，改用滴管汲取雨量量筒内清水若干，一滴一滴地注入翻斗内，直至翻斗翻转。依此反复，记录翻斗翻转次数与总耗用水量。

以翻斗翻转20次计，若耗用水量在下述范围，则可认定雨量计计量基本正常。

JDZ02系列：119～123mL（相当于3.8～3.9mm降雨量）。

JDZ05系列：301～308mL（相当于9.6～9.8mm降雨量）。

JDZ10系列：609～618mL（相当于19.4～19.7mm降雨量）。

2）自身排水法。自行设计一套可控制模拟降雨强度的简单装置。在不同雨强条件下，以雨量计自身排水量为准进行测试。

建议方法：在雨量计上方置一容器，盛一定量的清水，水面至漏斗处高差为0.5～0.6m。用医用输液器的胶管将水以虹吸方式引入漏斗，并用其上的调节阀控制出水流量。在雨量计下方再置一容器，用于承接雨量计的自身排水。

自备下列计量设备：计时计数器、天平（分辨率不大于0.5g）或10mm雨量量筒。

模拟不同雨强分别测试。表5.3给出了不同雨强下的翻斗翻转历时（以理论降雨量10mm计）。

表 5.3 降雨强度与翻斗翻转历时关系

降雨强度/(mm/min)	JDZ02系列翻斗翻转50次历时/s	JDZ05系列翻斗翻转20次历时/s	JDZ10系列翻斗翻转10次历时/s
0.5	1200±15	1200±10	1200±8
2	300±10	300±5	300±4
4	150±5	150±2	150±2

注 用户自行测试时可适当放宽历时要求。

根据式（5.2）可计算出翻斗计量误差。若计量误差 E 满足下述条件，则可认定雨量计计量基本正常。

雨强 0.5mm/min 时，$E \leqslant +4\%$。

雨强 2mm/min 时，$-1.5\% \leqslant E \leqslant +1.5\%$。

雨强 4mm/min 时，$E \geqslant -4\%$。

3）定水量法。用雨量量筒量取 10mm 降雨量的清水，并在 5min±1min 内缓慢、均匀地全部注入漏斗。

建议方法：准备一只干净的吹塑饮料瓶，在其瓶盖及瓶底上分别钻一个直径约为 ϕ1.5mm 和 ϕ4mm 的小孔，再将量杯量取的清水倒入瓶中进行测试（此法较量杯直接注水效果好、水流相对稳定）。

总测试次数：JDZ02 系列、JDZ05 系列、JDZ10 系列分别为 2 次、5 次和 10 次。

若翻斗累计翻转次数在 100±4 以内，则表明雨量计计量基本正常。用户自行测试过程中，受技术手段的限制，测得的误差值稍大一些是正常的。

5.5.8 故障分析与排除

故障分析与排除见表 5.4。

表 5.4 故障分析与排除

故障现象	原因分析	排除方法
自动测报系统中，降雨时中心站接收不到数据，但定时自报数据可收到	（1）干簧管失效。 （2）磁钢与干簧管距离过远。 （3）焊线脱落或信号线断开。 （4）翻斗卡阻。 （5）水道阻塞	（1）更换。 （2）调整。 （3）修复。 （4）清洗、更换轴承，调整轴向游隙更换翻斗轴。 （5）清除
实测降雨量与实际降雨量（如比测雨量计测得的降雨量）相差较大	（1）翻斗翻转基点失调。基点失调指翻斗倾斜角度发生了改变，其误差一般不超过±10%。 （2）磁钢与干簧管位置配合欠佳，致部分信号遗漏。 （3）与比测雨量计间相隔较远或有强风，比测数据无代表性。 （4）翻斗卡阻	（1）按“翻斗计量误差的简单测试方法”章节重新检查，基点调整须慎行。 （2）调整或更换。 （3）客观情况如此，雨量计无故障。 （4）参见上一栏

注 1. 对于零部件损坏、松动等，应从结构上处理，不列入表内。
2. 在自动化系统中，一些故障现象都是在中心站接收雨量数据时观察到的，不一定全部来自雨量计。排除表列现象后，可怀疑是其他设备故障。

5.5.9 主附件清单

（1）雨量计主机（含翻斗）1套。
（2）备用干簧管1件（仅JDZ05－1型，其他型号产品可根据需求配置）。
（3）筒盖1件。
（4）内六角扳手1件。
（5）挡叶网1件。
（6）脱脂清洗笔1件（仅JDZ05－1型）。
（7）产品使用说明书1份。
（8）产品合格证1份。

5.6 JQH－2型报警雨量计

5.6.1 用途及适用范围

JQH－2型报警雨量计用于观测自然界降水量。适用于山洪灾害监测系统，可供山村普通居民使用。

JQH－2型报警雨量计可人工观测降雨量，也可自动计量，同时具有声光报警功能。可广泛应用于气象、水文、农业、林业等行业。

JQH－2型报警雨量计不适用于固态降水（降雪）的观测。

5.6.2 JQH－2型报警雨量计主要技术指标

（1）承雨器：内径$\phi 200^{+0.6}$mm。
（2）分辨率：1mm（人工观测，从带刻度的雨量筒直接读取）。
　　　　　　1mm或5mm（自动观测，从雨量筒内部传感器读取）。
（3）测量范围：雨强0～10mm/min。
（4）测量误差：不大于4％（0～10mm/min雨强范围内）。
（5）测量盲区：不大于4mm。
（6）雨量筒容量：120mm（雨量值，其他规格可按要求定制）。
（7）电源：直流6V（4节5号电池），低电压报警。
（8）功耗：小于0.2mA，报警时约300mA。
（9）显示方式：LCD。
（10）报警：3种报警级别为“警戒”“危险”“转移”（不同的声音、不同颜色的指示灯）。
（11）工作环境：温度－10～＋50℃，湿度95％RH。
（12）外形尺寸：ϕ200mm×860mm。

5.6.3 结构及工作原理

1. 结构特征

JQH－2型报警雨量计由承雨器、雨量筒、传感器、RA报警器、安装支架等组成，如图 5.15 所示。

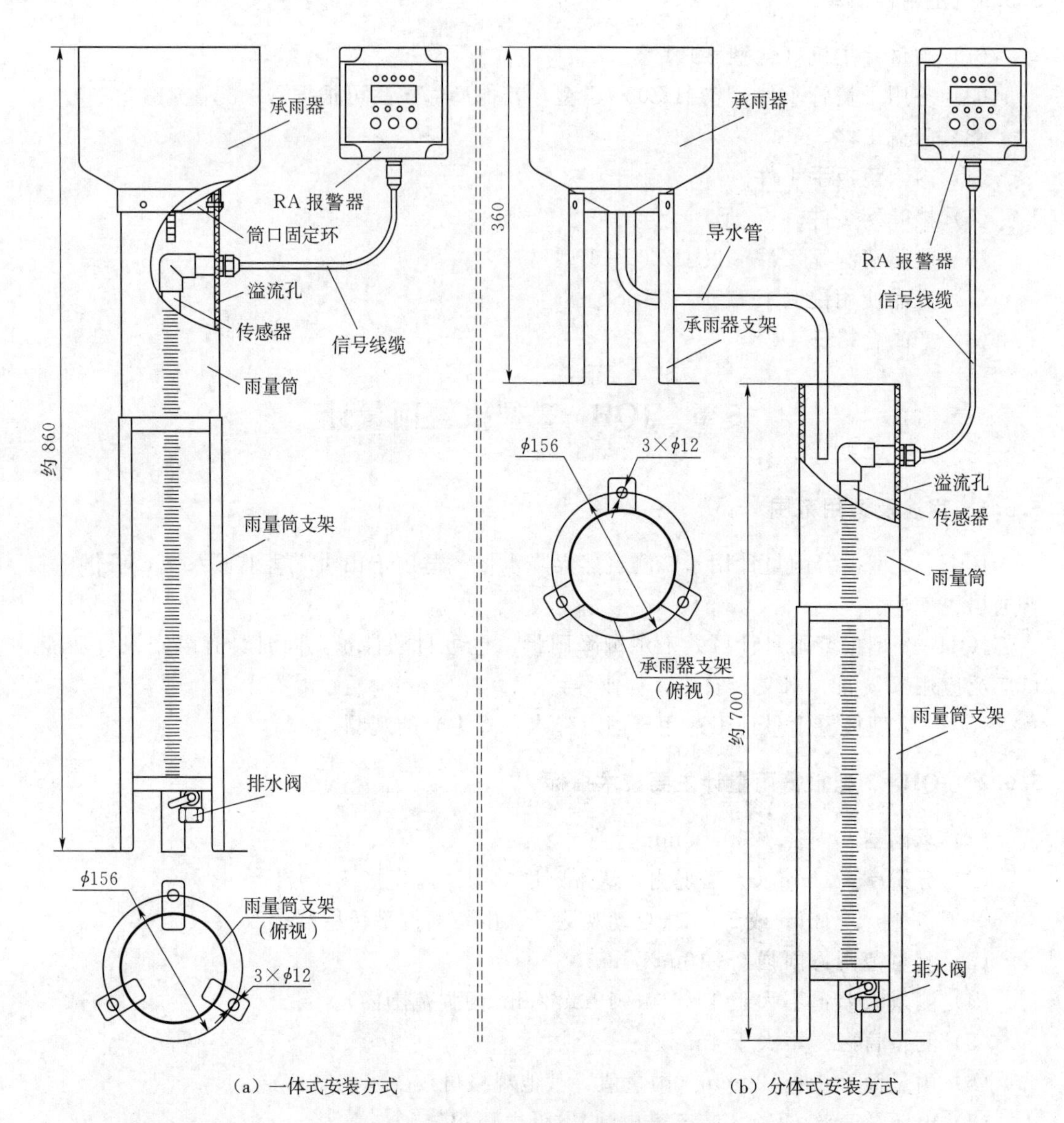

图 5.15 JQH-2 型报警雨量计结构

承雨器用于控制和收集降水量，其材质为不锈钢。

安装分体式（通过导水管将降水引入置于室内的雨量筒中）雨量计时，承雨器下端有方便用户配接导水管的接头。

注：用户可自行购置内径为 $d=10$mm 的塑料软管作为导水管。为防止导水管意外脱落，应在连接处套上金属喉箍（自行购置）。

雨量筒为一带刻度的有机玻璃筒，用于承接降水，并可直接通过它读取降雨量（此处所说的降雨量仅指雨量筒内当前水量，并不代表实际降雨量）。其所能承接的最大降雨量为 120mm（特殊规格可定制）。雨量筒下部有一排水阀，用于排放雨量筒内的降水。

传感器密封于雨量筒内，用于将降雨量信号传输给RA报警器。

RA报警器用于读取本次降雨量（“本次降雨量”指上次清除数据后累计测得的降雨量）、时段累计降雨量、雨量筒内当前水量等，同时可根据预设的报警雨量值提供声、光同步报警。

安装支架用于雨量筒的安放，其材质为不锈钢。下端三脚各有一个ϕ12mm的孔，便于固定于混凝土基础上，3个孔的分布圆直径约为ϕ156mm。

2. 工作原理

降雨经承雨器汇集后流入雨量筒内，筒内水位及浮子上升。随着筒内水位的变化，传感器内部接近开关的状态按一定规律发生相应改变，根据这种状态信息，就可以判断出雨量筒内的水位值，测得本次降雨量大小。当降雨量达到某个预设报警值时，RA报警器发出声、光同步报警。

5.6.4 安装、使用及维护

1. 安装

雨量器应牢固地安置在比较空旷和平坦的地方，其周围不应有影响降水量观测的障碍物。承雨器口应保持水平。

2. 降水量观测

(1) 可直接从雨量筒上的刻度直观地读出当前降雨量，每一个刻度对应的降雨量为1mm。雨量筒可承接的降雨量为120mm（特殊规格可定制）。

(2) 可以从RA报警器读取降雨量。一场降雨完毕，记录本场次降雨量后，可打开排水阀，排空雨量筒内的存水。若一个场次的降雨量超过120mm，可在降雨过程中排水，不显著影响计量。

注意：降雨过程中排水时，建议将排水阀开到最大，在尽可能短的时段内排去部分存水。

3. 预设报警值

同时按下“清零/设置”和“↑/设置”键，RA报警器进入设置状态。LED指示灯指示当前哪个参数处于设置状态，LCD则显示当前预设参数值，按“↑/设置”和“↓/声音”键改变当前参数值（根据分辨率的不同，以每1mm或每5mm的雨量值递增或递减）。“清零/设置”键用于指向下一个参数。改变参数值后，再同时按“清零/设置”和“↑/设置”键则退出设置状态。

RA报警器可设置的参数有本次降雨警戒雨量（“警戒”灯亮）、本次降雨危险雨量（“危险”灯亮）、本次降雨转移雨量（“转移”灯亮）、本次降雨初始雨量（“本次降雨”灯亮）、15min报警雨量（“15min”灯亮）、30min报警雨量（“30min”灯亮）、60min报警雨量（“60min”灯亮）、3h报警雨量（“本次降雨”、“15min”灯同时亮）、24h报警雨量（“15min”“30min”灯同时亮）。

为统计“日雨量”，JQH-2型报警雨量计还可设置：当前北京时间（“30min”、“60min”灯同时亮）。LCD屏显“9××”时，“9”代表“小时”设置代号，“××”代表当前北京时间的“小时”；LCD屏显“10××”时，“10”代表“分钟”设置代号，“××”代表当前北京时间的“分钟”。

以上所有参数设定后掉电均不会丢失。

需要注意的是，只有在本次降雨总量和降雨强度同时超过预设值时才会启动相应报警。

4. 查看参数值

工作状态下按“↑/设置”键可依次查看本次降雨量、最近15min降雨量、最近30min降雨量、最近60min降雨量、最近3h降雨量、最近24h降雨量、日雨量（昨日8：00至今日8：00的总雨量），相应的LED指示灯指示当前查看的是哪一个参数，LCD则显示当前参数值。LED指示灯全熄灭时，LCD则显示当前雨量筒内的雨量。

需要注意的是，雨量筒内的雨量不一定等于本次降雨量。本次降雨量指清除数据后所有累计雨量，包括打开排水阀排去部分或全部存水后再测得的降雨量。

5. 清除数据

长按“清零/设置”键5s以上，直到第二行LED指示灯全部点亮，即完成清零操作。该项操作完成后以下参数归零：本次降雨量、最近15min降雨量、最近30min降雨量、最近60min降雨量、最近3h降雨量、最近24min降雨量、日雨量。

6. 报警

RA报警器具有3种不同级别的警报声：救护车声为“警戒”雨情，警车声为“危险”雨情，防空警报声为“转移”雨情；警报声鸣响的同时，相应级别的LED指示灯（“警戒”“危险”“转移”分别为绿色、黄色、红色）会闪亮。按“↓/声音”键可消除警报声，但LED指示灯需在长按“清零/设置”键清除数据后才会熄灭。

提示：一场降雨完毕，若无险情，应排空雨量筒内的存水，并执行一次清除数据的工作，等待下一场降雨的来临。在非雨季，建议每天执行一次上述操作，以免造成误报警。

特别提示：触发警报后，要及时进行人工干预，即按“↓/声音”键消除警报声，以节省电力。若未人工干预，警报声会持续鸣响15s，在雨量不增加的情况下，每隔15min再次鸣响，同一级别警报声重复5次后将不再鸣响。若雨量持续增加，则每增加5mm雨量，再报警一次。雨量达到下一级别报警阈值时，则按该级别警报声重复鸣响5次。触发警报后，在警报声鸣响或休止期间，按“↓/声音”键均视同消音，同一级别警报声将不再鸣响（除非在该级别上雨量增加5mm）。

注：工作状态下，“↓/声音”键还可用于试听各种警报声（请勿让儿童触碰!）。

注意：警报声鸣响期间，若电池电量不足，则停止雨量测量，“欠压”指示灯闪亮。

7. 安装、更换电池

（1）用小号一字起子，轻轻撬开RA报警器正面4个角上的装饰盖板（图5.16）。

（2）拧开4个紧固螺钉，拆卸RA报警器。

（3）拆开后，可以看到内部有一个电池盒，这时，就可以安装或更换电池了。

8. 维护

（1）经常保持雨量器清洁，定期清除承雨器内的昆虫、尘土、树叶等杂物。

（2）长期使用后，雨量筒内可能会孳生青苔、沉积泥沙，影响仪器的正常工作，应注意及时清洗或定期清洁。

（3）电池电量不足（“欠压”指示灯亮）时，应及时更换电池。建议使用品牌知名度较高的碱性电池，以充分保证RA报警器的正常工作。

（4）“故障”指示灯亮时，一般表明RA报警器与传感器之间的连接不正常，应检查信号线缆及其接头。

（5）若非特殊情况，不要拆卸传感器、RA报警器等，以免造成不必要的损失。

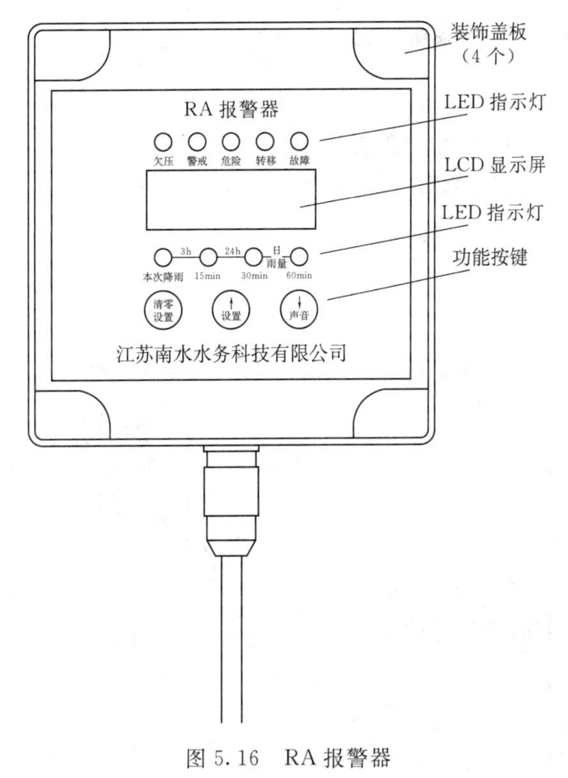

图5.16　RA报警器

5.6.5　主附件

（1）承雨器（分体式安装时，含承雨器支架）1只。

（2）雨量筒（含内部传感器、下端排水阀）1套。

（3）RA报警器（含内部4节5号电池）1只。

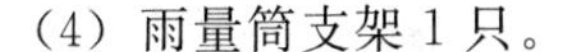
（4）雨量筒支架1只。

（5）信号线缆（两芯、2m）1根。注：一体式安装时，应根据实际需要的长度自行加长（可剪断原线缆后续接，接头处用防水绝缘胶带缠牢）。

（6）使用说明书1份。

（7）产品合格证1份。

5.7　JDZB系列报警雨量计

5.7.1　主要用途及适用范围

JDZ系列翻斗式雨量计用于观测自然界降雨量，同时将一定的降雨量转换为开关信息量输出，以满足信息传输、处理、记录和显示的需要。

JDZ系列翻斗式雨量计配合RA报警器使用，或同时配合无线信号发射器（关于无线信号发射器，仅配置应用于无线传输方式的产品）、RA报警器（无线信号接收器）使用，可组成JDZB系列（有线或无线传输方式）报警雨量计。适用于山洪灾害监测系统，可供山村普通居民使用。当降雨量达到一定级别时，可提供声光同步报警。

JDZB系列报警雨量计不适用于固态降水（降雪）的观测。

5.7.2　结构特征与工作原理

1. 结构特征

JDZB系列报警雨量计由JDZ系列翻斗式雨量计、无线信号发射器（仅限无线传输方式）、RA报警器（无线信号接收器）组成（图5.17、图5.18）。

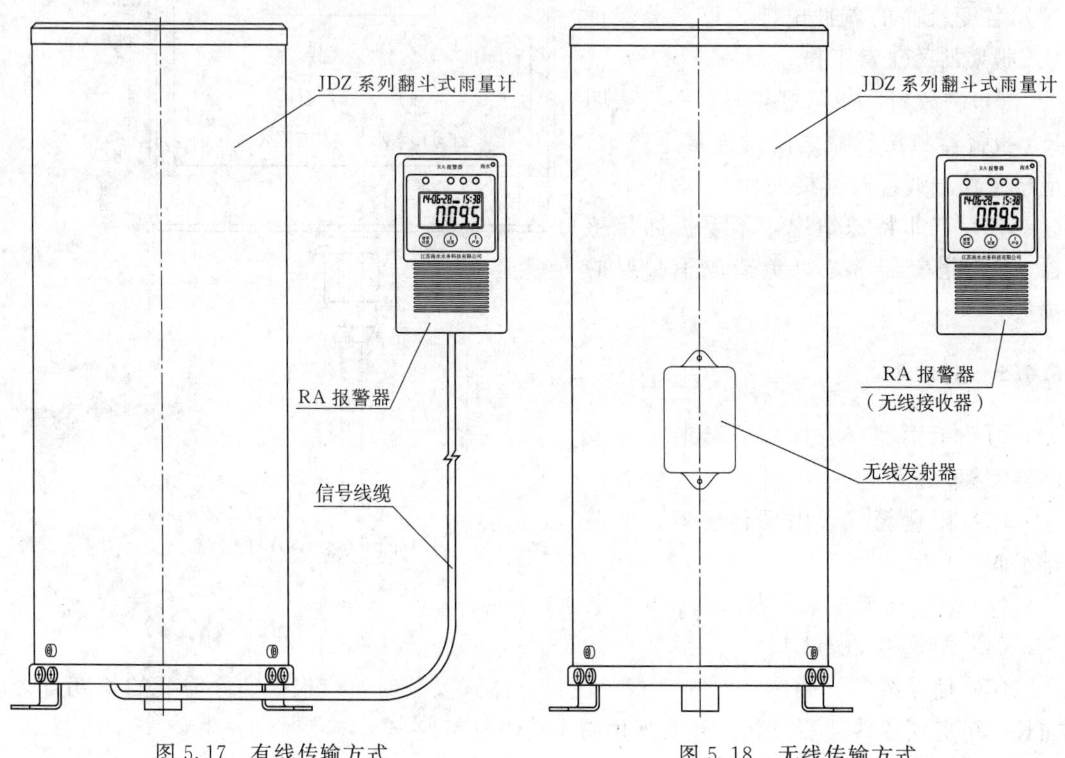

图5.17　有线传输方式　　图5.18　无线传输方式

关于JDZ系列翻斗式雨量计，可详见该系列产品使用说明书。

无线信号发射器用于雨量信号的接入，并将雨量信号通过无线传输的方式发送给RA报警器。

RA报警器用于读取本次降雨量（“本次降雨量”指最近一次清除数据后累计测得的降雨量）、时段累计降雨量等，同时可根据预设的报警雨量值提供声、光同步报警。

2. 工作原理

降雨由翻斗式雨量计上部的承雨器汇集后流入翻斗，使翻斗产生翻转动作。翻斗每翻转一次，翻斗部件将产生一个通断脉冲信号，据此就可以测得本次降雨量大小。当降雨量达到某个预设报警值时，RA报警器发出声、光同步报警。

无线传输方式下，无线信号发射器、RA报警器之间一直保持通信联络，以确保数据传输的准确性。无线信号发射器数据传输周期为2s，数据发送后RA报警器会在2s内显示。

含固态存储的报警雨量计产品，在其RA报警器内部设有固态存储芯片，每隔5min

存储一次最近5min的时段雨量，存储的数据可通过USB数据接口导出（产品配置有相应的数据读取软件）。

无线信号发射器、RA报警器不适合接入双触点转换输出的翻斗式雨量计。

5.7.3 主要技术性能及参数

（1）承雨器：内径 $\phi 200^{+0.6}$mm，刃口角40°～45°。

（2）分辨力：0.2mm、0.5mm、1mm（依据JDZ系列翻斗式雨量计）。

（3）测量范围：不大于4mm/min。

（4）测量误差 E：$|E|$ 不大于4%。

（5）电源：RA报警器DC6V（4节5号干电池，具有实时电量显示），无线发射器DC3V（2节5号干电池）。

（6）功耗：RA报警器小于0.2mA（报警时约300mA），无线发射器不大于0.03mA。

（7）显示方式：LCD。

（8）有线传输距离：150m。

（9）无线传输距离：300m（无障碍物的开阔地带）。

（10）数据存储容量：2年（每5min存储一次）（仅限含固态存储的报警雨量计产品）。

（11）报警方式：警笛、语音、LED状态灯、屏显。

（12）报警级别：警戒、危险、转移。

（13）工作环境：温度－10～＋55℃，湿度不大于95%RH。

（14）储存环境：温度－40～＋60℃，湿度不大于90%RH。

（15）外形尺寸：ϕ210mm×540mm。

5.7.4 安装、使用及维护

1. 安装

JDZ系列翻斗式雨量计应牢固地安置在比较空旷和平坦的地方，其周围不应有影响降雨量观测的障碍物。承雨器口应保持水平。详见该系列产品使用说明书。

有线传输方式下，应自备长度合适的两芯信号线缆，一端连接翻斗式雨量计的信号输出端，另一端与RA报警器的4芯插拔式接线端子连接。4芯接线端子定义：第2、3脚（中间的两脚）为信号输入脚。

无线传输方式下，RA报警器通常置于室内，翻斗式雨量计（无线发射器已固定于雨量计的外筒上）与其之间的距离应不大于上述技术指标中给定的有效传输距离。

无线传输方式下，无线发射器、RA报警器使用同一频率，多个发射器间会产生相互干扰的现象。因此，在同一区域安装多台无线报警雨量计时，它们之间的安装距离应不小于300m。

2. 使用

（1）开机。RA报警器上电后，将自动开机（图5.19）。第2种上电方式，仅适用于含固态存储的报警雨量计产品。

开机

两种方式：

(1)打开背面的电池仓盖，装入4节合格的5号电池

(2)USB接口连接计算机或交流转USB适配器，上电

☆开机后自检：

(1)所有LED指示灯依次循环点亮两遍

(2)LCD显示从111…11～999…99依次循环两遍

☆自检完成后，自动进入待机状态

☆取消自检：按 设置 键

图5.19 开机

(2) 待机状态显示。待机状态下，LCD显示：当前日期和时间、无线发射器与接收器间的信号连接状态（仅在无线传输方式下显示无线连接状态）、电池电量、本次降雨量，如图5.20所示。

(3) 降雨量观测。查看参数值见图5.21。

(4) 预设报警值。报警值的设置，以5mm级别递增或递减，即报警设置分辨力为5mm。报警设置值最大为250mm，如图5.22所示。

可以设置的参数有本次降雨总量报警值（“警戒”“危险”“转移”3个级别的雨量值）、本次降雨初始雨量值（以此为基础累计雨量）、降雨强度报警值（最近30min、1h、2h、24h雨量值）。

报警值一旦设定，将不会受掉电等因素的影响。

使用降雨强度报警，即时段雨量报警，需谨慎。例如，设置最近1h降雨强度报警值为15mm，那么假设持续降雨若干小时（极端情况），在这若干小时的任意时段（以1h计）内，其降雨量均已达到了14mm，此时，报警器是不会报警的，而事实上，持续降雨条件下，发生山洪灾害的可能性是较大的。

图5.20 待机状态显示

(5) 日期和时间设定，如图5.23所示。

(6) 设定翻斗式雨量计分辨力，如图5.24所示。

应根据配套使用的翻斗式雨量计的实际分辨力作出正确选择。

以上各设置状态、参数查看状态下，若在15s内无操作，RA报警器会自动回到待机状态。

查看参数值

待机状态下，按下 

☆连续按上述键，将循环查询以下参数：

(1)本次降雨量(最近一次清零后的累计降雨量)

(2)最近30min降雨量

(3)最近1h降雨量

(4)最近2h降雨量

(5)最近24h降雨量

(6)日雨量(昨日8:00至今日8:00的降雨量)

(7)分辨力(当前设定的雨量传感器分辨力)

图5.21 降雨量观测

预设报警值

(1)进入设置状态：同时按 清零设置 键和 设置 键

(2)修改参数值：按 设置 键和 声音 键

(3)切换至下一个参数：按 清零设置 键

(4)退出设置状态：同时按 清零设置 键和 设置 键

图5.22 预设报警值

日期和时间设定
(1)进入设置状态:同时按 ↑设置 键和 ↓声音 键
(2)修改参数值:按 ↑设置 键和 ↓声音 键
(3)循环切换年、月、日、时、分:按 清零设置 键
(4)退出设置状态:同时按 ↑设置 键和 ↓声音 键

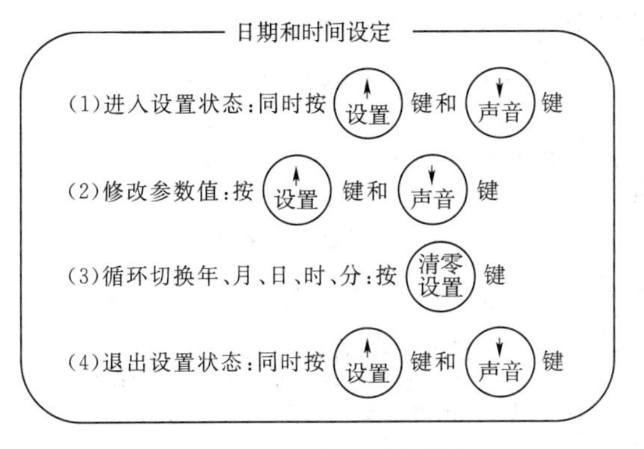

图 5.23 日期和时间设定

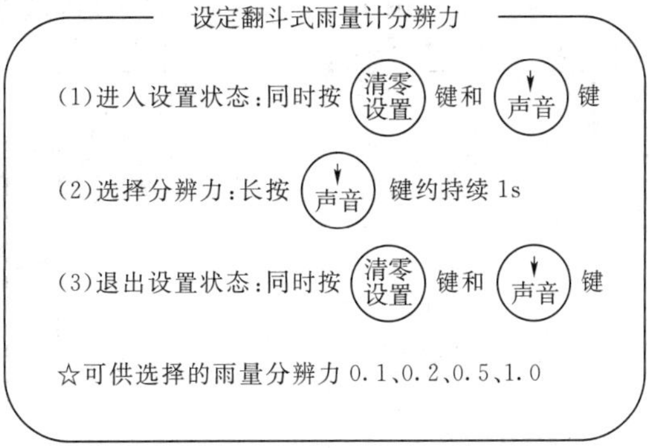

设定翻斗式雨量计分辨力
(1)进入设置状态:同时按 清零设置 键和 ↓声音 键
(2)选择分辨力:长按 ↓声音 键约持续 1s
(3)退出设置状态:同时按 清零设置 键和 ↓声音 键
☆可供选择的雨量分辨力 0.1、0.2、0.5、1.0

图 5.24 设置分辨力

(7) 清除雨量数据，如图 5.25 所示。一场降雨完毕，若无险情，建议执行一次该操作。雨季期间，应视具体情况确定执行该操作的频次，以免误报警或不报警。

该项操作执行后，不会清除固态存储器内的数据。

(8) 报警，如图 5.26 所示。

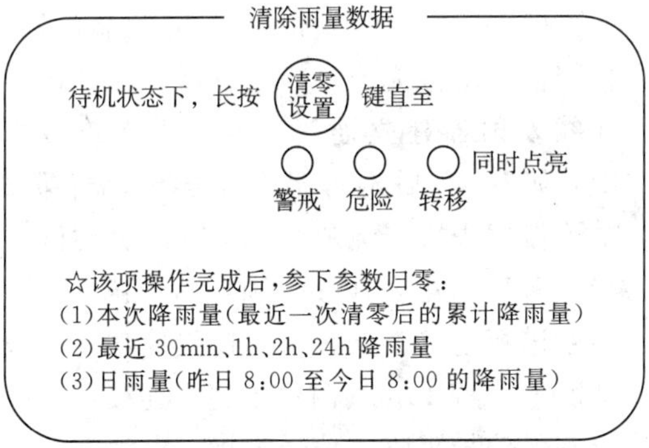

清除雨量数据
待机状态下，长按 清零设置 键直至
警戒 危险 转移 同时点亮
☆该项操作完成后,参下参数归零:
(1)本次降雨量(最近一次清零后的累计降雨量)
(2)最近 30min、1h、2h、24h 降雨量
(3)日雨量(昨日 8:00 至今日 8:00 的降雨量)

图 5.25 清除雨量数据

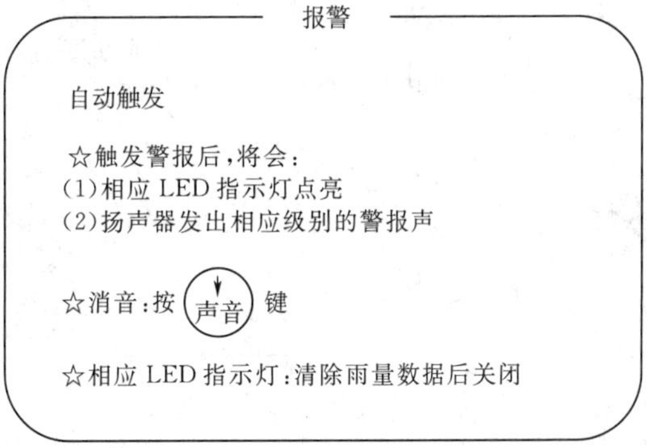

报警
自动触发
☆触发警报后,将会:
(1)相应 LED 指示灯点亮
(2)扬声器发出相应级别的警报声
☆消音:按 ↓声音 键
☆相应 LED 指示灯:清除雨量数据后关闭

图 5.26 报警

触发警报后，降雨量每增加 5mm，将再次触发同一级别警报；达到更高级别雨量报警值时，将触发该对应级别警报。

触发警报后应及时消音，以节省电量。若未消音，则即使降雨量未增加，仍会在 1h 内每隔 15min 再次触发同一级别警报，共计 5 次。

只有在本次降雨总量和降雨强度均达到或超过预设报警值时才会启动相应报警。

警报鸣响期间，若电池电量不足，则停止雨量测量。为不影响正常降雨量观测，应在启动警报后及时人工干预，以消除警报音。必要时应立即更换电池。

请勿让儿童触碰，以免误报警。

待机状态下，按“↓/声音”键可用于试听各种警报声。

以下的内容，仅针对含固态存储的产品。

(9) 存储器自检，如图 5.27 所示。

(10) 清除存储器数据，如图 5.28 所示。

现场安装、调试完毕后，一般应执行该项操作。

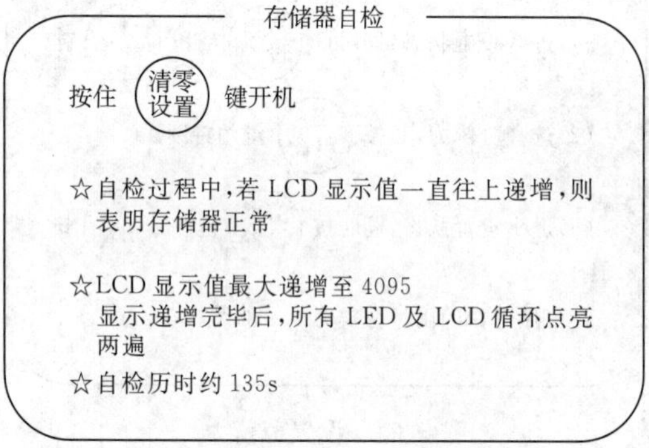

存储器自检

按住 (清零设置) 键开机

☆自检过程中，若LCD显示值一直往上递增，则表明存储器正常

☆LCD显示值最大递增至4095
显示递增完毕后，所有LED及LCD循环点亮两遍

☆自检历时约135s

图5.27　存储自检

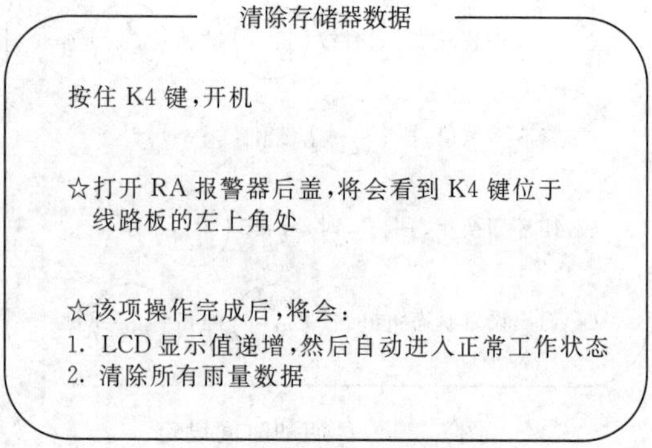

清除存储器数据

按住K4键，开机

☆打开RA报警器后盖，将会看到K4键位于线路板的左上角处

☆该项操作完成后，将会：
1. LCD显示值递增，然后自动进入正常工作状态
2. 清除所有雨量数据

图5.28　清除存储器数据

该过程耗时约400s，请耐心等待。

(11) 地址设置，如图5.29所示。

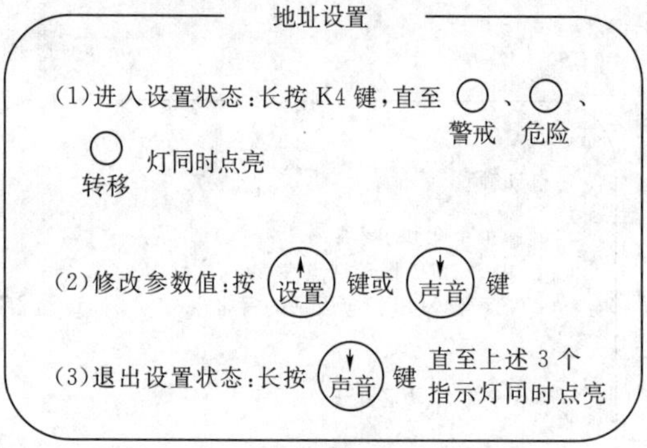

地址设置

(1)进入设置状态：长按K4键，直至 ○警戒、○危险、○转移 灯同时点亮

(2)修改参数值：按 (↑设置) 键或 (↓声音) 键

(3)退出设置状态：长按 (↓声音) 键 直至上述3个指示灯同时点亮

图5.29　地址设置

以下内容，仅针对无线传输方式的产品。

(12) 关于屏显信号连接状态。RA报警器上电并完成自检过程后，会尝试与无线发射器建立连接。若第1次连接失败，则在4s后进行第2次尝试；若第2次连接仍失败，则在1min后再次尝试连接；若仍未建立连接，则此后每隔10min不断进行连接尝试，直到连接成功。一般情况下，若10min内仍未建立连接，应检查有无信号阻隔、信号干扰、电池电量以及其他可能的产品故障。

连接中断、尝试连接期间，“故障”灯点亮，屏显无信号连接。

无线信号发射器未配置任何指示灯或显示器件，无法从其自身判别其工作状态。当其内部电池电压低于2.4V时，与RA报警器之间的连接将会中断。此时应及时更换电池。理论上，无线发射器内部的电池可持续工作两年，为保证工作可靠，建议该电池更换周期应不超过1年。在排除信号阻隔、电池电量不足的情况下，若“故障”指示灯一直闪亮，则代表无线发射器或RA报警器可能出现故障。此时，应送交生产商进行维修或更换。

(13) 连接中断后的数据处理。无线发射器与RA报警器恢复连接后，无线发射器会将连接中断过程中雨量数据的累计值一次性发送到RA报警器，确保雨量数据的完整性、准确性（无线发射器电量不足或故障除外）。

3. 维护

JDZ系列翻斗式雨量计的维护，应参见该系列产品的使用说明书。

汛期前，应检查各项功能是否正常。

电池电量不足时，应尽快更换合格的电池。

LED“故障”指示灯一直点亮时，代表内部硬件可能出现故障，应立即联系生产商予以维修或更换。

若非特殊情况，不要拆卸无线发射器、RA 报警器等，以免造成不必要的损失。

5.7.5 故障分析与排除

故障分析与排除见表 5.5。

表 5.5 故障分析与排除

故障现象	原因分析	排除方法
降雨量达到阈值未报警	(1) RA 报警器电量不足 (2) 扬声器插头松动 (3) 降雨强度未达到设定的阈值	(1) 更换电池 (2) 重插 (3) 正常现象，可重新设置
无降雨时报警	报警后未人工干预	正常现象，应及时人工干预
微量降雨时报警	(1) 长期未清除数据 (2) 设置了初始降雨量	(1) 正常现象，一场降雨后若无险情，应执行清零操作 (2) 正常现象，可重新设置
RA 报警器接收不到雨量信号	(1) 无线信号受到阻隔、干扰或超出传输距离 (2) 电池电量不足	(1) 改变收、发器间的相对位置，避开阻隔，排除干扰 (2) 更换电池

5.7.6 产品配置清单

产品标准配置清单如下：

(1) JDZ 系列翻斗式雨量计 1 台。

(2) RA 报警器 1 只。

(3) 无线发射器 1 只（仅限无线传输方式，已安装于雨量计外筒）。

(4) USB 数据线 1 根（仅限含固态存储的产品）。

(5) 技术文件：本使用说明书 1 份；JDZ 系列翻斗式雨量计使用说明书 1 份；数据读取软件（载体：CD－R 光盘）1 份（仅限含固态存储的产品）。

(6) 产品合格证 1 份。

5.8 JEZ 系列雨雪量计

5.8.1 主要用途及适用范围

JEZ 系列雨雪量计用于观测自然界降水（雨、雪）量，同时将一定的降水量转换为开关信息量输出，以满足信息传输、处理、记录和显示的需要。

通常情况下，分辨力0.5mm以上（含0.5mm）产品适用于多年平均降水量大于800mm地区的水文、气象观测站；分辨力0.2mm以下（含0.2mm）产品适用于多年平均降水量小于800mm地区的水文、气象观测站。

5.8.2　主要技术性能及参数

（1）承水口：内径$\phi 200^{+0.6}$mm，外刃口角度40°～45°。

（2）分辨力：0.1mm、0.2mm、0.5mm、1mm（依据JDZ系列）。

（3）降水强度测量范围：降雨不大于4mm/min；降雪不大于10mm/h（雪水当量）。

（4）测量误差：不超过±4%（在降水强度测量范围内）。

（5）输出信号：开关节点通断信号。

（6）开关节点容量：DC U不大于24V，I不大于120mA。

（7）开关节点工作寿命：不小于10^7次。

（8）温度传感器：误差±1℃。

（9）融雪方式：电加热。

（10）加热供电方式：DC 12V。

（11）加热总功率：200W。

（12）工作环境：温度－25～＋50℃，相对湿度不大于95%。

（13）储存环境：温度－40～＋60℃（包装状态下），相对湿度不大于90%（包装状态下）。

（14）外形尺寸：ϕ280mm×640mm。

（15）净重：约10kg。

5.8.3　结构特征与工作原理

1. 结构特征

JEZ系列雨雪量计是在JDZ系列雨量传感器的基础上增加加热膜、温度传感器及其控制器件、阻燃型隔热保温材料等各部件组成，如图5.30所示。

加热控制部分置于一防水盒内，安装于筒侧（该部分称为控制单元），雨（雪）量筒采用双层结构，内、外层间置保温材料。

关于JDZ系列雨量传感器，可详见该系列产品使用说明书。

2. 工作原理

工作环境温度较高时，产品与常规翻斗式雨量传感器工作方式无异。

以下主要阐述加热过程及其工作原理。

内层筒的内壁安装有加热膜A（以下称为环境加热膜），该加热膜用于使筒内环境温度始终保持在预设的范围内，以确保水流通畅，无冰冻阻塞。

承水器底部安装有加热膜B（以下称为融雪加热膜），该加热膜用于融化承水器内的积雪；通过雨雪感应器感应外部雨雪情况。融雪加热膜采用区间加热工作方式，这样既可确保正常融雪，又不致形成“干烧”或降雪强度较小时“瞬间蒸发”的现象。

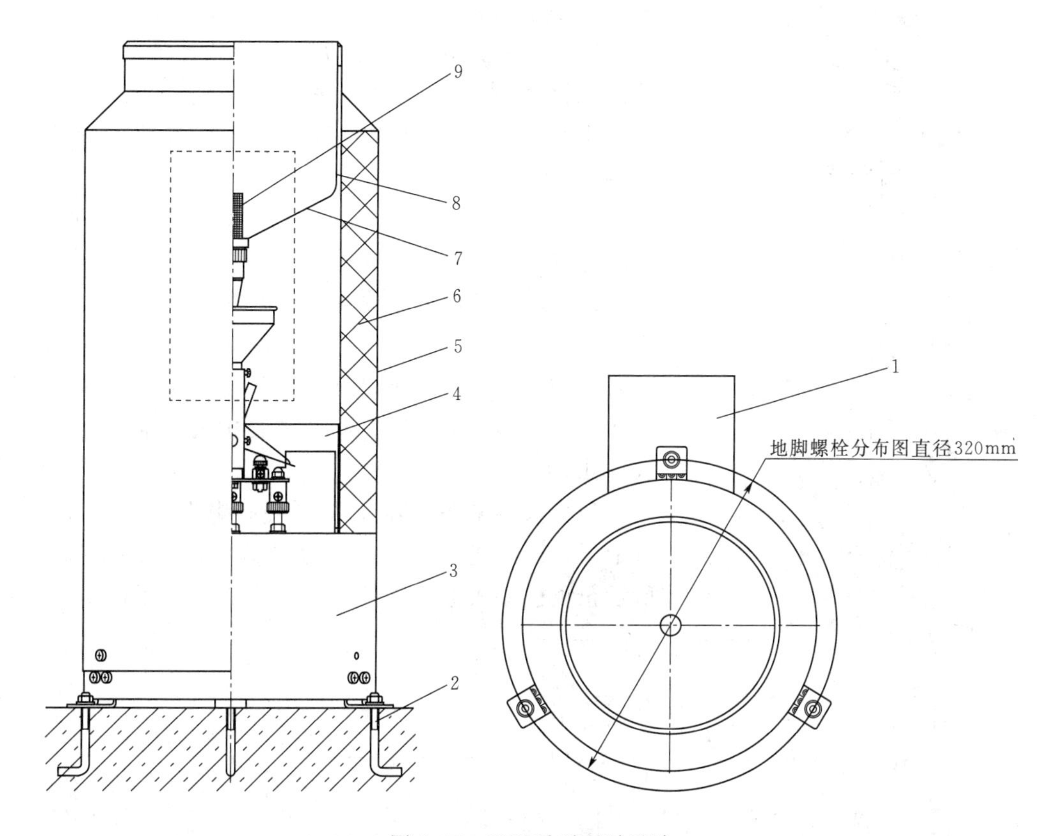

图 5.30 JEZ 系列雨雪量计

1—控制单元；2—M8 地脚螺栓；3—翻斗部件；4—加热膜 A；5—双层外筒；6—阻燃保温材料；7—加热膜 B；8—承雨器；9—防虫网

降雨（雪）由承水器汇集后流经翻斗部件，使翻斗产生翻转动作。翻斗每翻转一次，翻斗部件发出一个通断脉冲。据此就可以测得降雨（雪）量大小。

5.8.4 安装、使用及维护

1. 安装条件及安装技术要求

JEZ 系列雨雪量计的安装应符合有关降水量观测规范的要求。图 5.31 所示为控制盒外部端子图，其中电源插座最左边为正极，最右边为负极。

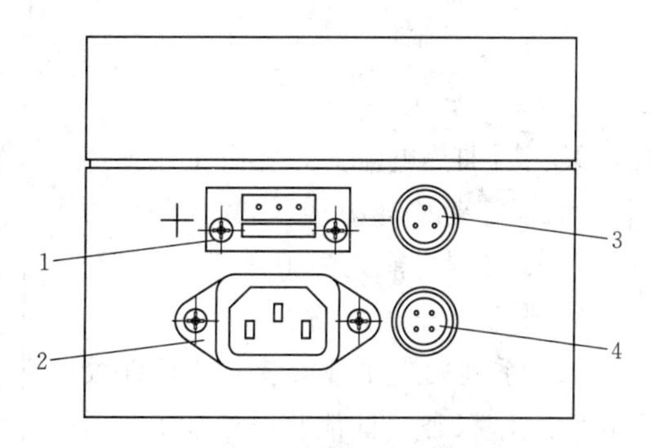

图 5.31 控制盒外部端子图

1—电源插座；2—加热膜插座；3—温度探头；4—雨雪感应器

雨雪感应器支架由上法兰、下法兰、立柱、支脚等部件组成，安装如图 5.32 所示。

接线方法有以下两种。

（1）蓄电池供电方式见图 5.33。

（2）交流转直流方式，如图 5.34 所示。

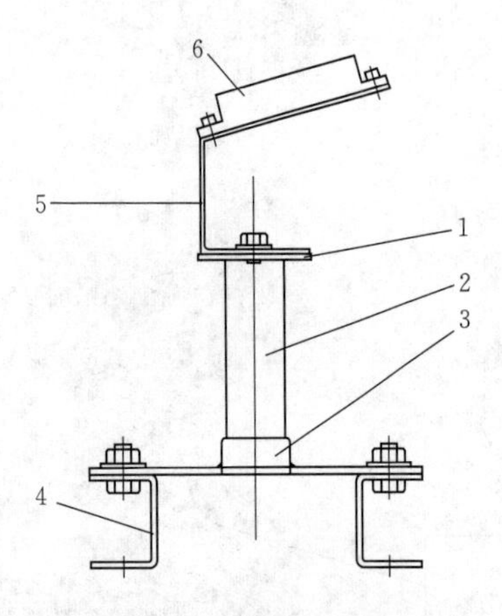

图5.32 雨雪感应器

1—上法兰；2—立柱；3—下法兰；4—支脚；5—雨雪感应器支架；6—雨雪感应器

2. 安装及其注意事项

与JDZ系列雨量传感器通用及共性的一些部分，可详见该系列产品使用说明书，在此不作赘述。以下着重叙述不同之处以及安装过程中需要注意的一些事项。

(1) 尽量避免高杆安装方式，以减小风力影响；无法避免时，应设置整张板材为安装平台。

(2) 地脚螺栓分布圆直径为ϕ320mm。

(3) 信号线接入时，应先拆下底座下部的防虫网（该防虫网安装于底脚上），然后将信号线缆穿过防水接头，再穿过底座上部的橡胶护套，最后重新装入防虫网。

(4) 仪器采用直流12V供电；电源线必须穿管埋入地下，以防遭到人为或其他方式的破坏；按图5.34所示正负极接入电源插件上，建议使用截面积4mm^{2}的电源线。因加热电流大，会产生线损电压，因此安装时电源线长度不宜超过2m；否则仪器可能无法正常工作。

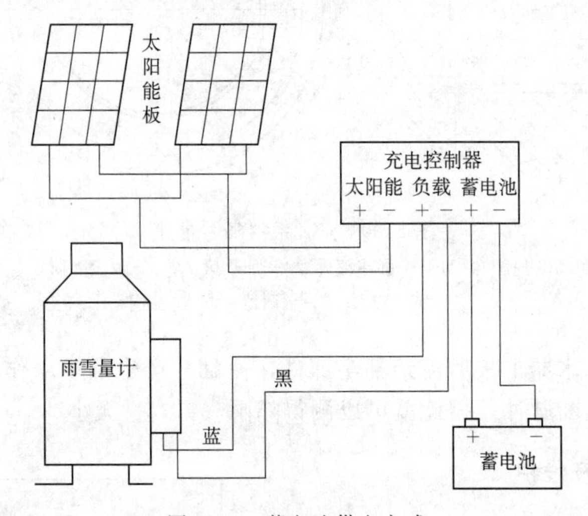

图5.33 蓄电池供电方式

3. 使用、操作及维护

JEZ系列雨雪量计安装完成后即处于正常工作状态。日常使用和维护过程中应注意以下几个方面。

(1) 工作环境温度较高时，可断开供电电源，产品将作为常规翻斗式雨量

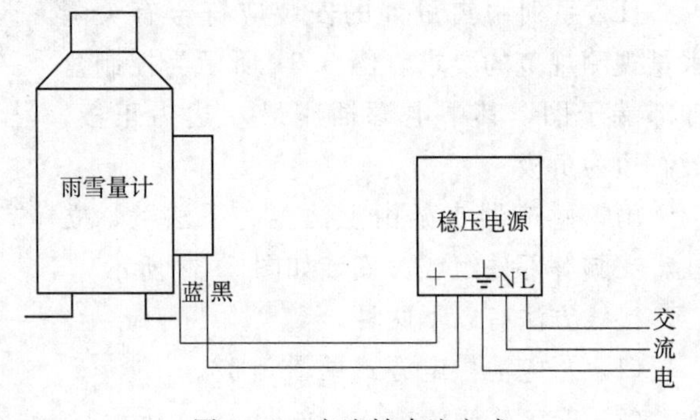

图5.34 交流转直流方式

传感器使用。断开电源仅从安全方面考虑；工作环境温度较高时，即使不断开电源，加热膜也不会工作。

（2）定期检查电源、信号线缆有无遭到破坏（尤其电源线，以防线路短路）。

（3）因产品结构的限制，JDZ 系列雨量传感器说明书中叙述的“自身排水法”将不再适用于对本产品翻斗计量误差进行自检。

产品的出厂检验依然采用“自身排水法”。

5.8.5　主附件

（1）JEZ 系列雨雪量计（主机，含控制单元）1 套。

（2）雨雪感应器 1 套。

（3）雨雪感应器支架 1 套。

（4）电源线 1 根。

（5）使用说明书（含本说明书及 JDZ 系列雨量传感器说明书）1 份。

（6）产品合格证 1 份。

选配：

（1）电源箱（内含 12V/29A 开关电源）1 台。

（2）100Ah 蓄电池 2 台。

（3）60W 太阳能板（含支架和充电控制器）2 套。

5.9　JDY 系列遥测雨量计

5.9.1　主要用途及适用范围

JDY 系列遥测雨量计用于观测自然界降雨量，将降雨量转换为开关信息量，并通过内置 RTU 完成数据采集、处理、存储和传输。雨量数据可通过 WiFi 无线网手机现场查看或通过 GPRS 中心站查看。

适用于气象台（站）、水文站、排灌、农林业等有关部门用以监测液态降水量。

5.9.2　结构特征与工作原理

1. 结构特征

JDY 系列遥测雨量计由 JDZ 系列翻斗式雨量计、RTU、太阳能板等组成（参见图 5.35）。

关于 JDZ 系列翻斗式雨量计，可详见该系列产品使用说明书。

RTU（数据采集终端）：置于仪器内部，采集雨量数据并完成雨量数据的存储、传输等功能。

太阳能板：与仪器主体分开安装，装于安装架上部，为仪器 RTU 正常工作提供所需电源。

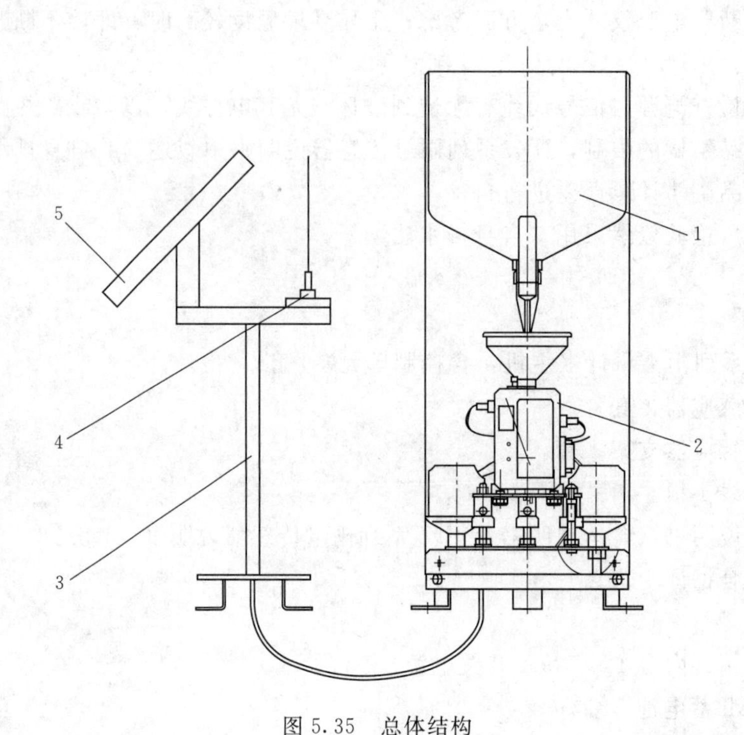

图 5.35 总体结构

1—JDZ 系列翻斗式雨量计；2—RTU；3—太阳能板安装架；4—天线；5—太阳能板

2. 工作原理

降雨由翻斗式雨量计上部的承雨器汇集后流入翻斗，使翻斗产生翻转动作。翻斗每翻转一次，翻斗部件将产生一个通断脉冲信号。RTU 接收脉冲信号并计算转化为雨量数据，通过 WiFi 或 GPRS 数据传输模块，传送给手机或数据中心计算机。

5.9.3 主要技术性能及参数

(1) 承雨器：内径 $\phi200^{+0.6}$mm，刃口角 40°～45°。

(2) 分辨力：0.2mm、0.5mm、1mm（依据 JDZ 系列翻斗式雨量计）。

(3) 测量范围：不小于 4mm/min。

(4) 测量误差 E：$|E|$ 不小于 4%。

(5) 电源：2 节 3.6V 并联锂电池。

(6) RTU 供电电压：3.6～4.5V。

(7) 功耗：<200μA（待机）。

(8) 通信协议：SZY206－2016。

(9) 通信方式：GPRS。

(10) 数据存储容量：1 年。

(11) 数据保存时间：10 年。

(12) 工作环境：温度－10～＋55℃，湿度不小于 95%RH。

(13) 储存环境：温度－40～＋60℃，湿度不小于 90%RH。

(14) 外形尺寸：ϕ210mm×540mm。

5.9.4　安装

1. 设备放置及调平

JDY-2 型遥测雨量计应牢固地安置在比较空旷和平坦的地方，其周围不应有影响降雨量观测的障碍物。承雨器口应保持水平。

2. SM 卡安装

拆下雨量筒，打开内置 RTU 盒上盖，将 SM 卡插入到卡槽中。

3. 太阳能板安装固定

将设备配置的太阳能板通过配套安装支架固定在基础上。

4. 外部接线

(1) 自备长度合适的红、黑两芯电源线，一端连接到 JDY-2 型遥测雨量计 RTU 输出端子上（"+"接红线、"GND"接黑线），另一端与太阳能板接线端连接（"+"接红线，"GND"接黑线）。

(2) 将"WiFi""天线""GPRS"分别与 RTU 对应天线接口连接（图 5.36），两天线置于仪器外部。

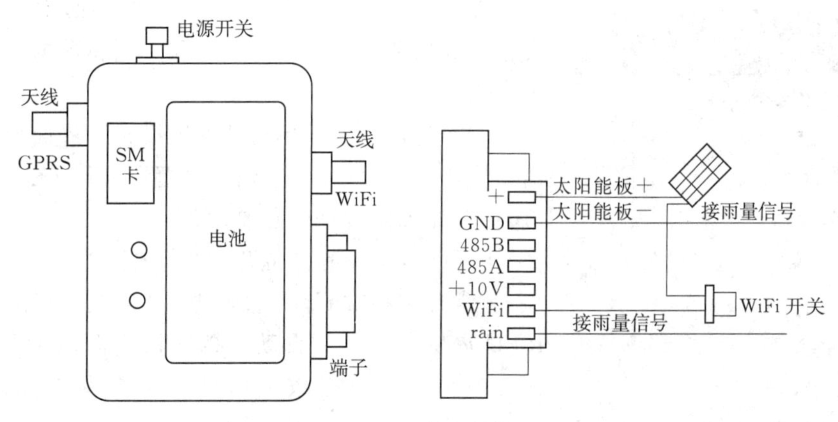

图 5.36　外部接线

(3) 打开 RTU 电源开关，在 RTU 模块上方有一红色按钮，按下即打开 RTU 电源开关，RTU 模块开始工作。

5.9.5　使用

本仪器 RTU 模块参数设置采用 WiFi 通信，手机 APP 设置方式。查看雨量数据可以通过以下两种方式，即手机 APP、计算机。

1. 使用前准备

(1) 安装手机 APP。将随机配套软件下载到计算机里，打开软件包，将 nsrtu1 APK 文件下载到工作手机并安装。

(2) 打开 WiFi 启动按钮。轻按仪器底盘下方的 WiFi 启动按钮（按钮位置在底盘下方的内侧，方位已用红漆标志在底盘外侧）。

（3）连接 WiFi 通信网络。

（4）打开配套 APP 程序。在手机中打开已安装程序，进入初始界面，在屏幕的左侧出现“实时状态”“参数设置”“数据导入”“版本信息”4 个选项。

2. 参数设置

在手机界面左侧拉出主界面“RTU 配置工具”，单击“参数设置”进入设置界面，位于界面上方有“时间”“通信”“传感器”“其他”4 个选项卡，可依据需要对其中进行设置。

（1）时间设置。单击“参数设置”界面上方的“时间”选项卡，进入时间设置界面（图 5.37），对“时间”相关参数进行必要设置。

日期时间：为当前的日历时间。断电后时间停滞，恢复供电后继续从断电时刻走时，校时可在人工恢复电源后在本机进行，也可以采用远程校时来完成时钟的校准。

（2）电压校准。在出厂前已经进行，如果在使用中发现测量值与实际供电电压不符，可自行校准。

（3）雨量置数。雨量的累计值，累计到 9999 后回 0。

图 5.37　“时间”设置界面

在图 5.37 所示的“时间”设置界面中，相关参数设置完成后单击“保存更改”和“刷新数据”按钮，相关参数保存并存储。

（4）通信设置。单击“参数设置”界面上方的“通信”选项卡，进入“通信”设置界面（图 5.38），对“通信”相关参数进行必要设置。

DTU 电源：有“常开”“常关”“自动”3 个可选项，“常开”指 DTU 一直通电，“常关”指通信不需要 RTU 提供电源，“自动”挡通信电源由 RTU 管理电源，只有需要自报数据时才开启，发报完成后自动关闭。

DTU 掉电延时：通信电源为“自动”时有效，在发完报后经过一个掉电延时时间，通信电源自动关闭。

DTU 预热时间：DTU 通电后到可以传输数据所需的时间。

在图 5.38 所示的“通信”设置界面中，相关参数设置完成，单击“保存更改”和“刷新数据”按钮，相关参数保存并存储。

（5）传感器设置。单击“参数设置”界面上方的“传感器”选项卡，进入“传感器”设置界面（图 5.39），对“传感器”相关参数进行必要设置。

雨量自报周期：雨量每次上报的时间间隔。

传感器分辨力：为翻斗式雨量计的实际分辨力。

图 5.38 “通信”设置界面

图 5.39 “传感器”设置界面

在图 5.39 所示的“传感器”设置界面中，相关参数设置完成，单击“保存更改”和“刷新数据”按钮，相关参数保存并存储。

3. 数据查看导出

所有参数设置完成后，查看雨量数据可以通过以下两种方式，即手机 APP、计算机。

(1) 手机操作。

手机实时查看：在手机界面左侧拉出主设置界面“RTU 配置工具”，单击“实时状态”进入设置实时状态查看界面（图5.40），可对当前的仪器状态查看。

设备电压：RTU内置电源当前供电电压。

传感器类型：RTU当前所管理监测的所有传感器种类。

传感器测值：RTU当前所管理监测的传感器所有水文数据测量值。本仪器为雨量的累计值。

单击“发送”按钮将当期监测数据发送到中心站。

数据导入手机（备用功能）：在手机界面左侧拉出主设置界面“RTU配置工具”。单击“数据导出”进入数据导出界面（图5.41），可对监测数据进行选择性导出到工作手机。

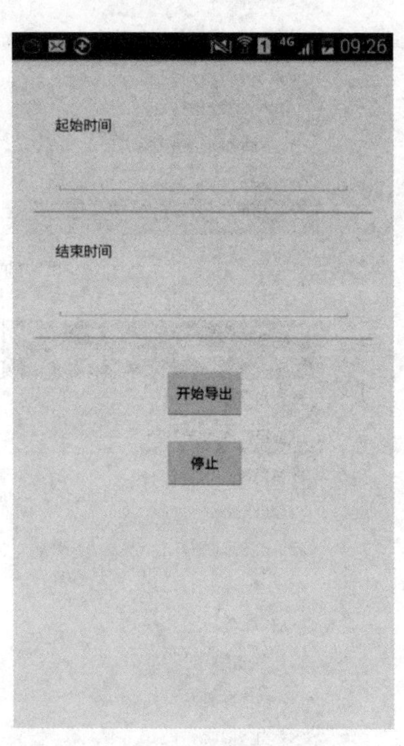

图5.40　“实时状态”查看界面　　　　图5.41　“数据导出”界面

在界面中可对需要导出数据的起始时间和结束时间进行设置，单击“开始导出”按钮将相应数据导入到手机。

（2）计算机操作。

下载查看雨量数据：将随机配套软件下载到计算机里，打开软件包，双击“YDZ100数据下载工具”软件包中的YDZ100.exe文件，出现图5.42所示界面。

连接无线通信网络：

数据下载：在“计算机数据下载界面”左上角“连接”选项组中选中“WiFi”单选钮，在“协议”选项组中选中“水资源”单选钮，在“操作”选项组中依据需要选中“全部下载”单选钮或“指定时间”单选钮后，单击“下载雨量”按钮，此时下载数据。数据下载好后，在软件安装目录中出现“YDZ100数据下载包”，打开下载包可查看雨量数据。

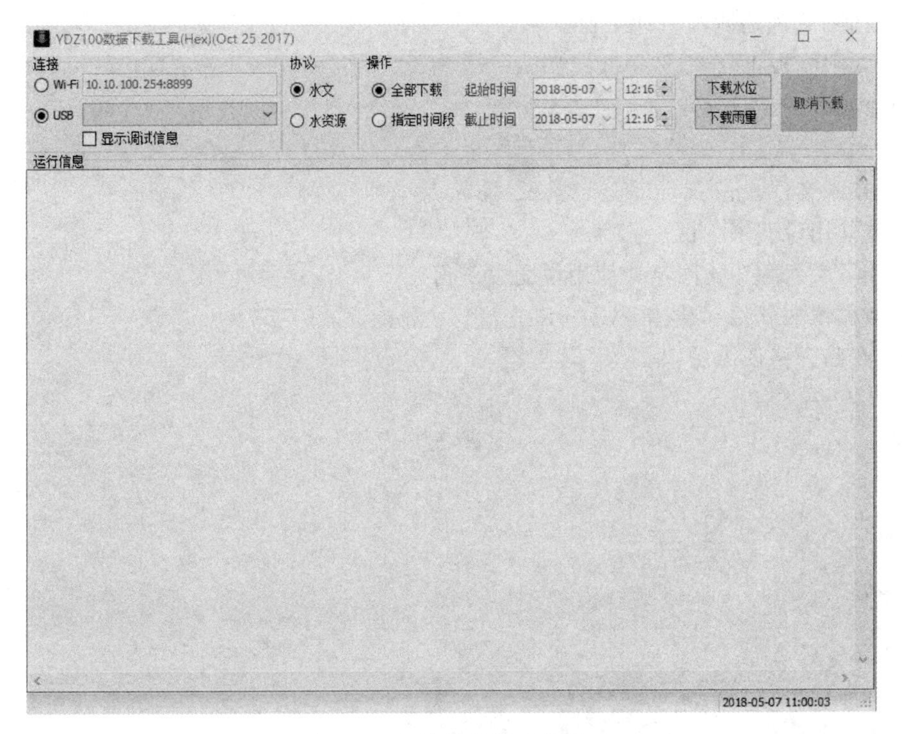

图 5.42 计算机数据下载界面

5.9.6 维护

JDZ 系列翻斗式雨量计的维护，可参见该系列产品的使用说明书。

汛期前，应检查各项功能是否正常。若非特殊情况，不要拆卸 RTU 线路板、仪器内部接线等，以免造成不必要的损失。

5.9.7 故障分析与排除

故障分析与排除见表 5.6。

表 5.6 故障分析与排除

序号	故障现象	原因分析	排除方法
1	降雨过程中雨量值不变化	接 RTU 雨量信号线松脱	重新接雨量信号线
2	找不到设备无线网络	电压小于 3V	及时充电
3	中心站接收不到现场雨量数据	信号发送失败	(1) SIM 卡欠费 (2) 电池电压过低 (3) 送厂返修

5.9.8 产品配置清单

标准配置如下。

（1）JDY系列遥测雨量计1台。

（2）太阳能板1只。

（3）太阳能支架1套。

（4）天线2支。

（5）技术文件。

1）本使用说明书1份。

2）JDZ系列翻斗式雨量计使用说明书1份。

3）数据读取软件（载体：CD－R光盘）1份。

（6）产品合格证1份。

第6章　水文仪器的检定与校准

6.1　概　　述

计量是实现单位统一、保障量值准确可靠的活动，是国家乃至全球经济发展、社会进步、公平贸易、科技进步、国防建设、节能减排以及保护消费者权益的重要技术基础。

水文工作作为基础性社会公益事业，通过水文监测，掌握水的量和质以及其时空分布变化规律，并做出科学的分析和评价。水文监测数据是重要的国情基础信息和战略信息资源，是国民经济建设与社会发展中一切水事活动决策的依据，也是水文行业服务于社会、经济、环境、生态和国防等领域的主体信息。水文计量工作是实现水文监测要素测量单位统一、保证水文监测要素测量量值准确可靠的活动，它涉及整个水文测验领域，并按法律规定对水文测验起着指导、监督、保证的作用。

水文监测的基本要素有水位、流速、流量、泥沙、冰情、降水量、蒸发量、水温、水质、土壤含水量、地下水位等。水文监测仪器设备种类繁多、专业性强，根据其工作原理和使用方式的不同，可按以下分类。

（1）按水文监测要素可分为水位、流速、流量、泥沙、冰情、降水量、蒸发量、水温、水质、土壤含水量、地下水位等仪器设备。

（2）按监测方式可分为人工观读、自记记录和遥测仪器设备。

（3）按在水文监测中所发挥的作用可分为主要仪器设备和辅助、配套设备或设施等。

由于水质监测主要仪器均属于分析仪器类，水准及地形测量、测距定位等仪器属测绘仪器，国家另有标准和规定。因此，本规划水文计量仪器分类和系列中不包括水质监测仪器和测绘仪器。

6.2　水文计量工作的特点

水文计量是关于水文测量的科学，是实现水文监测要素单位统一、量值可靠的活动，即是指通过水文站网实现江河、湖泊、渠道以及水库的水位、流速、流量、降水、蒸发、含沙量、冰情、墒情等要素单位统一、量值准确、可靠的活动。它属于测量，源于测量，而又严于一般测量，它涉及整个水文测量领域，并按法律规定，对测量起着指导、监督、保证的作用。

（1）水文计量具有基础性、应用性和公益性特点。水文计量根据其作用与地位，可分为科学计量、工程计量和法制计量3类，分别代表水文计量的基础性、应用性和公益性3个方面。

科学计量是指基础性、探索性、先行性的水文计量科学研究，为水文科学乃至水科学发展提供可靠的测量基础。

工程计量是实用计量，又称工业计量。例如，为降低工业生产耗水量的监控性水文计量，它已成为工业节水生产过程控制不可缺少的环节。

法制计量是指由政府或授权机构根据法制、技术和行政的需要进行强制管理的一种社会公益性事业，其目的主要是保证与贸易结算、安全防护、医疗卫生、环境监测、资源控制、社会管理等有关测量工作的公正性和可靠性。水文计量属于国家的基础事业。它不仅为科学技术、国民经济和国防建设的发展提供科学依据，而且还为各级政府防汛抗旱指挥和水资源管理提供决策支持。

（2）水文计量是实现水文数据一致性、准确性、溯源性及法制性的基本工作。

1）一致性是指在统一计量单位的基础上，无论在何时何地采用何种方法，使用何种水文计量器具，以及由何人进行水文测量，只要符合有关水文计量的要求，其测量结果应在给定的区间内一致。也就是说，测量结果应是可比较的。一致性是计量最本质的特性。它集中反映在计量单位的统一和量值的统一，并且具有国际性。

2）准确性是指水文监测参数（要素）测量结果与被测量真值的一致程度。所谓量值的准确性，是在一定的测量不确定度或误差极限或允许误差范围内，测量结果的准确性。准确性是计量的核心，也是计量权威性的象征。

3）溯源性是指任何一个水文测量结果或测量标准的值，都能通过一条具有规定不确定度的不间断的比较链，与测量基准联系起来的特性。这种特性使所有的同种量值，都可以按这条比较链通过校准向测量的源头追溯，也就是溯源到同一个测量基准（包括国家基准或国际基准），从而使其准确性和一致性得到技术保证。

4）法制性是指计量的法律行为，是水文计量必需的法制保障方面的特性。水文测量量值的准确可靠不仅依赖于科学技术手段，还要有相应的法律、法规和行政管理的保障。

（3）水文计量涉及学科领域范围广。按技术领域分类，计量技术领域分为十大类，而水文计量或多或少都有所涉及。水文计量涉及具体技术领域为几何量计量、温度计量、力学计量、电磁学计量、光学计量、声学计量、电子学计量、时间频率计量、电离辐射计量和化学计量等。

6.3　水文计量工作的任务

随着经济社会的发展，国家在防汛抗旱、最严格的水资源管理、应对突发事件及跨界河流的水资源调配中，对水文监测数据的准确性及法制性提出了更高的要求，为了适应 21 世纪国家治水新思路，推动水文现代化建设，适应水利经济市场迅猛发展的需要和解决日益突出的“水计量”矛盾，同时为解决和平衡跨界河流用水矛盾，就需要对相应的水文监测仪器按照法定程序开展计量检定工作。

要实现水文要素单位统一、量值准确、可靠，需要建设一个科学、完整的水文计量体系，为此水文计量需要开展以下工作。

1. 建立健全水文计量工作体系

(1) 管理体系。逐步建立国家水文计量站和区域水文计量站，明确相应的机构设置、人员配置以及职能职责和经费投入。

(2) 技术法规体系。建立健全国家水文计量管理规章制度，配合国家计量行政主管部门制定水文计量器具检定系统表及水文计量技术规范。

(3) 量值溯源体系。建立水文计量器具的检定标准装置，编制相应计量检定规程。

2. 开展水文计量关键技术研究

针对不断出现的新型水文监测仪器以及对现场检定、在线监测仪器的检定技术研究，并制定相应的计量检定规程。

3. 建立全国水文计量管理与专业人才队伍

建立水文计量管理人员和专业人才队伍，编制和落实培训方案。通过学习、培训、考核等多种渠道，提升人员素质，逐步做到人员持证上岗。

6.4 水文计量工作现状分析

1. 水文测站

截至2010年年底，全国水利（水文）部门现有各类水文测站（以监测项目计）55705处，其中流量监测站3847处，水位监测站5083处，降水量监测站20264处，蒸发量监测站1358处，泥沙监测站1990处，冰情监测站1062处，水温监测站1341处，土壤含水量监测站1167处，地下水监测站12999处（不包括统测站），水质站6594处，水质监测实验室727个，水文实验站57处，以及辅助气象项目508处。水文监测项目有水位、流速、流量、泥沙、冰情、降水量、蒸发量、水温、水质、土壤含水量、地下水位以及辅助气象项目等。每年收集的水文水资源数据达6亿多条。承担水情报汛任务的水文测站现有12786处，向中央报汛站3200处，发布水文预报站1146处，并制定了相应的监测规范。

根据《全国中小河流的水文监测系统建设规划》，到2015年，我国将新建水文监测站3526处，水位监测站3391处，降水量监测站26217处，届时我国流量监测站将达到7373处，水位监测站将达到8474处，降水量监测站将达到46481处。

此外，根据防汛抗旱和水资源管理工作以及经济社会发展的需要，水文监测站点还会有相应的增加。由此可见，我国水文计量工作任务艰巨。

2. 水文仪器

随着水文建设投入力度的加大，水文现代化建设稳步推进，水文监测仪器设备得到推广应用，提高了水文监测的能力、精度和时效性。据统计和测算，截至2010年年底，全国水文部门有流速仪17673台，多普勒剖面流速仪（ADCP）484台，超声波测深仪509台，水位计5083台套，雨量计25264台。

根据《全国中小河流的水文监测系统建设规划》，到2015年，全国水文部门将有流速仪33179台，多普勒剖面流速仪（ADCP）4010台，超声波测深仪4035台，水位计8474台套，雨量计51481台。2001—2010年流速仪发展变化情况见图6.1和图6.2。

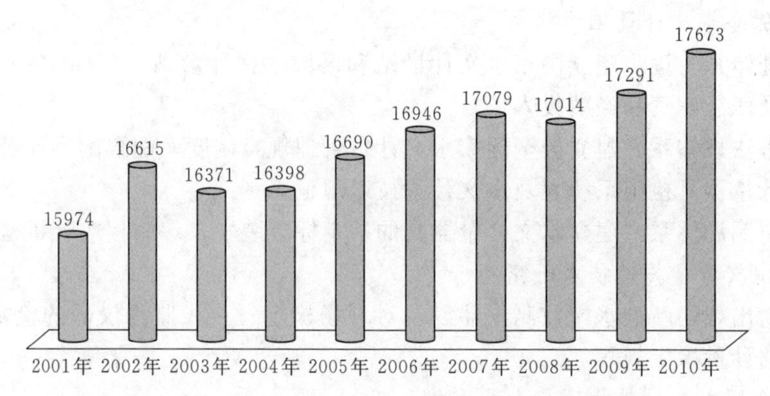

图 6.1　2001—2010 年全国流速仪发展变化情况

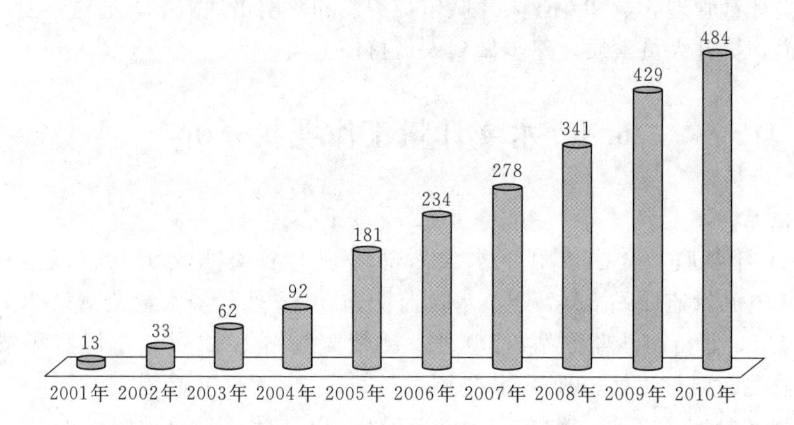

图 6.2　2001—2010 年全国多普勒剖面流速仪发展变化情况

3. 水文仪检机构

水文计量机构已具有水利部水文仪器质检中心和长委、黄委、河北、陕西、山东、江苏、湖南、云南、广西、新疆、四川、辽宁等 12 个流域机构及省（自治区、直辖市）水文仪器检测中心的布局，建立水文计量管理体系已具备一定的基础。其中水利部水文仪器质检中心和辽宁、河北、山东、湖南、新疆 5 个水文仪器检测中心获得了国家计量认证（CMA）。山东省仪检中心转子式流速仪检定装置已获得山东省质量技术监督局计量授权、四川省水文水资源勘测局已建立了水位计（尺）检定装置，并获得了四川省质量技术监督局授权，具体名称为“四川省量水设施设备计量检测中心”。

目前水利系统已颁布实施的计量检定规程有浮子式水位计、转子式流速仪、超声波测深仪、明渠堰槽流量计等。

水文计量工作存在的问题如下。

（1）水文计量体系不健全。水文计量虽然起步较早，但受国家水利行业原有水资源管理模式的影响，长期处于粗放型管理、水文监测数据也较少向社会发布，对水文监测数据的一致性、准确性、溯源性及法制性未受到过公众的质疑，因此，水文计量工作一直未能受到真正的重视。当前，就整个水文计量体系而言，仅在水质计量上具备一套完善的计量管理体系，而其他水文监测要素中仅有流速、流量等有限的要素开展过一些计量管理工作，绝大部分涉及水文计量管理工作的事务，都依靠地方相关职能部门进行自行管理，具有较大的随意性和不确定性。因此，亟待建立具有水文行业特点的全国水文计量管理体系。

水文计量政策法规建设滞后于现代化水利建设及社会主义市场经济的发展。现行水利计量政策法规中有些规定及相应实施的水文计量管理制度已不适应“实行最严格水资源管理制度”的需要，一些水利计量政策法规亟须制定和修订。

对水文计量器具管理未能确立有效的监督机制，水文计量器具种类多，监管不能全部到位。必须尽快完善规章制度（如制定水文计量器具的管理目录等），加强许可证和定型鉴定的后续监管工作，还应针对引进国外的水文计量器具制订相应的管理制度。

对目前存在的制造、销售未经审查认证的水文计量器具没有相关政策和制度进行有效管理，起不到明显的遏制效果。因此需要尽快出台针对水文计量工作的专项管理规章制度，使得开展水文计量工作有法可依、有章可循。

水文计量工作基础比较薄弱。目前除水利部水文仪器质检中心外，全国 7 个流域机构、31 个省（自治区、直辖市）及新疆生产建设兵团，仅有 10 个省（自治区）具有水文仪器质检机构。而现有的水文仪器质检机构还普遍缺乏检定场地、设备和设施，致使可提供检定服务的仪器和设备种类单一，因此现有的水文计量基础建设规模远不能适应现代水文计量工作的需要。

（2）建设及运行维护资金投入严重缺乏。国家对水文计量工作的建设及运行维护经费投入额度严重缺乏。作为社会公益性事业，显性的经济收益不明显，难以得到各级水文计量主管部门足够的重视，同时水文计量工作欠缺相应经费投入渠道，导致水文计量工作经费投入严重不足。

（3）水文计量专业人才缺乏。开展水文计量工作，需要大批高素质的水文计量工作人才。原有从业人员主要从事水文仪器检测工作，与水文仪器计量检定、校准工作尚有一定差距。

6.5 水文计量规划工作的必要性和迫切性

当前国家在防汛抗旱、应对突发事件及跨界河流的水资源调配中，对水文监测数据的准确性及法制性提出了更高的要求，这就需要相应的监测仪器通过国家计量检定。

1. 水文计量是实现最严格水资源管理制度的基础

水资源与能源、人口、生态环境等已成为世界各国普遍关注的重大问题。面临严峻的水资源形势，中共中央、国务院发出 2011 年 1 号文件《关于加快水利改革发展的决定》中关于实行最严格的水资源管理制度，确立水资源开发利用控制、用水效率控制、水功能区限制纳污 3 条红线，需要水文计量提供支撑。

在 2009 年年初召开的全国水利工作会议上，回良玉副总理郑重提出实行最严格的水资源管理制度。在 2009 年全国水资源工作会议上，水利部长陈雷又作了“实行最严格的水资源管理制度，保障经济社会可持续发展”的重要讲话。水文监测数据作为确定区域年度用水控制指标的主要依据，水文计量工作是保证水文监测成果质量的重要保障，是水资源严格管理的技术支撑。

2. 水文计量工作是落实科学发展观和水利部新时期治水思路的保障

水文数据是各类涉水工作的基础。由于水文测验项目多、区域差异大、水文仪器种类多，因而水文数据的准确与否决定涉水事务的成效。“实行最严格的水资源管理制度”最终还是依据准确的水文监测信息，因此，水文监测数据的准确性、一致性只有通过加强水文计量工作才能实现。只有加强水文计量工作，才能更好地支持经济社会和水利科学的发展。

3. 水文计量工作是水文行业科学发展的必要条件

水文计量工作是水文工作的重要组成部分，是提高行业管理能力必不可少的重要方面，也是维系水文行业科学发展的重要阵地。由于水文计量检定装置的建设投资大、收益低，所以社会上还没有机构从事水文计量仪器的检定工作。《中华人民共和国计量法》第七条规定：“国务院有关主管部门和省、自治区、直辖市人民政府有关主管部门，根据本部门的特殊需要，可以建立本部门使用的计量标准器具，其各项最高计量标准器具经同级人民政府计量行政部门主持考核合格后使用。”因此，水文部门应建立本部门的各项最高计量标准，开展水文计量器具的计量检定工作，以满足国家水资源管理及水文行业科学发展的需要。

4. 水文计量是践行法律法规和依法行政的需要

国务院于2007年4月25日颁布了《中华人民共和国水文条例》，并于2007年6月1日实施。《中华人民共和国水文条例》明确规定：“水文监测所使用的专用技术装备应当符合国务院水行政主管部门规定的技术要求”“水文监测所使用的计量器具应当依法经检定合格。水文监测所使用的计量器具的检定规程，由国务院水行政主管部门制定，报国务院计量行政主管部门备案”，水利部关于水文局“三定方案”的批复中也明确了由部水文局组织实施水文监测计量器具检定工作。因此，加强水文计量工作是国家法律、法规赋予水文行业的神圣职责。然而《中华人民共和国水文条例》颁布已有4年，水文计量工作仍然有诸多问题需要解决，因此，为全面贯彻执行《中华人民共和国水文条例》，迫切需要规划建设全国水文计量体系，加强水文计量工作。

水文计量管理是为了保证水文仪器测量的准确一致，所采用的科学的、技术的以及法制的措施，是由指定的机构根据国家法规提供计量保证的工作体系，通过水文计量器具的控制、计量监督和计量评审予以实施。水文计量器具的控制包括型式批准、检定、检验中的一项、两项或三项。

6.6　水文计量管理体系

6.6.1　管理体系基本架构

水利部水文局是负责全国水文行业管理的最高职能部门，负责全国水文计量行业管理工作。各流域机构水文局和省级水文机构负责相应各级水文计量行业管理工作。

水利部水文局下设“国家水文计量中心”，统一组织、实施和监督全国的水文计量工作，负责各级水文计量站的规划和统筹建设，负责水文计量检定规程的规划和组织编制，制定或修订水文计量管理规章和技术规范，指导地方开展水文计量工作和对水文计量进行规范化管理等。

部分流域、省的水文机构和水利系统相关单位利用现有基础设施和人力资源，并按照国家质监总局的相关规定，建立国家水文专业计量站。

以水利部水文仪器质检中心为基础，建立一级国家水文专业计量站，负责全国水文仪器计量检定、标准工作的实施部门，由国家水文标准计量中心管理，并向国家质检总局申请授权为国家级法定计量检定机构，依法承担全国水文计量参数量值的传递业务。

以全国现有水文仪器检测中心为基础，建立 13 个二级国家水文专业计量站。二级国家水文专业计量站向国家质检总局申请获得计量授权，其量值溯源至一级国家水文专业计量站或省（国家）级或计量机构，形成较完备的覆盖全国的水文计量管理体系。全国水文计量管理体系框架如图 6.3 所示。

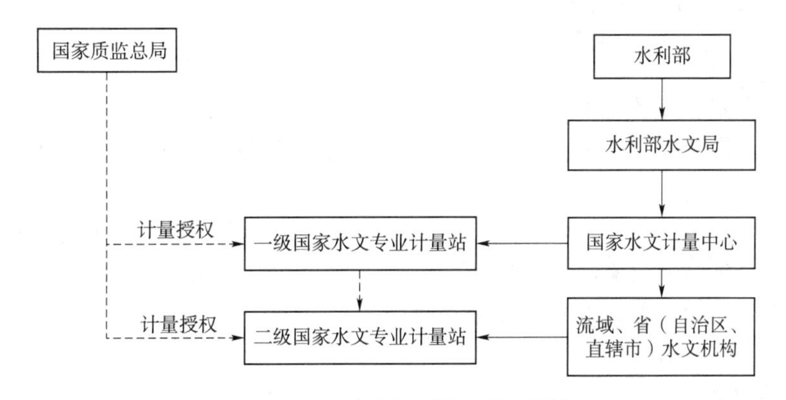

图 6.3 全国水文计量管理体系框架

6.6.2 水文专业计量站职能

一级国家水文专业计量站具有较大的规模，体现我国水文计量技术的最高水平。它的主要职能为：依法履行国家水文专业计量站的管理职责和相关业务，建立和保持水文行业最高计量标准，并开展量值传递与溯源技术、方法研究，定期对全国水文计量业务工作进行抽查评估，并提供评估报告。

其基本任务：负责制定、修订水文仪器有关检定规程、检定系统表和操作规范；从事计量检定测试工作和计量法要求的实验室认证，水文计量产品型式评价；积极开展水文计量器具新产品检测设备的设计研制工作；组织全国水文参数计量比对，积极参加国际水文参数计量比对；建立和保持水文行业最高计量标准装置，开展水文量值传递和溯源，为保证全国水文行业量值的统一和准确可靠服务。

一级国家水文专业计量站配备先进和高准确度的水文计量标准装置和检定装置，工作环境良好。同时，可以为社会、企事业单位开展水文计量科研、水文计量测试和其他服务性工作。能够承担全国水文监测要素的量值传递和溯源业务，具有水位、流速、流量、泥沙、冰情、降水量、蒸发量、水温、水质、土壤含水量、地下水位等水文计量仪器和其他水文计量仪器检定能力，并具有整机试验能力和现场水文仪器检定或校准能力。具备较高的水文计量新方法、新检定装置的研究开发能力。

二级国家水文专业计量站按承担的水文计量检定任务和配备的水文计量检定装置，具有相当规模和较高水平，负责研究和建立相应的水文计量标准，开展水文计量仪器的检定、校准工作；参与起草技术规范；参与对水文计量仪器进行定型鉴定和样机试验工作；承担有关仲裁检定、水文产品计量检定抽查工作。

二级国家水文专业计量站配备较先进和较高准确度的水文计量检定装置，工作环境良好，具有水位、流速、流量、泥沙、冰情、降水量、蒸发量、水温、水质、土壤含水量、地下水位等水文计量仪器和其他水文计量仪器检定能力，并具有现场水文仪器检定或校准能力。可以利用自身条件为社会、企事业单位开展一定的水文计量科研、测试和其他服务性工作。

6.6.3　国家水文专业计量站布局

1. 布局原则

按照统筹规划、经济合理、就地就近、方便生产、利于管理的原则，结合我国水文管理和水文监测工作现状与发展趋势，在全国布设水文计量检定机构，即国家水文专业计量站。

一级国家水文专业计量站负责全国水文计量仪器计量检定，要体现我国水文计量技术的最高水平。二级国家水文专业计量站要根据水文监测的特点和方便工作，本着节约投资和不重复建设的原则，在现有水文仪器检测中心的省（自治区、直辖市）和流域水文机构建立。

2. 机构布局规划

（1）规划建立一个一级国家水文专业计量站，地址在江苏省南京市。

（2）规划建立13个二级国家水文专业计量站，即长委（武汉）、黄委（郑州）、河北（石家庄）、辽宁（沈阳）、江苏（南京）、山东（潍坊）、湖南（长沙）、广西（南宁）、重庆（重庆）、四川（成都）、云南（昆明）、陕西（西安）、新疆（乌鲁木齐）。

6.7　水文计量关键技术研究

我国水文行业的计量工作基础比较薄弱，与国家相关行业相比有较大差距，在水文专业部分计量参数的标准装置建设、检定规程编制、量传溯源体系等有多方面的关键技术需要研究与突破，同时随着水利科学技术迅猛发展，对作为技术创新基础的检测技术和计量保证能力产生巨大的需求，并要求作为基础支撑的水文计量科学研究应与水文监测仪器新技术产业的发展同步进行或应具有超前性。与当前水利现代化技术发展的要求相比，现有的水文计量标准和量传、溯源体系亟待建立和完善。因此，要不断加强全国水文计量关键技术的研究工作。主要研究内容有以下几个方面。

（1）对使用较广泛的声学、电磁流量计量器具进行计量关键技术研究，重点开展该类仪器的计量检定标准装置建设技术、检定方法的研究以及计量检定规程的编制等工作。

（2）对现有的重要水文监测参数中蒸发量、土壤含水量、泥沙等监测仪器的计量检定技术进行研究。重点解决主要监测仪器的量值溯源途径、不确定度分析、检定规程的编制、标准物质研制等方面的问题。

（3）对在线水文监测计量仪器的检测或校准方法进行研究。

（4）对便携式现场水文计量仪器检定或校准装置和检定、校准技术进行研究，开发出便携、准确的计量检定或校准装置。

（5）跟踪国内外应用的新型水文仪器，了解并掌握其工作原理，研究确定新型水文计量仪器的计量检定技术。

（6）随着科学技术发展和计量科学的不断进步，为满足水文科学发展的需要，以及水资源管理和应对突发水事件等需求，加强水文计量仪器及其计量检定方法的研究。

6.8 水文计量检定内容

6.8.1 水文计量工作器具

水文计量工作器具是指单独或连同辅助设备一起用以进行水文测量的器具。本规划所针对的水文计量工作器具主要用于江河、湖泊、水库、渠道等水文要素的测量，根据水文计量工作器具的基本特征，对水文监测要素及主要计量工作器具进行科学分析并分类，具体分类见表6.1。其基本特征表现为用于测量、能确定被测对象的量值、其本身是一种计量技术装置。

表6.1　水文监测要素及主要计量工作器具

序号	要素分类	主要计量工作器具	序号	要素分类	主要计量工作器具
1	水位/m	水尺	13	流速/(m/s)	转子式流速仪
2		悬锤式水尺	14		流速流向仪
3		电子水尺	15		声学多普勒点流速仪
4		水位测针	16		声学多普勒剖面流速仪（ADCP）
5		浮子式水位计	17		声学时差法流速仪
6		压力式水位计	18		电磁点流速仪
7		超声波水位计	19		电磁剖面流速仪
8		雷达水位计	20		电波流速仪
9		激光水位计	21	流量/(m^3/s)	声学时差法流量计
10	水深/m	测深杆	22		声学多普勒流量计（ADCP）
11		测深用悬索	23		流速仪流量计
12		超声波测深仪	24		明渠堰槽流量计

续表

序号	要素分类	主要计量工作器具	序号	要素分类	主要计量工作器具
25	降水/mm	雨量器	34	泥沙	自动悬移质测沙仪（单位：kg/m^3）
26		虹吸式雨量计	35		泥沙颗粒分析仪（单位：mm）
27		翻斗式雨量计	36	土壤含水量/kg	张力计式土壤水分测定仪
28		称重式雨量计	37		雷达土壤水分测定仪
29		浮子式雨量计	38		中子土壤水分测定仪
30		容栅式雨量计	39	冰情/cm	量冰尺
31		雨雪量计	40		量冰花尺
32	蒸发/mm	E601B 水面蒸发器	41		超声波冰厚仪
33		20cm 蒸发皿			

6.8.2　量值传递与溯源

1. 量值传递与溯源方式

量值传递是通过对计量器具的检定或校准，将国家基准所复现的计量单位的量值，通过各等级计量标准传递到工作计量器具，以保证被测对象量值的准确和一致。量值溯源的原则是全部测量设备必须是可溯源的。在量值溯源时，必须按照国家计量检定规程或有关规定的技术方法进行。

水文量值传递与溯源的方式：用行业计量标准进行逐级传递。即把受检计量器具送到具有高一等级计量标准的计量技术机构进行检定。这种量值传递方式比较费时、费钱，有时检定好的计量器具经过运输后，受到震动、撞击、潮湿或温度的影响，丧失了原有的准确度。而且它只对送检的计量器具进行检定，而对其使用时的操作方法、操作人员的技术水平、辅助设备及环境条件等均没有考核；对于该计量器具两次周期检定之间缺乏必要的技术考核，因此很难确保用该计量器具在日常测试中量值的可靠。尽管有这么多的缺点，但到目前为止，它还是量值传递的主要方式。

大型、笨重或安装在线的计量器具不便于送检，这时可研制便携、实用、可移动的现场计量标准，到现场对受检计量器具进行检定。

2. 水文计量量值传递与溯源体系

实现量值传递与溯源是水文计量工作保证质量准确、一致的主要任务之一，它为水文服务于国民经济、社会发展和人民生活等各个领域提供计量保证。水文计量器具量值溯源体系是通过对水文监测要素和主要计量工作器具的分类，建立不同监测参数的检定标准装置和相应的计量检定规程，确定计量器具的量值溯源路线。水文计量器具的量值传递与溯源框图如图 6.4 所示。

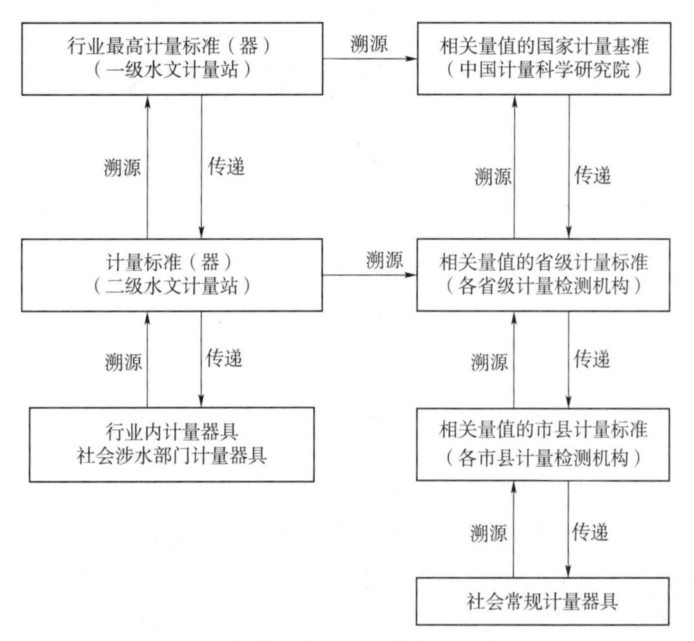

图 6.4 水文计量器具的量值传递与溯源框图

6.8.3 水文计量检定装置与基础设施

计量检定是为评定计量器具的计量性能，确定其是否合格所进行的全部工作。计量标准器具简称计量标准，是指准确度低于计量基准的，用于检定其他计量标准或工作计量器具的计量器具。水文计量标准由计量标准器具及主要配套设备组成。

计量标准管理的主要内容是计量标准的设备、考核及授权检定。计量标准的考核是对其用于开展计量检定、进行量值传递资格的计量认证。

水文行业的最高计量标准，是根据水文专业特点或生产上使用的特殊需要建立的，在部门内开展计量检定，作为统一本部门量值的依据，并由同级政府计量行政部门主持考核。

6.8.4 水文计量检定装置

水文行业的计量检定标准装置是根据水文监测要素进行分类建设，主要有水位计、流速仪、流量计、降水仪器、蒸发器、测沙仪器、墒情监测仪器等检定标准装置。水文计量检定标准装置由计量检定装置及其基础设施组成。

以雨量计检定装置为例，它主要由试验用水、电源、计量输液、流量控制器、自检自校、数据采集处理（含软件系统）、嵌入式综合控制等子系统组成，具有高精度、恒流量、宽范围等特点，可用于翻斗式、虹吸式、称重式等雨量计的计量检定工作。雨量计检定装置见图 6.5 所示。

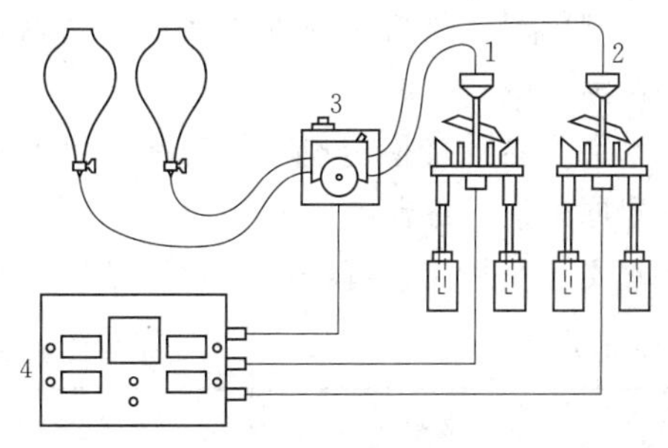

图 6.5 雨量计检定装置示意图

1—被检雨量计 1；2—被检雨量计 2；3—恒流泵；4—泵流量控制与雨量计计数系统

6.9　水文计量检定方法

水文计量法规制度的制定严格依据《中华人民共和国水法》《中华人民共和国计量法》《中华人民共和国水文条例》中关于水文计量工作的要求，结合水文行业特点，建立健全国家水文计量管理规章制度，配合国家计量行政管理部门制订水文行业相关计量参数的计量检定系统表，研究编制水文计量技术规范。行业主管部门规划开展以下工作。

(1) 制定《水文计量检定机构监督管理办法》。

(2) 制订各水文监测参数的计量检定系统表。

(3) 建立水量计量监督管理制度。

(4) 加强水文计量器具产品质量的监督。

(5) 制订须强制检定的水文计量器具目录，规范重点水文计量器具的监督管理。

(6) 加强制造、修理水文计量器具许可证的监管。

(7) 加强水文计量器具型式批准和监督管理工作，并制定相应的规章和计量技术规范。

(8) 加强进口水文计量器具型式批准和监督管理工作。

6.10　水文计量检定规程

依据《国家计量检定规程管理办法》，国家计量检定规程是指由国家质量监督检验检疫总局（以下简称国家质检总局）组织制定并批准颁布，在全国范围内施行，作为计量器具特性评定和法制管理的计量技术法规。

制定国家计量检定规程应当符合国家有关法律和法规的规定；适用范围必须明确，在其界定的范围内力求完整、准确；各项要求科学合理，并考虑操作的可行性及实施的经济性。积极采用国际法制计量组织发布的国际建议、国际文件及有关国际组织发布的国际标准；在采用中应当符合国家有关法规和政策，坚持积极采用、注重实效的方针。

编制国家计量检定规程的项目应当以国民经济和科学技术发展及计量法制监督管理的需要作为依据。

水文仪器计量检定规程主要针对目前常用的水文计量仪器，根据已有的研究基础及急用先建原则进行编制。

水文计量检定规程编制计划详见表 6.2。

表 6.2　水文计量检定规程编制计划

序　号	要数分类	检定规程/校准规范	近　期	中远期
1	水位	水尺	√	
2		悬锤式水尺	√	

续表

序号	要数分类	检定规程/校准规范	近期	中远期
3	水位	电子水尺	√	
4		水位测针	√	
5		浮子式水位计	√	
6		压力式水位计	√	
7		超声波水位计	√	
8		雷达水位计	√	
9		激光水位计	√	
10	水深	测深杆	√	
11		测深用悬索	√	
12		超声波测深仪	√	
13	流速	转子式流速仪	√	
14		流速流向仪	√	
15		声学多普勒点流速仪	√	
16		声学多普勒剖面流速仪	√	
17		声学时差法流速仪	√	
18		电磁点流速仪	√	
19		电磁剖面流速仪		√
20		电波流速仪	√	
21	流量	声学时差法流量计	√	
22		声学多普勒流量计	√	
23		流速仪流量计	√	
24		明渠堰槽流量计	√	
25	降水	雨量器	√	
26		虹吸式雨量计	√	
27		翻斗式雨量计	√	
28		称重式雨量计		√
29		浮子式雨量计		√
30		容栅式雨量计		√
31		雨雪量计		√
32	蒸发	E601B水面蒸发器		√
33		20cm蒸发皿		√

续表

序　号	要数分类	检定规程/校准规范	近　期	中 远 期
34	泥沙	自动悬移质测沙仪		√
35		泥沙颗粒分析仪		√
36	土壤含水量	张力计式土壤水分测定仪	√	
37		雷达土壤水分测定仪	√	
38		中子土壤水分测定仪		√
39	冰情	量冰尺		√
40		量冰花尺		√
41		超声波冰厚仪		√
42	合　计		28	13

第7章　雷达面雨量自动监测系统

7.1　概　　述

新时期我国水文事业迅猛发展，水利部提出了大水文、大服务的发展思路，在积极做好常规水文工作的基础上，水利部水文局制订了立体化、精细化、区域化水文监测体系的发展战略和目标。立体化水文监测体系是在现有水文监测手段上的能力扩展和提升，达到或实现基于航天（天基）、航空（空基）和地面（地基）实施空中（降水、蒸发）、地表、壤中、地下和近海的水文要素的全覆盖、无盲区、准确及时的常规监测和应急监测。

同时，由强降雨引发的中小河流及城市洪涝灾害、山洪泥石流滑坡地质灾害、突发性涉水事件等的社会影响和危害日趋加大，水资源保护与利用、经济社会正常运行的公路、铁路、民航、电力等的安全、水环境水生态的治理与保护等工作对水文降雨监测的精细化和流域或区域的覆盖率提出了更高要求。

长期以来，水文监测技术不断创新发展，特别是在新中国成立后中国水文经历了自力更生，到引进消化吸收，再到自主研发创新的不同时期，仪器装备和技术水平也在不断完善和提高。雷达技术在水文领域近年来已经广为应用，如利用雷达技术进行水位、水深、流速、流量等水文要素监测，大大提高了水文行业技术水平。当前，利用雨量雷达和数理模型进行综合性降雨监测是目前国际水文监测技术发展的重要趋势。

水利部有关司局综合了雷达技术在本行业和气象等领域的应用经验，以及国际上雨量监测技术的发展趋势，确定了以PRS-11系统作为重大装备的研发目标。由原水利部水文局、中国气象局、北京大学等单位专家组成的技术委员会指导下，组建了水利部南京水利水文自动化研究所、国营784厂、北京麦吉艾可科技公司及北京华创风云公司为主要力量的技术研发团队，成功研制PRS-11型高分辨区域面雨量自动监测系统（以下简称PRS-11系统），重点解决了目前离散雨量站网降雨量监测数据点面关系不能完全匹配，即单一地面雨量计对区域雨量场“测不到”的问题，以及单一天气雷达对实际降雨“测不准”的问题，可每5min输出空间分辨率为90m×90m的面雨量数据约50万个，以及雨滴粒径谱、下落速度谱和相应径向风场数据。该系统单机可实现36km半径（约4000km^2）的覆盖区域，可为中小流域突发性洪水、山地滑坡泥石流地质灾害、城市雨洪内涝以及流域生态治理与保护等的降雨监测提供定量、及时、连续区域面雨量数据等监测信息，为电力、交通、铁路、民航、农业、林业、国防军事等提供更高水平的技术支持和雨量监测服务。

PRS-11系统是完全自主研发的、具有完全自主知识产权的时空高分辨率且空间连续的实时雨量监测设备。该系统主要由X波段雨量雷达、激光雨滴谱仪、数据处理模型单元（DPU）、面雨量分析应用单元等四部分组成，系统结构如图7.1所示。

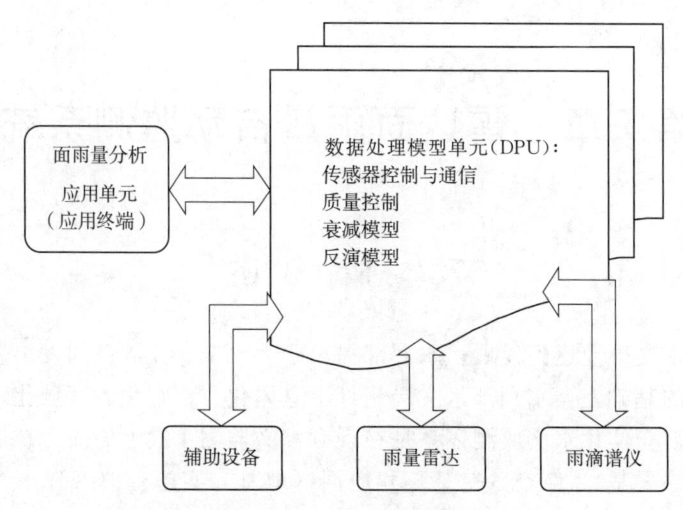

图7.1 PRS-11系统结构逻辑框图

7.2 国内外研究及应用现状

7.2.1 雨量雷达技术的发展与现状

自20世纪40年代以来，国外能用于测量降雨的雷达技术发展可分为3个阶段，即模拟信号雷达、数字雷达和多普勒雷达。1944年4月美国在巴拿马建成了第一部天气雷达，该雷达主要服务于大西洋的港口，此后，美国相继发展了WSR系列的模拟信号雷达和数字化雷达。20世纪80年代以来，美国开始研制多普勒天气雷达，并于1990年在俄克拉荷马州安装并投入科学试验，随后发展了双（多）基地的多普勒雷达网络。目前美国已布设多普勒天气雷达164部，欧洲已建成由150多部雷达组成的监测网。我国于20世纪60年代开始能用于测量降雨的雷达研制，雷达技术发展也经历了模拟信号、数字、多普勒雷达3个阶段，目前在全国已布设158部多普勒雷达。

然而，由于地球曲率等方面的影响，导致先前的每部雷达系统对地表以上1km范围内低对流层的观测覆盖仅为10%（图7.2），而很多危险天气和强降雨就发源于这个空间范围内。美国国家科学基金会为弥补164部多普勒雷达的监测缺陷，2003年9月建立了大气协同自适应遥感（CASA）系统（图7.3），由4部低成本、低功耗、短程（监测半径30km）、X波段双极化多普勒天气雷达组成监测网络，提供时间分辨率为60s、空间分辨率为1000m的高分辨率数据，以监测可能生成龙卷等的微型超级单体细微变化。

7.2.2 雨滴谱观测技术的发展与现状

20世纪40年代，Marshall和Palmer等为得到准确的降水滴谱进而精确地计算降水量，通过染色滤纸人工收集雨滴，得到了经典的降水估测算法。20世纪60年代，由Joss和Waidvogel设计、瑞典Disdromet公司生产的声雨滴谱仪，根据雨滴撞击传感器的垂直冲击力来测量雨滴的大小。20世纪80年代以来，随着电子科学技术的发展，人们利用新

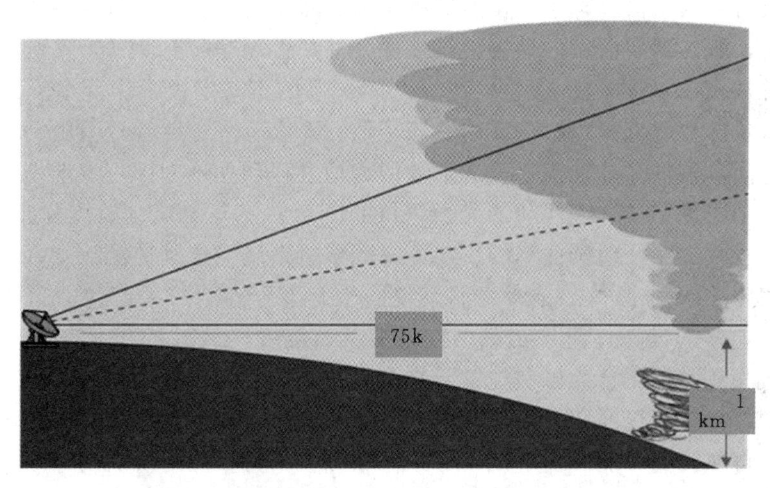

图 7.2 雷达最低探测高度随地球曲率的变化

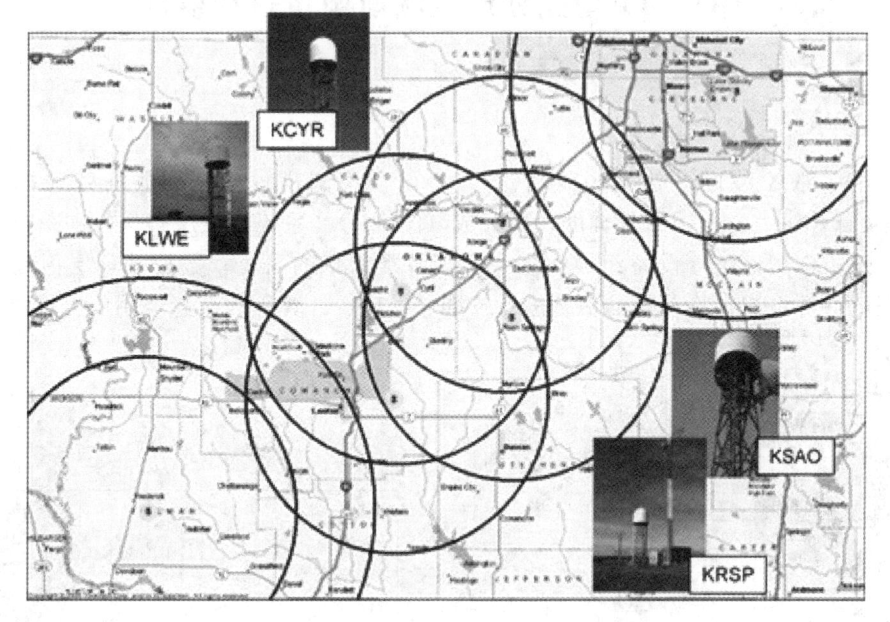

图 7.3 大气协同自适应遥感系统

型的光电、声电雨滴谱测量仪器进行雨滴谱的研究也相继展开。进入 21 世纪以来，国内开展了光电滴谱仪的研究。北京华创维想科技开发有限责任公司同德国 OTT 公司展开合作，并于 2007 年共同开发了滴谱仪（Parsivel）的新一代应用产品，其中增强型的 ParsivelEF 已于 2008 年投入交通、人工影响天气等方面的科学研究和业务应用。近年的比对试验表明，Parsivel 对降水监测的一致性优于目前常规雨量计。

7.2.3 面雨量监测技术的发展与现状

自数字化雷达诞生以来，国内外科学家开展了大量的面雨量估测研究。提出了直接用雷达反射率因子（Z）估算雨强（I）的经验算法，以及用雨量计校准的多种算法。然而，直接用雷达反射率因子估算降水受雷达监测距离、降水类型、雷达自身参数等方面难以克服问题的制约，所估测面雨量的准确性难以保证，甚至误差可达到100%以上。用雨量计校准的多种算法主要试图克服雷达参数、$Z-I$关系的不稳定以及强降水衰减等问题，虽然在某些降水条件下比直接用雷达反射率因子估算降水有一定改善，但由于雷达与雨量计监测的要素不同，雨量计校准雷达没有清晰的物理过程和理论基础，校准结果并不理想。

短程多普勒雨量雷达的应用和激光滴谱仪的诞生，使得面雨量的监测业务成为可能。一是雨量雷达能有效克服地球曲率的影响，每部雷达系统能连续监测到30km半径内、距地面1km高度内的降水源；二是激光滴谱仪同步监测雨滴谱的谱段和末速度，不仅从理论上解决了Z与I的计算，而且实践中已证明其监测的一致性优于目前的雨量计；三是雨量雷达与激光滴谱仪联合监测和校准具有清晰的物理过程和理论基础；四是低成本、低功耗、免维护、自动运行的雨量雷达和激光滴谱仪能联合监测系统投资小、运行维护工作量及成本低、可靠性高，能广泛应用于中小流域和技术力量相对薄弱的基层。

7.3　PRS-11型高分辨区域面雨量自动监测系统

7.3.1　总体结构

系统由一部X波段多普勒雨量雷达、3～4台雨滴谱仪、一个数据处理模型单元(DPU)及计算机、通信网络等辅助设备组成（图7.4）。系统为三层架构，即信息采集层由雨量雷达、雨滴谱仪等设备组成，主要实现各类信息的采集；数据处理层由处理计算机、处理软件等组成，将采集的信息进行校准、处理、计算等；信息应用层由接收硬件设

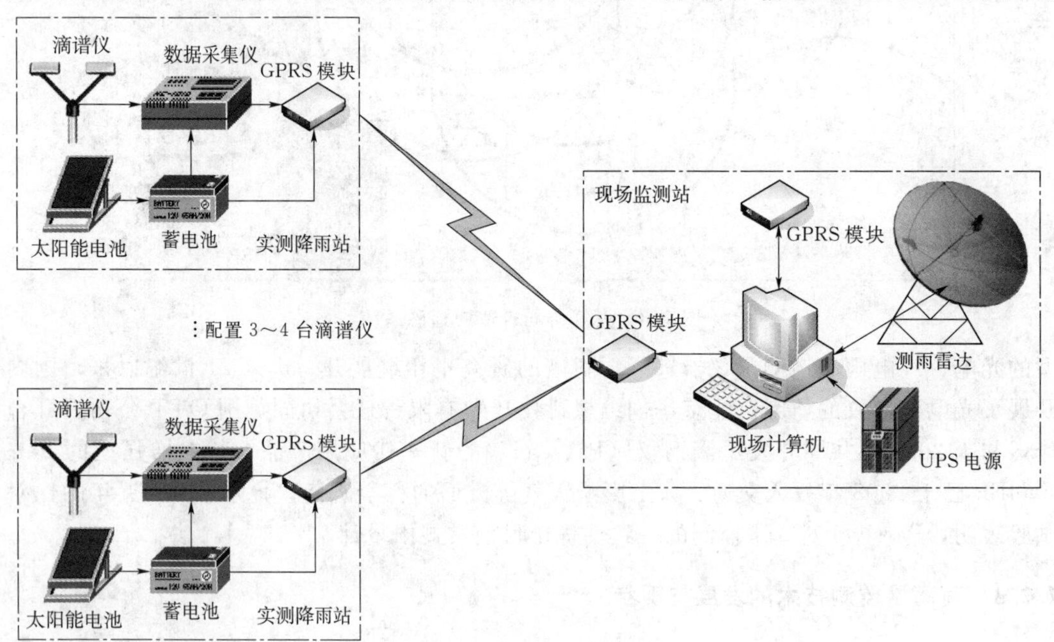

图7.4　系统总体结构

备及相应软件组成，实现远程信息接收、处理、存储、应用等功能。

系统的目标产品为具有自主知识产权的一体化产品（图 7.5）。其中 DPU 为产品的核心，包含传感器控制与通信、数据质量控制与转换、阈值与滤波窗算法、衰减模型、反演模型、数据库、应用产品及外部接口等。雨量雷达、雨滴谱仪为主要信息采集传感器，提供时空上的初始场信息。辅助设备主要包括供电、防雷等，为系统运行提供保障。应用终端根据不同用户的需求选配，系统能为多个应用终端提供接口支持。

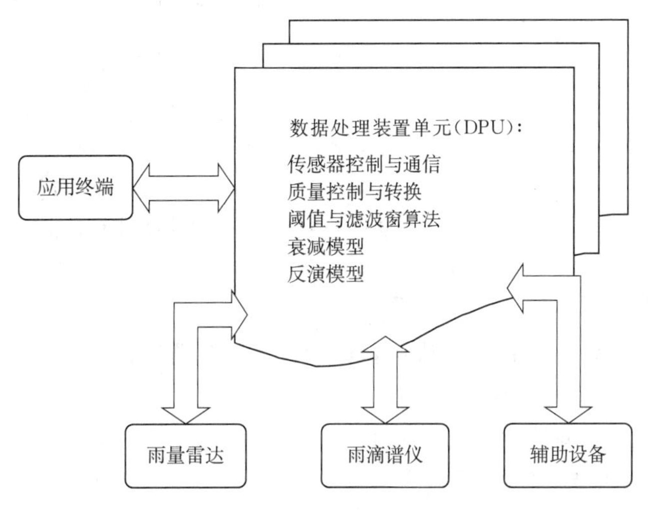

图 7.5　目标产品结构逻辑框图

7.3.2　系统功能

PRS－11 系统每 5min 提供一组 36km 半径（覆盖面积约 4000km^2）的累积降雨量和小时雨强；其空间分辨率达 90m×90m，每组降雨量格点数据为 640000 个。每 5min 传送步长为 10s 的雨滴粒径谱、速度谱以及雨量积分信息。每 5 分钟更新过去 1h、3h、6h 累计面雨量以及相应的等值线、柱状图、饼状图、曲线图等应用产品。实时提供过程累计雨量，定时生成水文报表文件等。PRS－11 系统基本功能结构如图 7.6 所示。

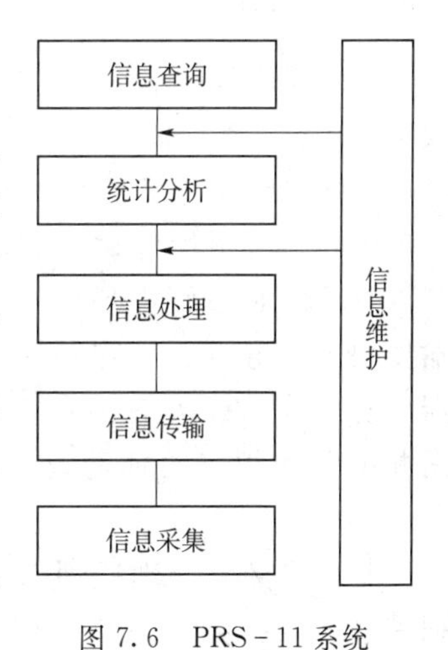

图 7.6　PRS－11 系统基本功能结构

（1）信息采集功能。通过雨量雷达采集降雨和径向风场信息，通过雨滴谱仪采集降雨信息。

（2）信息传输功能。包括将采集到的与降雨有关的信息传送到 DPU 处理机、将数据和产品存入数据库系统、DPU 与各类用户之间信息传输等。

（3）信息处理功能。对雨量雷达、雨滴谱仪和其他相关数据进行质量控制、衰减和反演运算、统计分析，并生成各类用户产品等。

（4）统计分析功能。主要统计分析内容包括降雨趋势、降雨强度、降雨时间、降雨过程等。

（5）信息查询功能。可查询实时监控信息、降雨分布信息、降雨过程信息等，并以图表方式显示或输出各类信息；能按选定的时间查询各类历史信息和状态信息等。

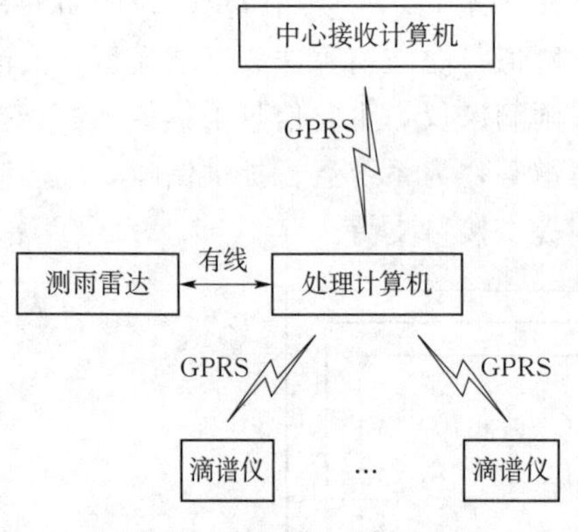

图7.7　系统信息流程框图

（6）信息维护功能。系统提供各类维护界面，可对各种信息定期进行维护。

7.3.3　系统信息流程

雨量雷达输出的数据通过有线方式进入计算机，滴谱仪测量的降水信息通过GPRS自动传输到计算机，计算机自动启动算法模型计算区域面降雨，且每5min将相应的面雨量数据和其他状态信息进行处理、入库和应用（图7.7）。

7.3.4　系统硬软件环境

（1）硬件环境。采用Windows服务器作为各类服务器平台，Intel微机作为应用系统的开发运行平台。

（2）软件环境。操作系统采用Windows/2003/XP/7中文版，数据库选择Oracle或SQL Server，GIS平台选用ArcGIS。

7.3.5　系统集成

系统集成包括雨量雷达、雨滴谱仪、算法与模型的总成和总成后的系统集成。系统总成实现雨量雷达、滴谱仪、算法与模式软件的逻辑及物理连接。总成后的系统集成重点通过中心站的建设，将监测数据进行存储、处理和显示。

中心站包括硬件设备和应用软件两部分内容。中心站硬件环境主要包括无线传输模块、服务器、工作站、交换机、路由器、防火墙、打印机、网络存储系统、不间断电源和相应的辅助设备等，如图7.8所示。

其数据接收处理应用软件主要包括数据接收、数据处理、数据查询、数据应用等模块，如图7.9所示。

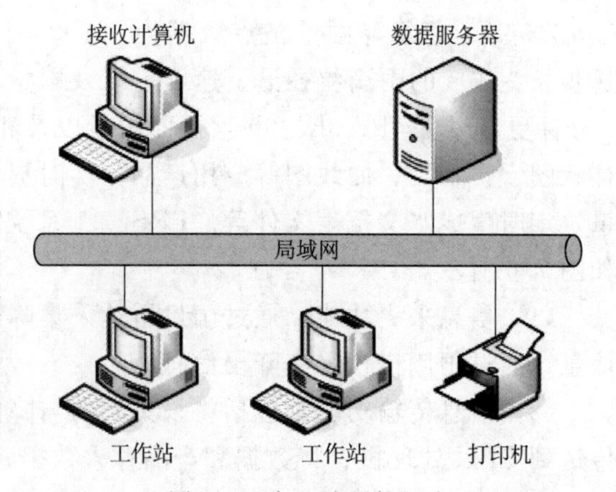

图7.8　中心站硬件组成

7.3.6　关键技术

1．高可靠性、窄脉冲磁控发射机技术

雷达发射机为自激振荡式发射机。其调制器采用全固态刚性调制器，调制器电源采用开关电源。通过严格的电路设计使之能够提供两种高频稳定脉冲，其最窄脉冲宽度达到0.2ms。

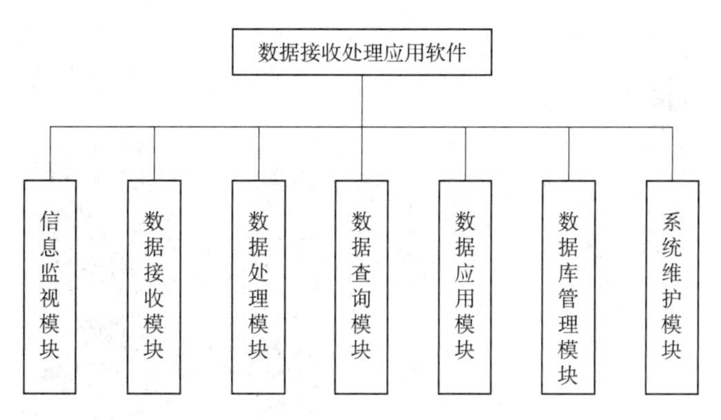

图 7.9 中心站软件模块组成

2. 带 DSU 功能的数字中频信号处理器技术

数字中频信号处理器利用 AD 对发射脉冲样本进行取样，然后用该取样值和回波信号进行相关或卷积，实现相位校正，达到消除磁控管发射脉冲的初相是随机的目的，从而得到更多的目标信息，如速度、谱宽等。

3. 大动态可变本振数字中频接收机技术

取消了带通滤波器、线性中放、对数中放和视放等窄带高增益模拟线路，提高了整机的稳定性和可靠性，克服了传统模拟正交 I、Q 通道由于中频移相器精度误差和相位检波器两路不平衡以及模拟电路随温度变化等带来的误差，提高了雨量雷达系统的相位检测精度。其本振频率 8 点可调，其变化范围为 64MHz，保障了对磁控管的频率跟踪范围。

4. 衰减订正技术

X 波段雷达相对于 S 波段和 C 波段雷达波长较短，大气中的水成物（雨、雪、雹等）粒子对雷达波的衰减不容忽视，尤其是在出现局地强天气时，大粒子的衰减可能影响雷达的正常探测。为了解决衰减订正问题，本系统采用两种途径进行衰减订正处理：一是用实测雨滴谱数据计算衰减；二是用垂直指向雷达反演雨滴谱计算衰减。

7.4 面雨量分析应用

7.4.1 系统启动

双击图标进入系统启动界面，如图 7.10 所示。

系统启动后自动进入应用主界面，如图 7.11 所示。应用主界面主要由菜单栏、工具栏、地图基本操作工具栏、数据浏览栏、数据显示窗口、信息栏 6 个部分组成。

7.4.2 菜单栏

菜单栏由工具、文件、系统设置、视图、帮助 5 个菜单项组成。

图 7.10　系统启动界面

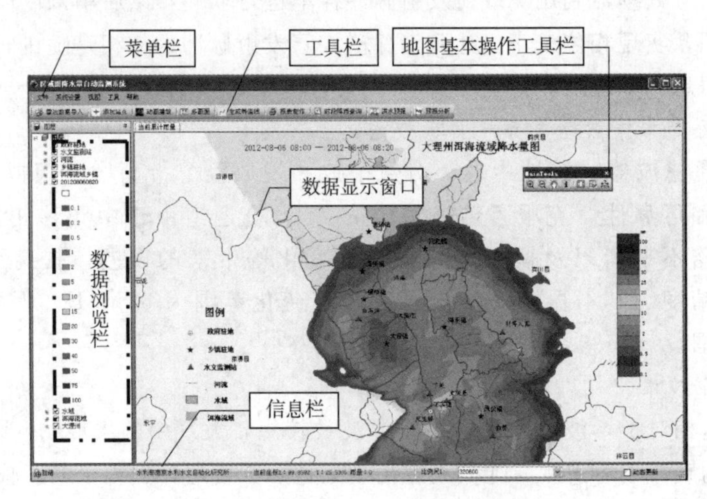

图 7.11　应用主界面

1. “文件” 菜单

“文件”菜单由添加数据、保存文件、关闭 3 个子菜单组成，如图 7.12 所示。

图 7.12　“文件”菜单栏

(1) 添加数据。单击 添加数据 按钮弹出图 7.13 所示对话框，在该对话框中的“Look in”下拉列表框中选择要加载的图层目录，如“…\大理边界\”，确定要加载的图层名称为 lake. shp。双击 lake. shp 或单击 Open 按钮，lake. shp 图层就会被加载到地图中。

(2) 保存文件。单击 保存文件 按钮将当前图层保存下来。

(3) 关闭。单击 关闭 按钮用于退出程序。

2. “系统设置” 菜单

“系统设置”菜单下有两个命令（图 7.14），分别是“数据库设置”命令、“出图参数设置”命令。

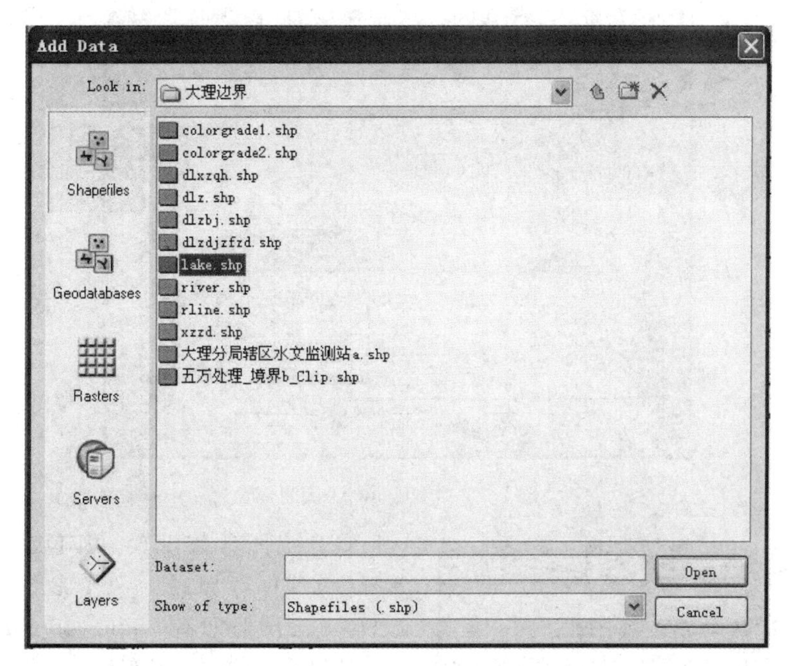

图 7.13 添加数据对话框

(1) 数据库设置。主要提供数据连接信息输入，分为SQL Server 连接和 SQL Sde 连接。

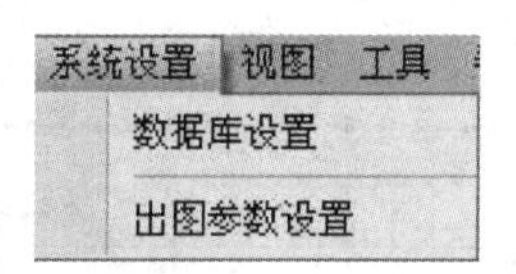

图 7.14 “系统设置”菜单

SQL Server 连接提供的是与 SQL 数据库的连接，需要设置数据库服务器 IP、数据库名、用户名、密码，如图 7.15 所示。

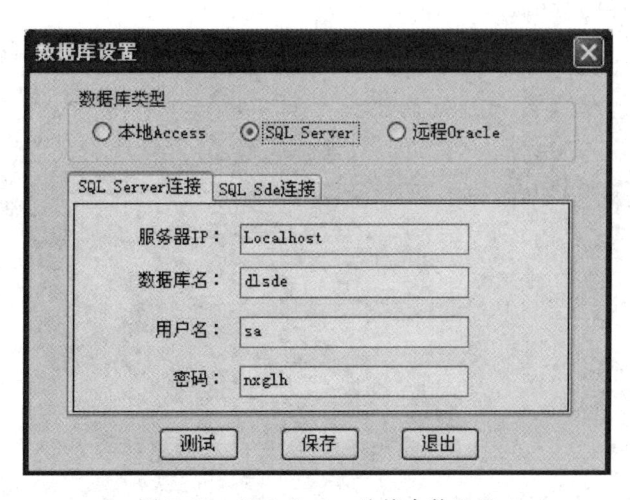

图 7.15 SQL Server 连接参数配置

SQL Sde 连接提供的是空间数据库引擎连接，如图 7.16 所示。两个连接设置好后，单击“测试”按钮，判断其是否连接成功，若连接成功会弹出连接成功的消息提示框，再单击“保存”按钮，保存设置参数和数据库设置完成。

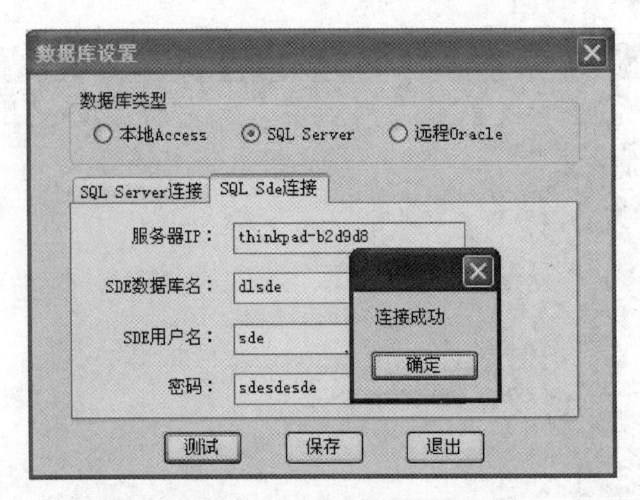

图 7.16　SQL Sde 连接测试

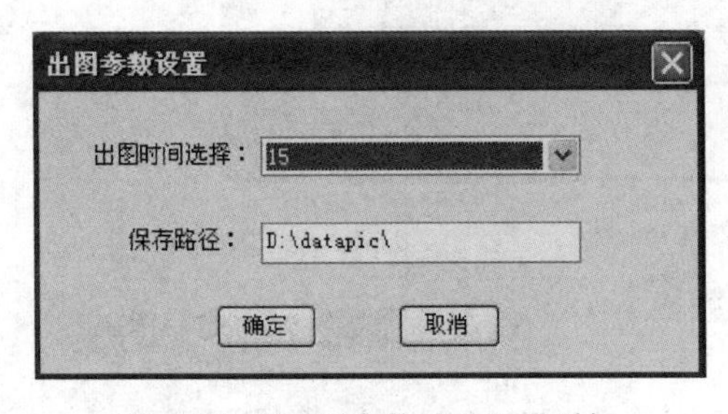

图 7.17　“出图参数设置”对话框

(2) 出图参数设置。其包括“出图时间选择”“保存路径”两个参数的设置（图 7.17），出图时间有 5min、10min、15min 这 3 个时间段选择；“保存路径”是图片的存放路径，程序运行时生成的降雨量图（图 7.18）自动保存在 D：盘根目录下的 datapic 文件夹中。

3. “工具”菜单栏

“工具”菜单栏子菜单（图 7.19）具体的操作，在工具栏中详细介绍。

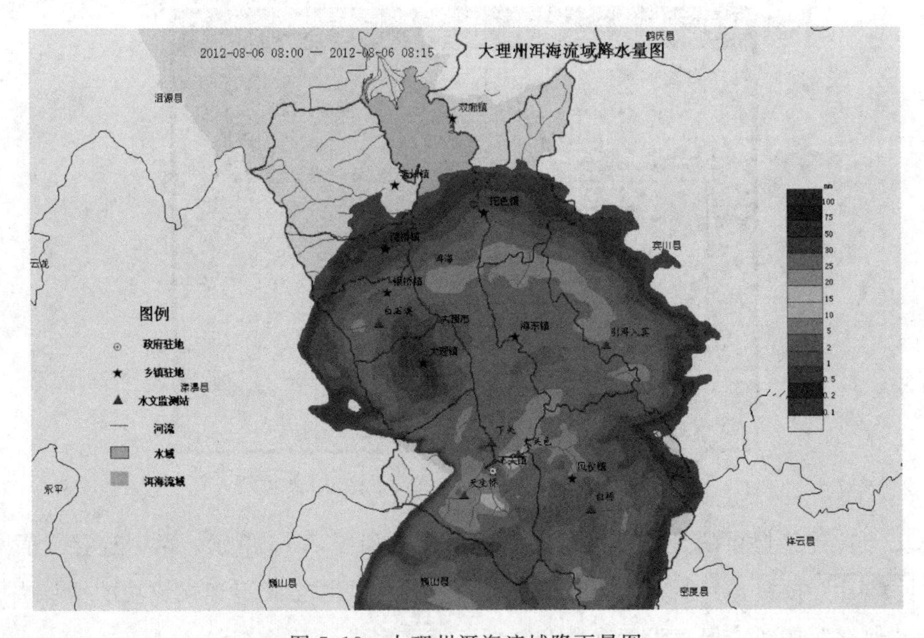

图 7.18　大理州洱海流域降雨量图

4. “帮助”菜单栏

“帮助”菜单栏如图 7.20 所示。

7.4.3 地图基本操作工具栏

借助地图基本操作工具可以对地图数据进行查询、检索、编辑、分析等各种操作。如图 7.20 所示，工具栏中包含了 9 个工作按钮，各按钮命令及其功能详见表 7.1。

图 7.19 工具栏

图 7.20 地图基本操作工具

表 7.1 地图操作工具按钮与功能对照表

图 表	命 令	功 能
	地图放大	任意放大地图数据
	地图缩小	任意缩小地图数据
	平移	任意移动地图数据
	要素属性	显示选择的要素属性
	全图	全景显示
	刷新	对地图进行刷新
	测量	用于距离、面积的量测

7.4.4 工具栏

工具栏为用户提供雨量雷达数据导入、站点位置添加、产品显示动画、雨量等值线分析、雨量查询、报表制作等应用功能，如图 7.21 所示。

图 7.21 工具栏

1. 雷达数据导入

将雨量雷达产品数据（以文件形式存放）导入数据库。操作过程界面如图 7.22 所示，单击 ... 按钮，选择要导入的文件目录，单击“下一步”按钮；进入文件选择界面（图 7.23)，单击“打开”按钮，程序会自动将文件夹里的雷达测雨数据加入系统中；如图 7.24 所示，继续选定数据，单击 完成 按钮后，系统即将数据批量导入数据库。

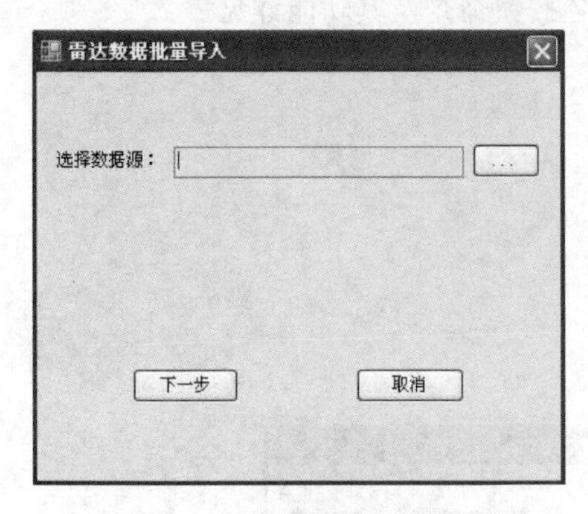

图 7.22　产品数据文件目录选择

图 7.23　产品数据文件选择

2. 添加站点

为用户方便地将新建的水文站信息加入到地图中。添加站点功能支持单站点加入和多站点加入，如在龙溪、石头箐两条河流上新增加两个水文站点，单击 添加站点 按钮，在图 7.25 所示对话框中输入新增水文站点信息。

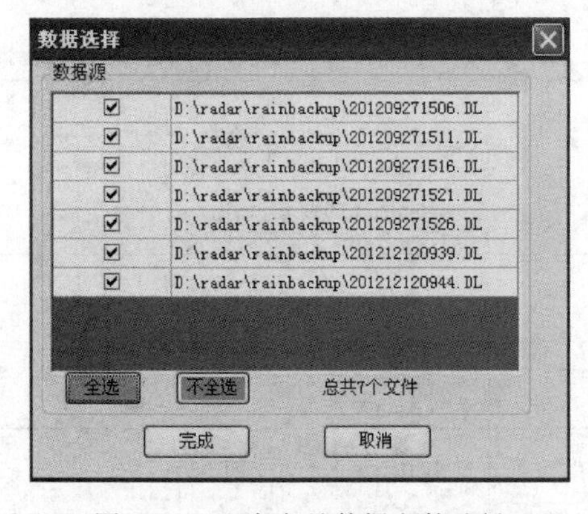

图 7.24　入库产品数据文件选择

图 7.25　水文站点信息添加操作界面

3. 动画播放

动画播放可以直观、动态地展现区域降雨累积过程。通过 起始时间: 201208060600 和 终止时间: 201208060700 来确定起始时间，可以任意设定播放时间间隔，如图 7.26 所示。单击 启动 按钮进行播放，单击 暂停 按钮暂停，单击 继续 按钮继续播放，单击 退出 按钮退出动画播放程序。

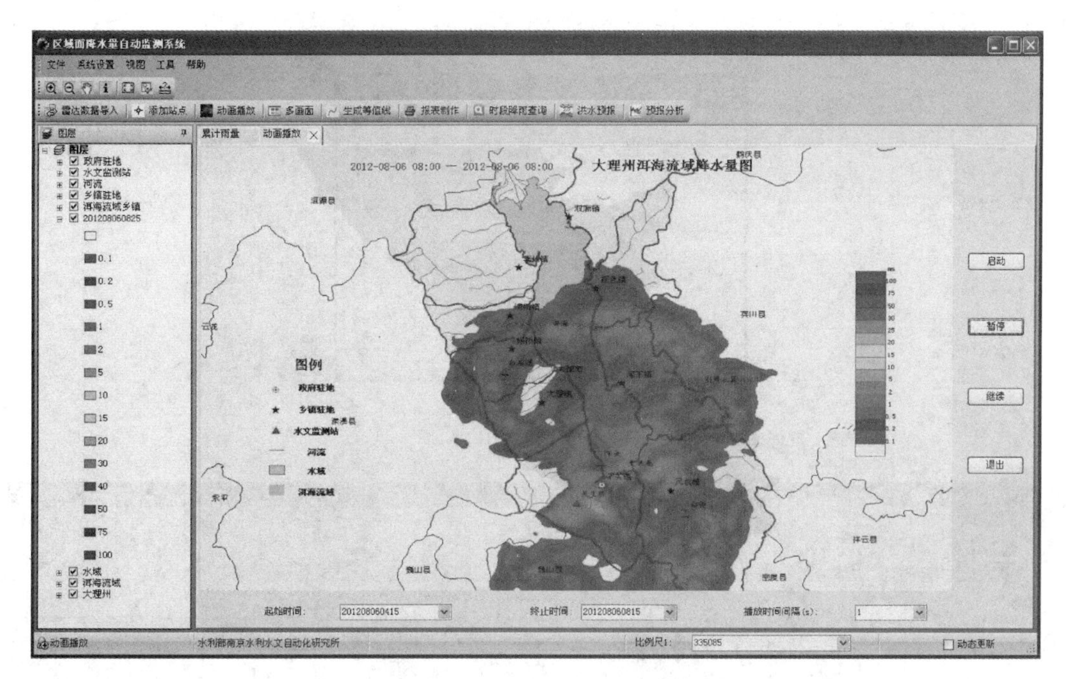

图 7.26 动画播放显示控制界面

4. 多画面

5min、30min、1h、3h、6h、24h 等不同产品显示，如图 7.27 所示。

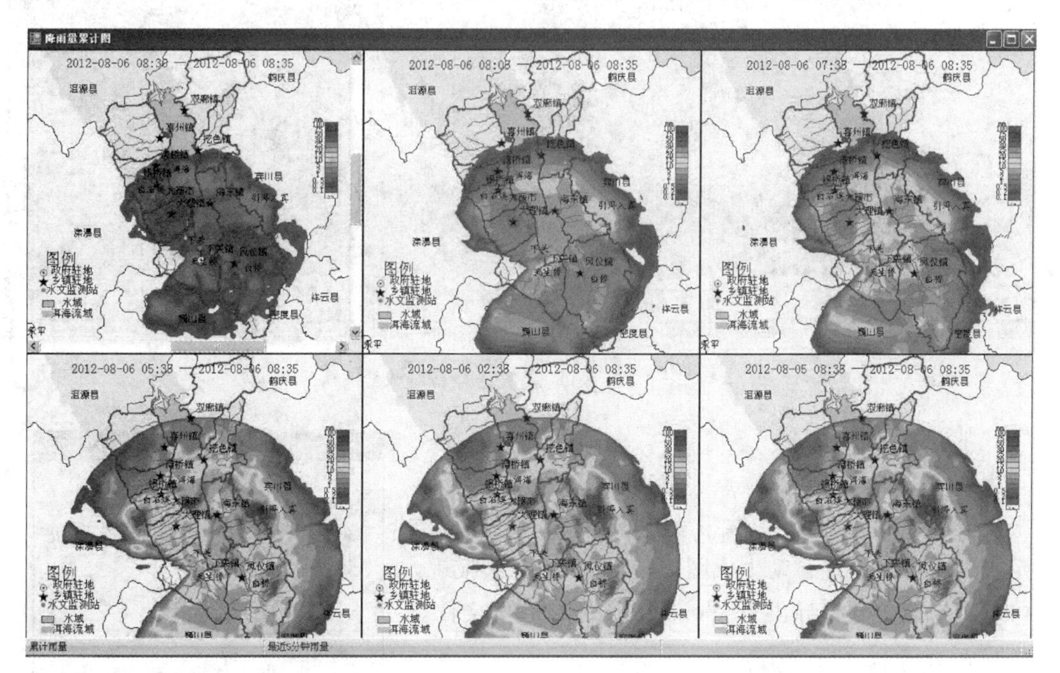

图 7.27 多图显示

5. 生成等直线

在面雨量图上分析等值线，按用户确定的等值线分析参数，系统自动分析显示。用户按图 7.28 所示输入等值线参数，生成等值线图，如图 7.29 所示。

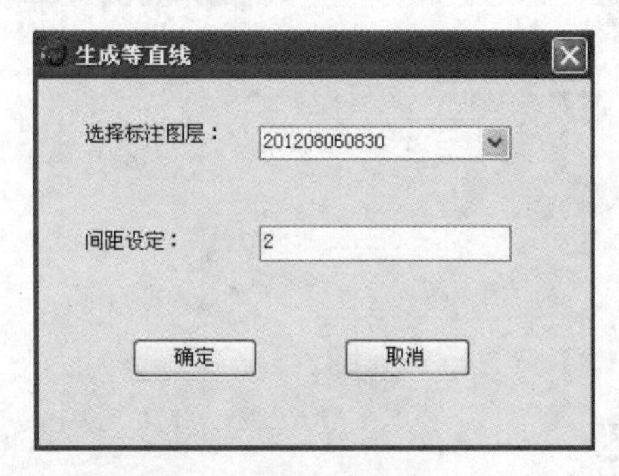

图 7.28　等值线参数设置界面

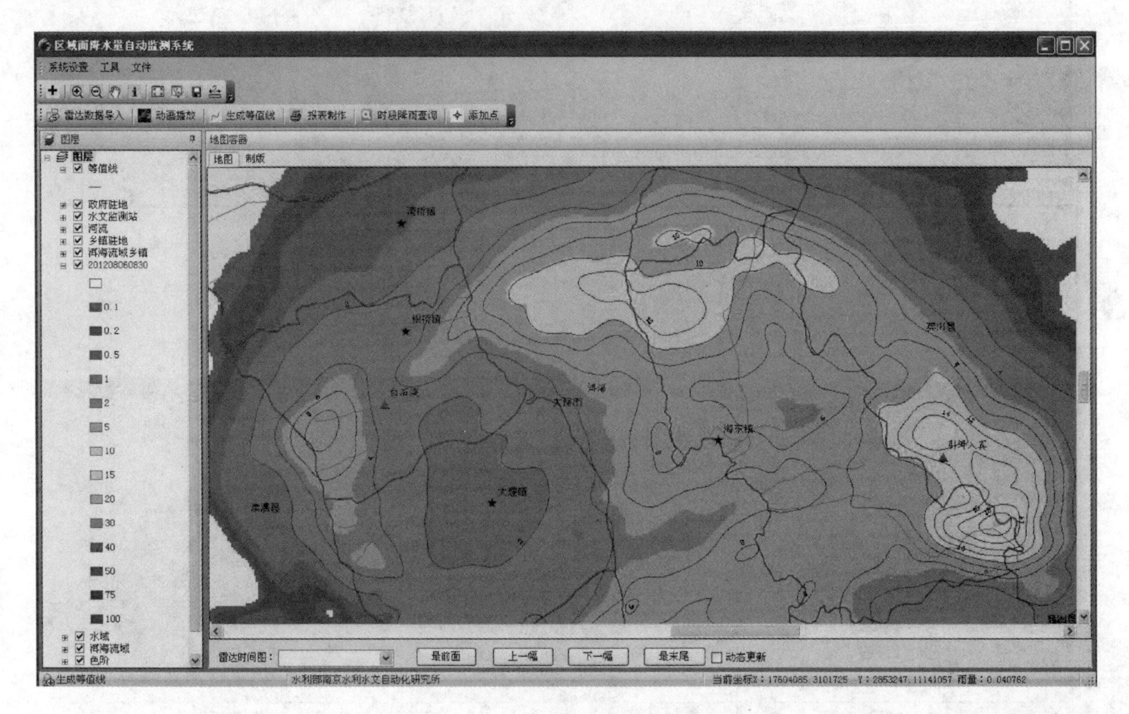

图 7.29　雨量等值线分析结果

6. 报表生成

为用户提供的时间、站点、报表类型，自动生成雨量报表。用户通过系统提供报表生成界面（图 7.30）确定报表内容，系统自动生成图 7.31 所示的雨量报表，并可以将生成的表格导出为 Word、Excel 格式的文件。

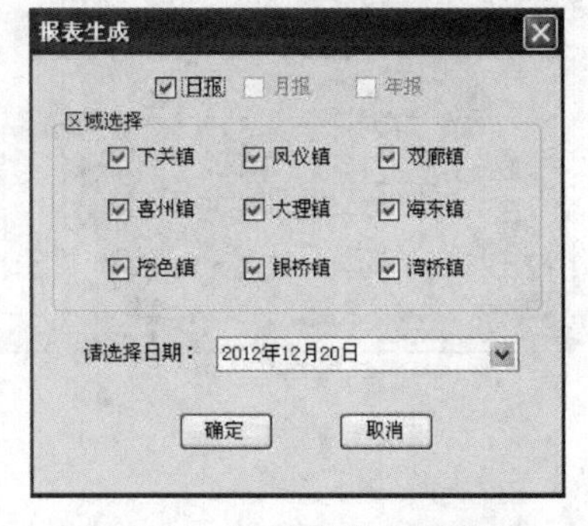

图 7.30　雨量报表内容选定

7. 时段降雨查询

为用户提供任意时间雨量查询功能，系统根据用户选定的日期、区域等（图 7.32）查询雨量，并以图像形式显示雨量查询结果，如图 7.33 所示。

20120805降雨报表

时间	下关镇	凤仪镇	双廊镇	喜州镇	大理镇	挖色镇	海东镇	湾桥镇	银桥镇	平均雨量
17:00~18:00	0	0	0	0	0	0	0	0	0	0
18:00~19:00	0	0	0	0	0	0	0	0	0	0
19:00~20:00	0	0	0	0	0	0	0	0	0	0
20:00~21:00	0	0	0	0	0	0	0	0	0	0
21:00~22:00	0	0	0	0	0	0	0	0	0	0
22:00~23:00	0	0	0	0	0	0	0	0	0	0
23:00~00:00	0	0	0	0	0	0	0	0	0	0
00:00~01:00	0	0	0	0	0	0	0	0	0	0
01:00~02:00	0	0	0	0	0	0	0	0	0	0
01:00~02:00	0	0	0	0	0	0	0	0	0	0
02:00~03:00	0	0	0	0.02	0	0	0	0.47	0.08	0.06
03:00~04:00	0.15	0	0	0.01	0.08	0.01	0.02	0.39	0.08	0.08
04:00~05:00	0.05	0.2	0.37	0	0.1	0.68	1.26	0.01	0.22	0.32
05:00~06:00	0.61	2.55	2.34	0.91	1.09	5.55	5.04	1.26	3.97	2.59
06:00~07:00	6.36	11.2	0.54	11.08	3.07	12.04	2.79	8.76	0.2	6.23

导出为word格式　导出为Excel格式　退出

图 7.31　雨量报表

7.4.5　数据浏览栏

通过右键单击目录可对图层进行管理和图层样式设置，菜单如图 7.34 所示。

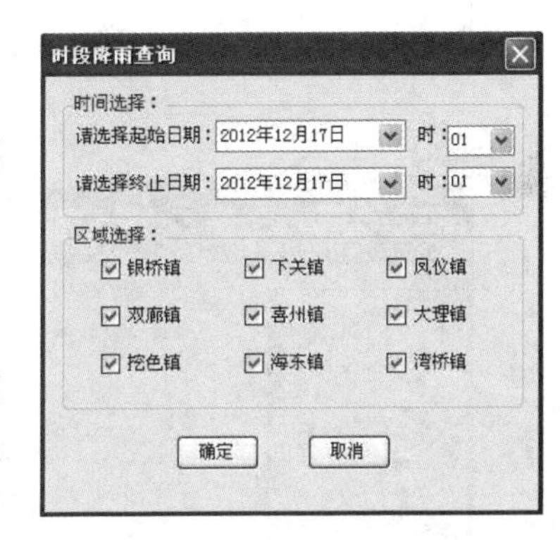

图 7.32　任意时段雨量查询界面

7.4.6　数据显示窗口

通过单击行政区域（目前是乡镇一级），可获得该乡镇的面积，实时地面平均雨量、降水水量。通过关联水情数据，将鼠标移到水文站点后，可获得水文站点的水文信息，如图 7.35 所示。

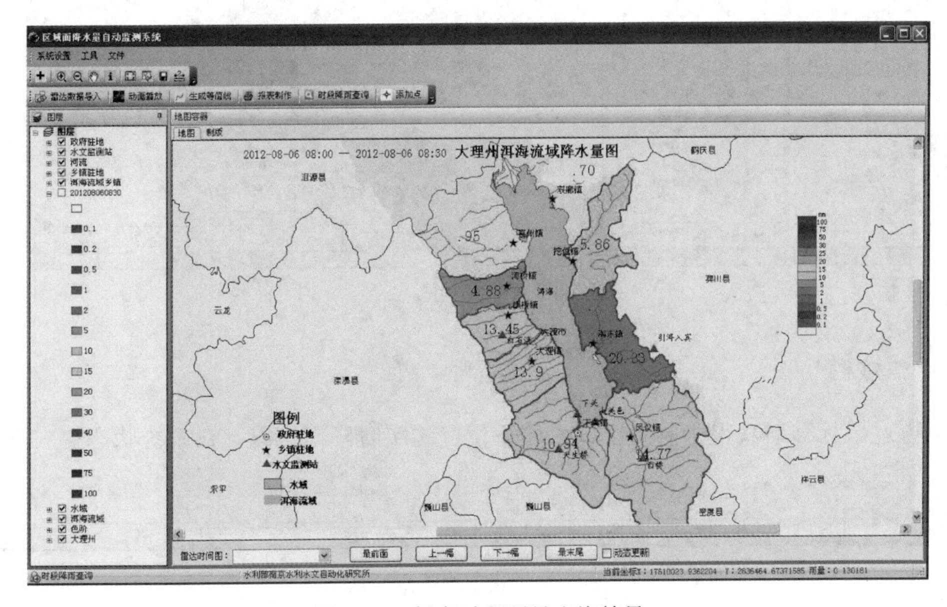

图 7.33　任意时段雨量查询结果

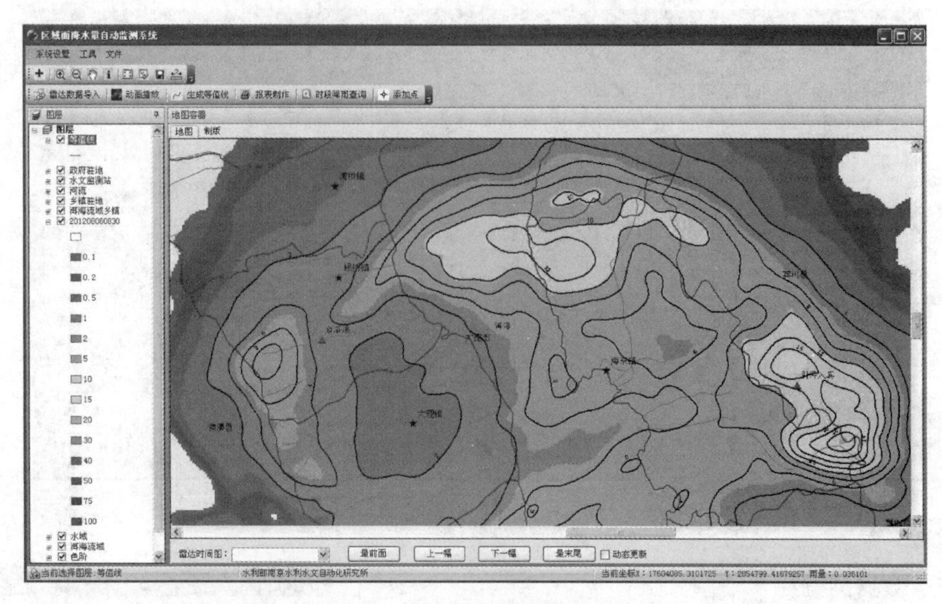

图 7.34　图层管理菜单

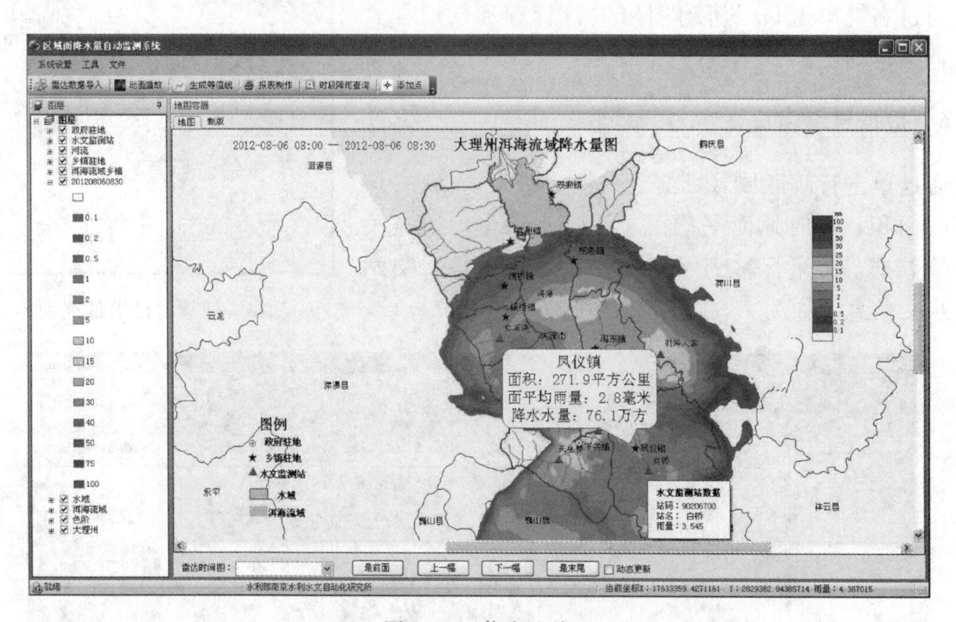

图 7.35　信息查询

7.4.7　信息栏

可通过鼠标移动获得所监测区域内任一位置的实时降雨情况，在系统状态栏右下角显示，如图 7.36 所示。

图 7.36　状态栏信息提示

7.5 雨量雷达系统

7.5.1 系统简介

由一台计算机采用多任务的操作系统，对雨量雷达系统进行远程控制、显示、数据处理和通信。软件全部采用 Visual C++编写。

1. 系统组成

系统硬件组成如图 7.37 所示。

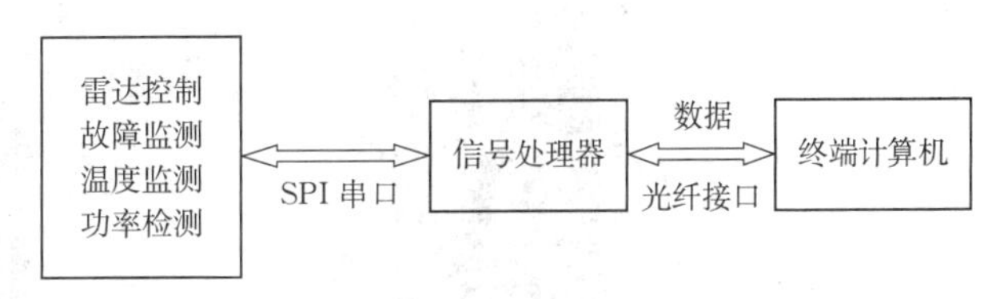

图 7.37 系统硬件组成

2. 基本功能

该系统完成对雨量雷达整机的控制和监测，采集信号处理器输出的雨量雷达回波数据，并根据当前的工作状态对雨量雷达回波进行显示和存储。它包括雨量雷达数据采集、雷达整机控制、状态监测和系统参数测试等功能。

7.5.2 软件操作

1. 程序进入

在 Windows 桌面上用鼠标左键双击"Rtradar"图标，即出现该程序的主窗口，如图 7.38 所示。

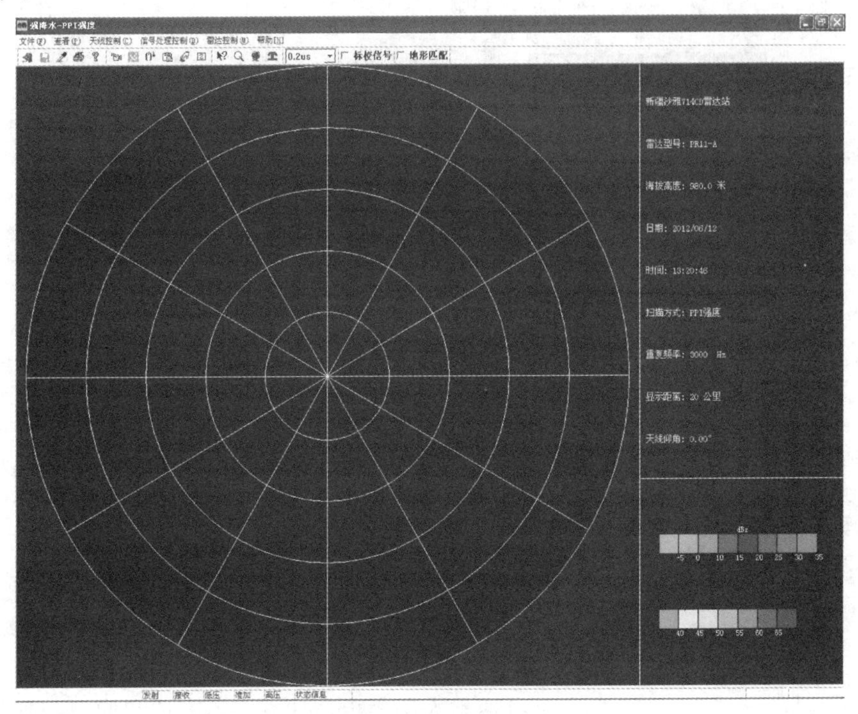

图 7.38 显示程序界面

2. 雷达控制区

它给出了雨量雷达各系统的主要控制按钮，便于对雨量雷达的控制。

(1) 天线控制。如图7.39所示，天线控制主要包括天线转速、启动天线、停天线、命令仰角、方位标校、俯仰标校、太阳法标校、方位到位、俯仰到位、地形匹配设置（其中，太阳法标校作为保留功能）。

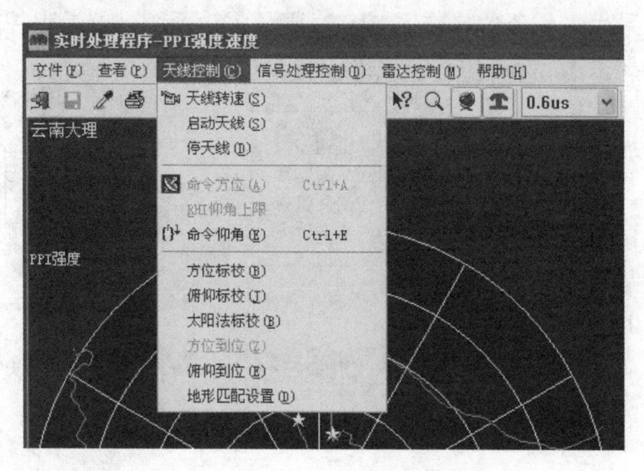

图7.39　天线控制界面

1) 天线转速控制。用户可根据需要选择天线转速，共分为3挡（图7.40），用户选择完毕，单击“确定”按钮即可。

2) 方位标校。进行该操作前必须先停天线，将天线从当前方位标校到指定角度，如20°（图7.41）。

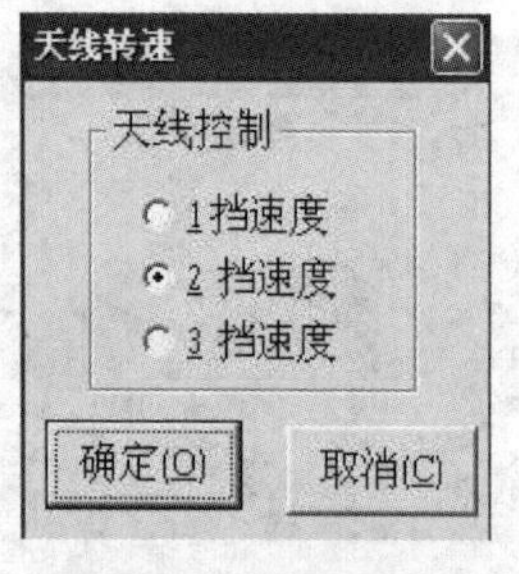

图7.40　“天线转速”控制界面

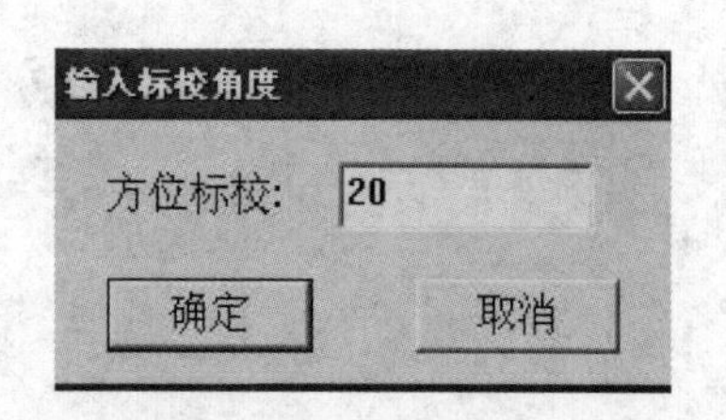

图7.41　方位标校控制界面

3) 俯仰标校。进行该操作前必须先停天线，将天线从当前仰角标校到指定角度，如0°（图7.42）。

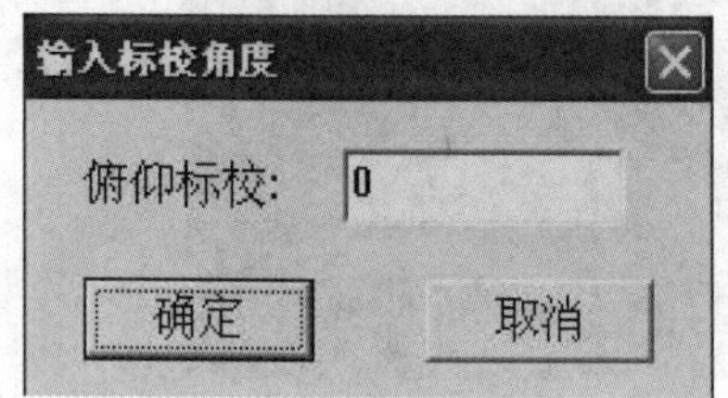

图7.42　俯仰标校控制界面

4) 俯仰到位。输入0.5°仰角到位（图7.43）。

5) 方位到位。输入30°方位到位（图7.44）。

6) 太阳法标校。通过当前雨量雷达站的经纬度，计算太阳所在的理论方位和仰角，雨量雷达再通过搜索太阳噪声来计算实际方位和仰角与理论值的差异进行方位和仰角的标校（图 7.45）。

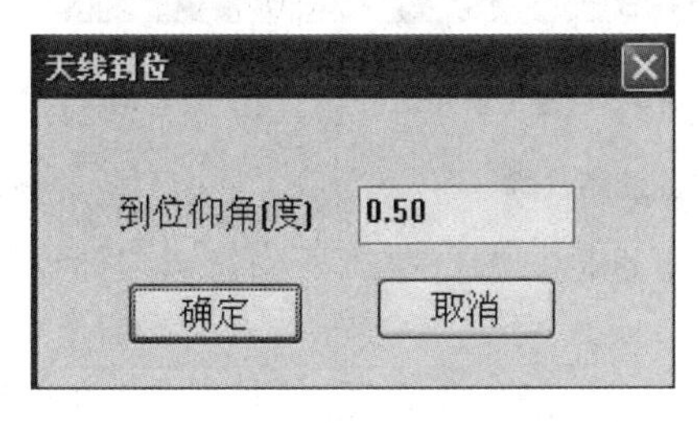

图 7.43 俯仰到位控制界面

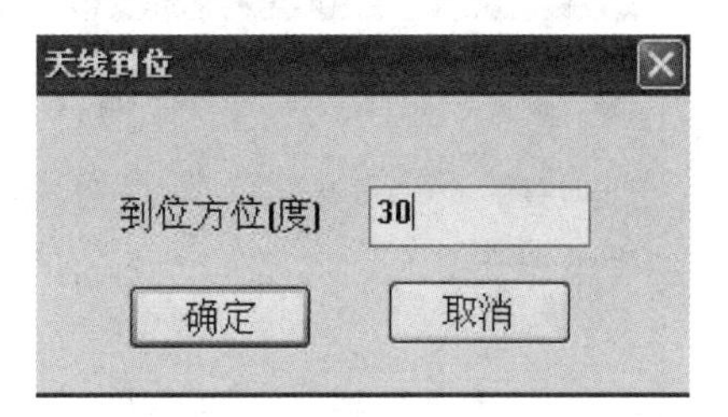

图 7.44 方位到位控制界面

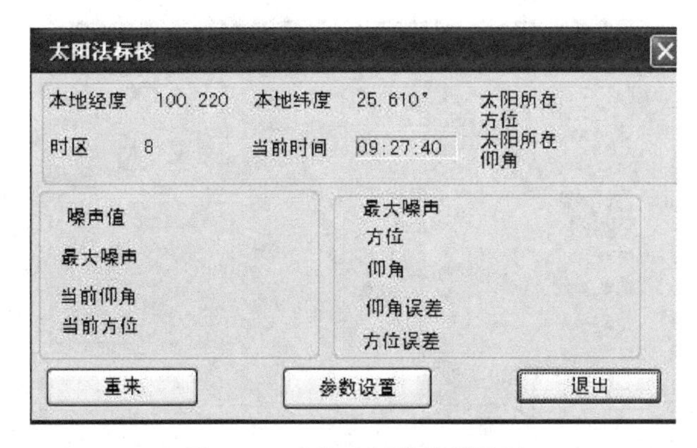

图 7.45 太阳法标校控制界面

7）地形匹配设置。根据雨量雷达站周围山地的遮挡情况，可让天线扫描绕过山的遮挡位置，可通过设置起伏点 1、起伏点 2、……完成地形匹配扫描（图 7.46）。

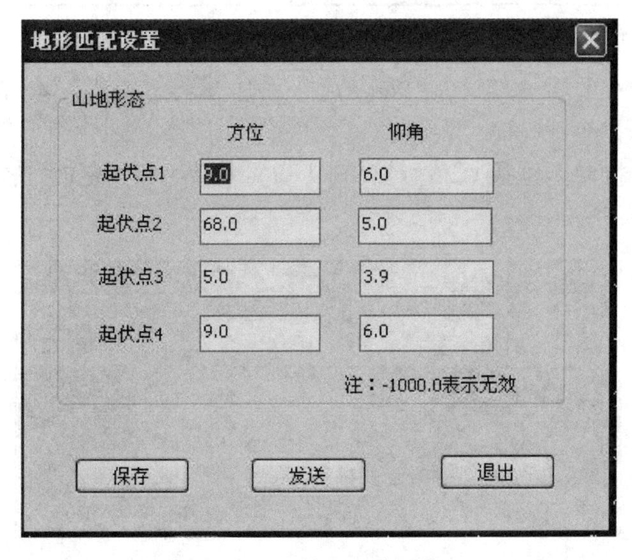

图 7.46 地形匹配设置界面

（2）接收机控制。该雨量雷达的接收机控制较简单，只需控制主界面上的“标校信号”即可，如图 7.47 所示。

图 7.47　接收机控制界面

正常工作情况下，取消勾选“标校信号”复选框；测试状态下，勾选“标校信号”复选框。

(3) 发射机及其他控制。主要包括开\关电源、开\关高压、启动天线和停天线，控制界面如图 7.48 所示。

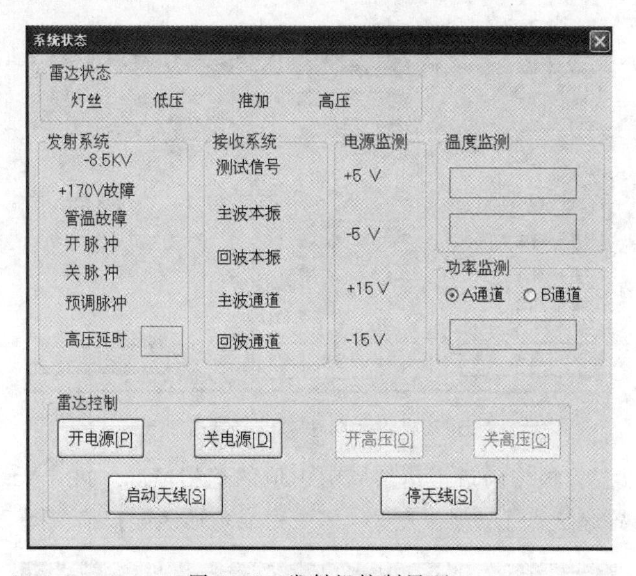

图 7.48　发射机控制界面

控制顺序：首先打开电源，等 2min 后“准加”状态正常，再开高压，最后启动天线。

(4) 信号处理控制。包括 AFC、WRSP4 质量和 WRSP4 定时 3 个部分控制，如图 7.49 所示。

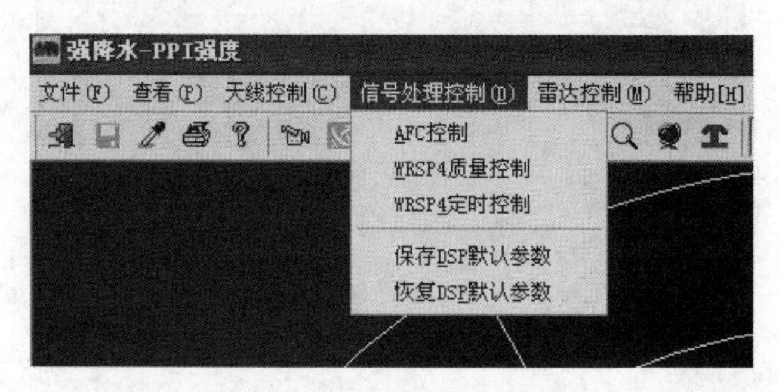

图 7.49　信号处理控制界面

1) AFC 控制。AFC 控制界面如图 7.50 所示，其上的内容在雨量雷达交互用户时已经设置完毕，用户无需更改。

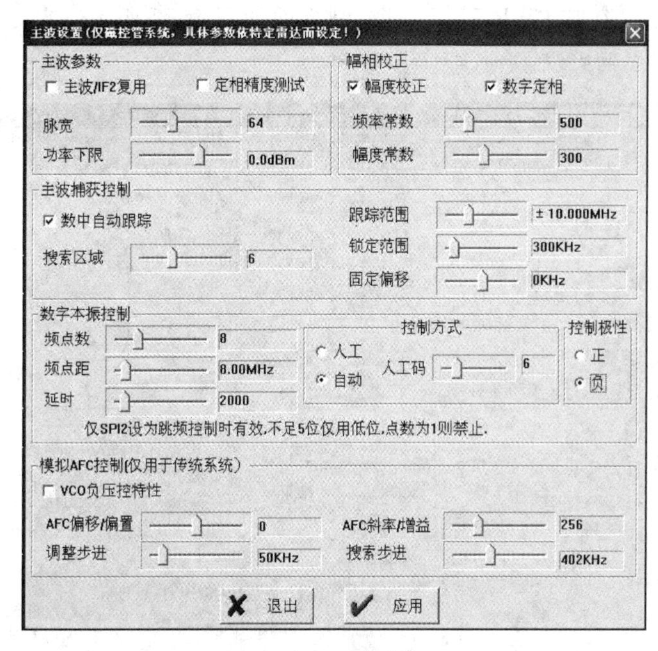

图 7.50 AFC 控制界面

2）WRSP4 质量控制。控制界面如图 7.51，其上的内容主要设置信号处理的一些工作时的基本参数，如重复频率、处理模式、库长及滤波器等。在雨量雷达正常工作情况下，用户可按设置好的默认参数工作即可。

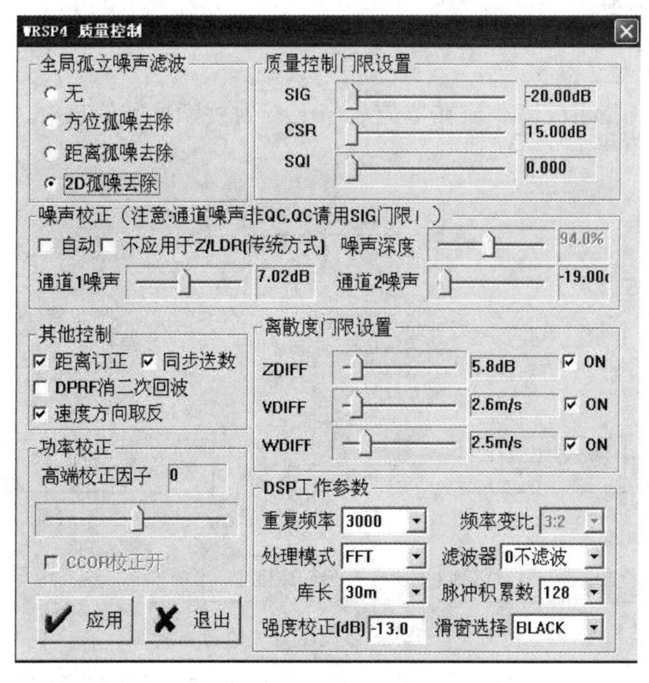

图 7.51 “WRSP4 质量控制”界面

3）WRSP4 定时控制。WRSP4 定时控制界面如图 7.52 所示，它是信号处理给整机的时序关系，用户不能更改。

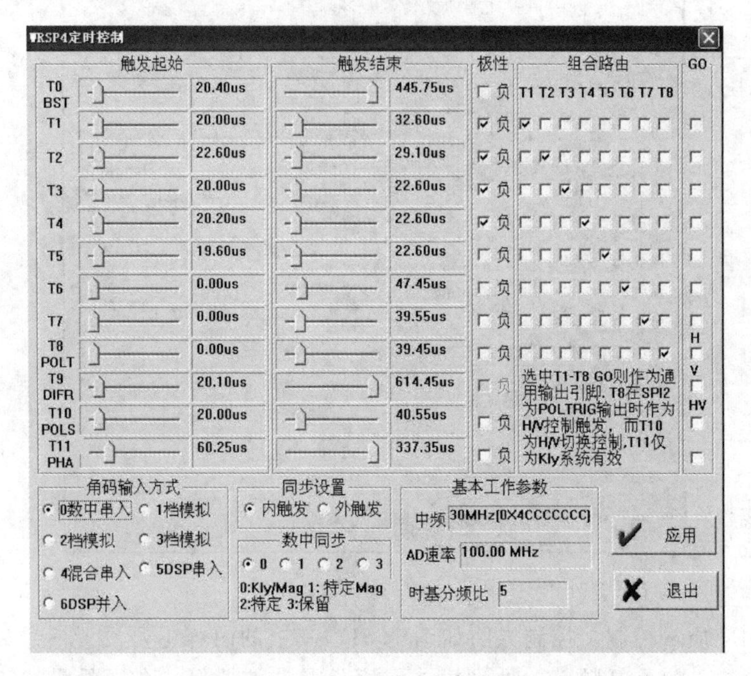

图 7.52　“WRSP4 定时控制”界面

7.5.3　常见故障处理

1. 意外事故处理流程图

（1）BITE 系统指示故障。当在监控程序上看到故障报警信息时，需按图 7.53 所示流程进行检查。

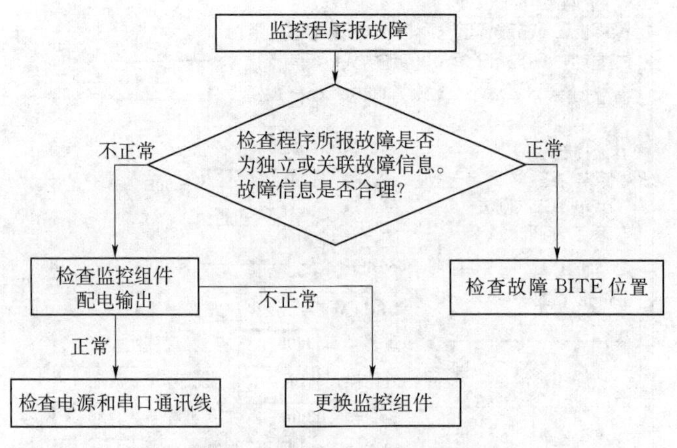

图 7.53　BITE 系统指示故障检查流程

（2）回波故障（无回波或回波偏弱）。当在实时监控程序上看到无回波或看到回波偏弱时，按图 7.54 所示流程进行检查。

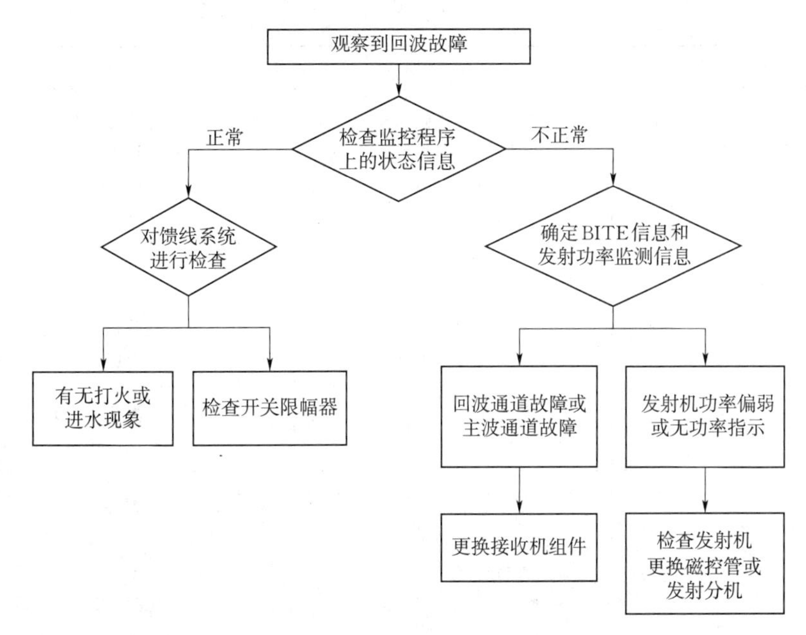

图 7.54 回波故障检查流程

2. 故障判断及排除

故障判断及排除方法见表 7.2。

表 7.2 **故障判断及排除方法**

序号	故障现象	可能原因	排除方法
1	伺服分机没有电源	整机送来的交流电源不正常	检查整机交流电源
		断线或插头座接触不良	从分机到天线座逐段检查线路，修复断线，插好插头或更换插头座
2	方位驱动器不工作	驱动器电源输入断线或插头座接触不良，无交流电源	检查线路接触是否良好，修复断线，插好插头或更换插头座
		驱动器坏	更换驱动器
		方位使能未加上	检查方位使能电压，修复虚焊点
3	俯仰驱动器不工作	原因与第 2 项相同	排除方法按第 2 项排除方法
4	俯仰数控时不受控	旋转编码器无电源，角码不正常	检查旋转编码器的电源，修复断线
		俯仰旋转编码器坏	更换旋转编码器
5	方位数控时不受控	可能原因参照第 4 项	排除方法参照第 4 项
6	方位驱动系统正常，天线方位不转	电机连接电缆虚焊断线或插头座接触不良	修复断线及虚焊点，插好连接插头座
		电机坏	更换电机
7	俯仰驱动系统正常，天线俯仰不转	可能原因参照第 6 项	排除方法按第 6 项排除故障

续表

序号	故障现象	可能原因	排除方法
8	高压	（1）灯丝加热未到时间 （2）有以下其他故障 （3）未开高压	（1）等待灯丝加热 （2）按以下所示方法检查 （3）开高压
9	低压	未开电源	开电源
10	＋170V	＋170V电源损坏	更换＋170V电源
11	开脉冲	（1）无输入脉冲 （2）预调器器件损坏	（1）查看信号处理器有无输出 （2）按电路图检查或更换发射机
12	关脉冲	（1）无输入脉冲 （2）预调器器件损坏	（1）查看信号处理器有无输出 （2）按电路图检查或更换发射机
13	预调脉冲	（1）未开电源 （2）开、关脉冲不正常 （3）预调器器件损耗 （4）＋170V电压损坏	（1）开电源 （2）按序号4、5操作 （3）按电路图检查或更换发射机 （4）更换＋170V电源
14	管温	磁控管过热	停机使磁控管冷却后再开高压，如频繁出现则更换磁控管
15	－8.5kV	（1）未开高压 （2）开关电源电压低	（1）开高压 （2）首先使用三用表检测串联开关是否损坏或更换发射机
16	终端软件扫描线消失	（1）通信故障 （2）信号处理PCI板不识别	首先检查光纤连接是否正常，其次检查计算机内的信号处理板卡是否与计算机接触不良，重新插拔该PCI卡可恢复正常

7.6 雨滴谱系统

激光雨滴谱监测仪是一种采用现代激光遥测技术的降水过程监测记录分析设备。

7.6.1 软件功能

（1）实时监视：实时数据统计及监测。

（2）分钟降水量实时曲线、降水强度实时变化曲线。

（3）实时数据分析：谱图、直径级别与粒子个数曲线图（$P-S$）。

（4）速度级别与粒子个数曲线图（$P-V$）。

（5）历史数据统计查询，提供历史查询。

（6）软件自带缺测自动补数功能，定时从采集器获取历史数据，统计数据导出Excel文件。

1. 实时监视

将所有站点直观显示在界面中，站点实时数据、实时天气、实时谱图、站点运行状态，能够快速地了解各站点监测、运行情况（图 7.55）。

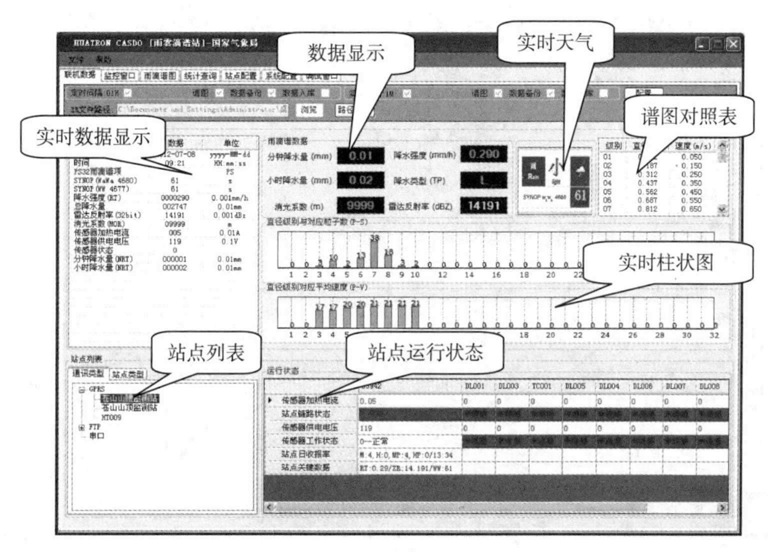

图 7.55 系统实时监控界面

（1）实时数据显示：显示当前站点列表中选中站点所收到的实时数据。

（2）数据显示：对接收到的实时数据进行预处理后显示。

（3）实时天气：根据实时数据显示出当前天气。

（4）谱图对照表：谱图柱状图下标对应列表。

（5）实时柱状图：处理后的谱图数据以柱状图形式显示。

（6）站点列表：指向中心站的站点列表。

（7）站点运行状态：指向中心站的各站点运行状态，是否在线、供电、传感器状态、数据完整性、主要数据显示项。

（8）系统配置：对中心站各站点数据存储项进行选择。

（9）路径选择：配置需要生产 ZR 雷达因子文件生产路径。

2. 监控窗口

用表格模式将各站点排列成监控窗口（图 7.56），各站点基本数据情况一览无遗。

指向中心站的各站点运行情况均可在监控窗口中查看（FTP 模式下 5min 未接收到数据或 GPRS 模式下 5min 未通信的站点都显示站点离线）。

3. 雨滴谱图

站点谱图查询，小时过程降水、分钟实时降水谱图方便快捷直观，操作见面如图 7.57 所示。

（1）二维谱图，将谱图数据以二维方式显示。

（2）谱图柱状图，计算后的谱图柱状图，直径级别与对应粒子数——各级别直径粒子所对应的粒子数量、直径级别对应平均速度——各级别粒子所对应的速度平均值。

（3）分钟谱图选择：选择分钟谱图对应时间点。

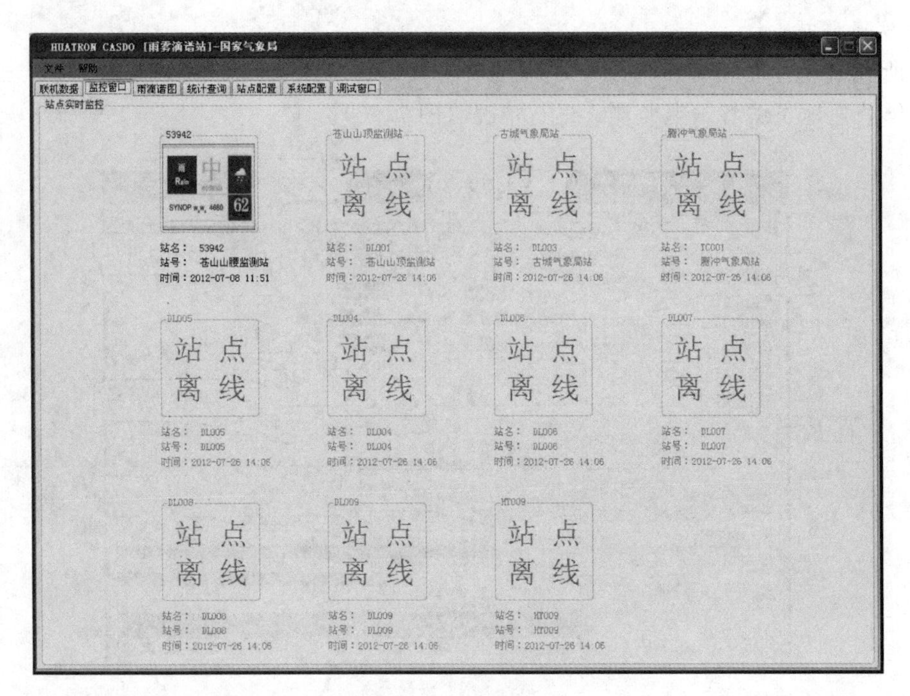

图 7.56　监控窗口

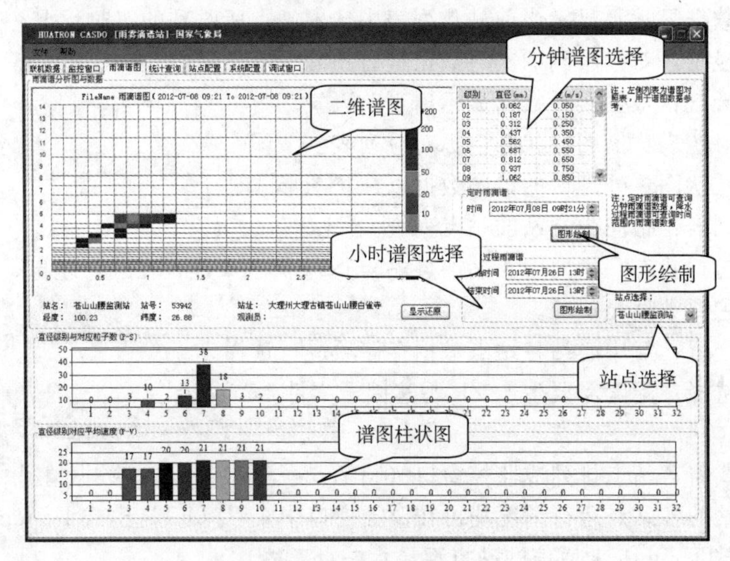

图 7.57　雨滴谱图操作界面

（4）小时谱图选择：选择小时谱图区间。

（5）图形绘制：单击该按钮绘制选择的谱图。

（6）站点选择：选择需要查询的测站号。

4. 站点历史数据查询

统计各站点数据情况，如图 7.58 所示。

（1）区站列表。站点列表，勾选复选框可查询相应站点，也可多站联查。

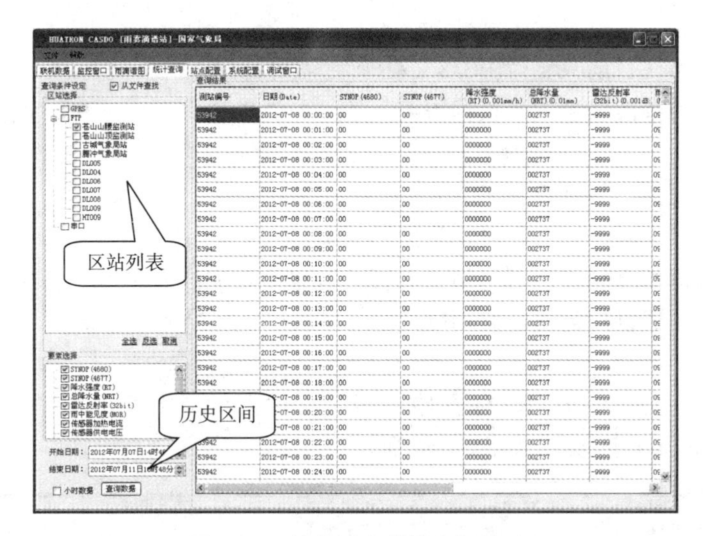

图 7.58 站点历史数据查询界面

（2）历史查询。查询数据的历史区间段。

5. 站点配置

设置站点基本信息、运行方式，以此将站点信息添加到软件中进行站点监控，如图 7.59 所示。

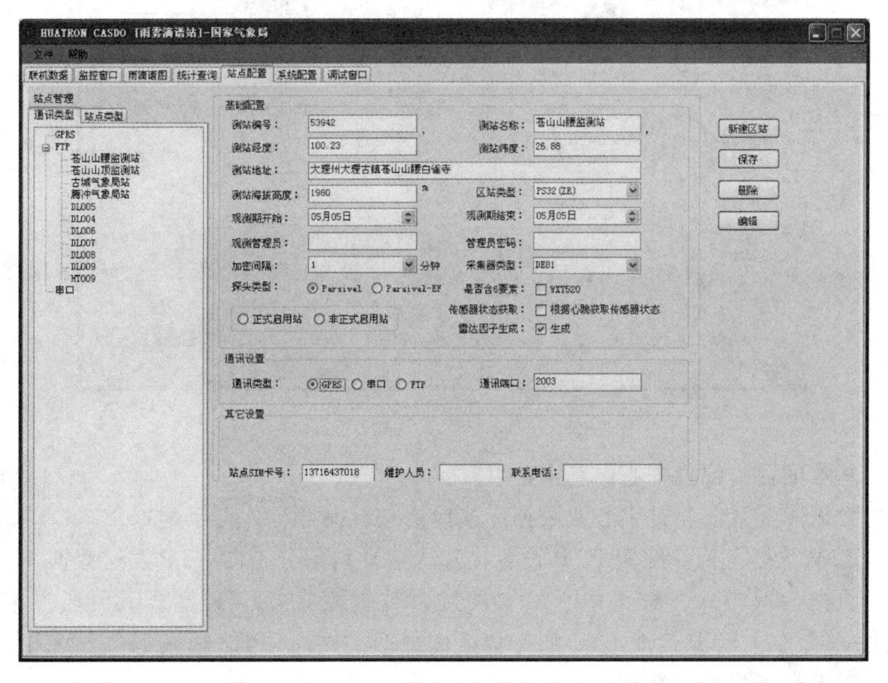

图 7.59 站点配置操作界面

（1）单击“新建区站”按钮可进行站点创建，如图 7.58 所示输入站点参数即可（注：采集器类型、通讯类型一定要选）。

（2）测站编号。站点号，与采集器中站点号对应。

(3) 测站名称。站点显示名称。

(4) 区站类型。目前只支持 PS32 (ZR) 无需另行配置。

(5) 雷达反射率因子生成。根据需要勾选，勾选以后自动生成 ZR 雷达反射率因子和雨强关系文件。

(6) 通讯类型。选择站点通讯方式。

(7) 通讯端口。对外开放，可供访问的端口号。

(8) 选中左侧站点列表后可对站点进行参数修改，完成后单击"保存"按钮（注：此页面中任何操作完成以后需重新启动软件）。

6. 系统配置

设置软件运行方式，数据文件存储、FTP 文件上传、文件获取方式（GPRS、本地 FTP 读取、远程 FTP 读取），如图 7.60 所示。

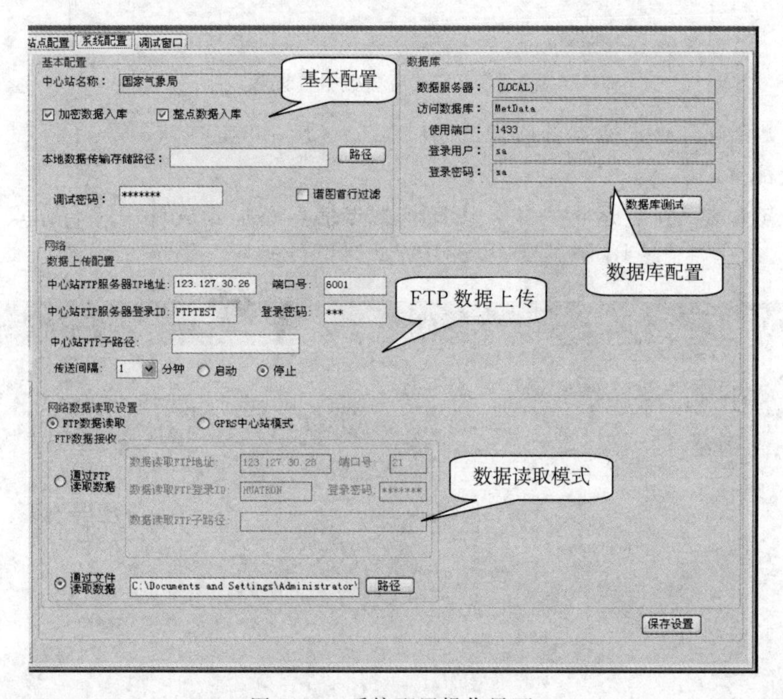

图 7.60　系统配置操作界面

(1) 基本配置。配置中心站基本信息。

(2) 数据库配置。配置中心站数据库连接语句（无数据库可不配置）。

(3) FTP 数据上传。配置 FTP 设置，勾选启动后每分钟向 FTP 发送数据。

(4) 数据读取模式。配置中心站软件接收数据模式，FTP 模式下可通过本地读取 FTP 文件，或通过 FTP 读取 FTP 服务器上的数据文件；GPRS 模式下中心站自动接收设备通过 GPRS 服务发送的数据。

7. 调试窗口

在命令发送区手动输入指令（见图 7.61），对设备进行简单调试、检测，及时发现问题。

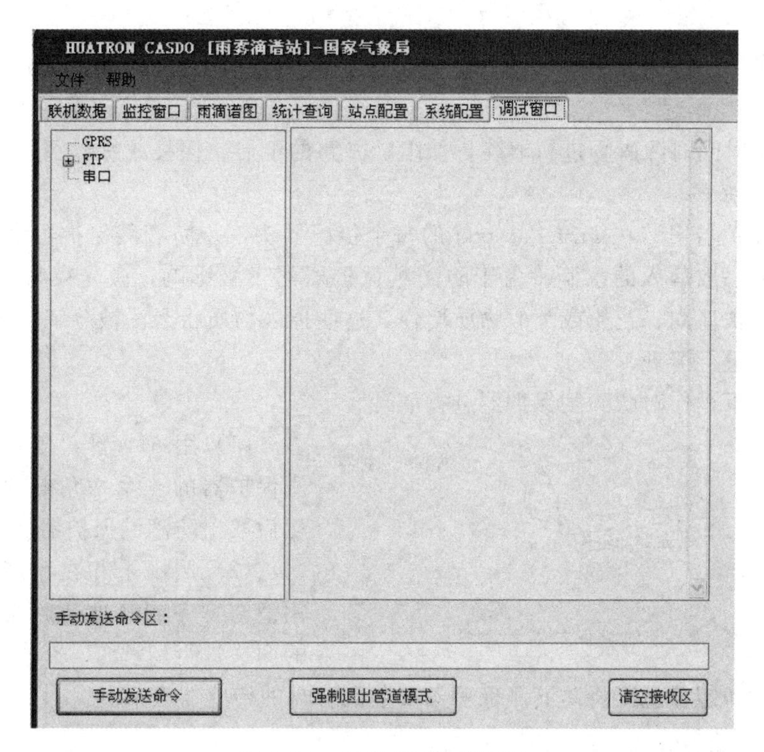

图 7.61 系统调试操作界面

（1）进入该选项卡时需要输入密码，默认密码为 huatron，密码可在中心站基本配置中设置。

（2）选择列表中站点即可使该站点进入调试模式。调试模式下该站点所有数据将显示在图中空白文本框中（调试模式下站点数据不做任何处理和存储）。

在手动发送命令区内输入设备调试指令，单击“发送”按钮即可对设备进行调试。

7.6.2 维护保养

维护操作注意事项（存在对眼睛伤害的危险）如下。

（1）请勿直接直视激光器。

（2）在工作的任何时候都要将传感器关闭。如果不能关闭，请戴上保护镜。

（3）请勿带电操作、打开传感器模块以及私自打开仪器密封区。

（4）请勿用锋利物体触碰传感器镜头及接收装置。

1. 清洁激光保护镜

由于时间和位置的原因，空气可能对激光的保护镜造成污染。其结果可能使传感器的工作能力大幅度下降。雨滴谱仪提供的最新数值（传感器状态）为传感器激光的光学装置的状态提供了数值上的参考，其中的代码与相应意义报告如下：0 表示一切正常；1 表示激光保护镜被污染，但仍可用于测量；2 表示激光保护镜受到污染，部分被遮蔽，无法继续用于测量。

出现状态 1 时对激光的光学装置进行清洁是最明智的做法。建议激光保护镜至少每半年清洁一次。

清洁激光保护镜的方法是用一块软布从外部擦拭传感器两头的激光保护镜。

2. 保持光路畅通

每隔一定时间对障碍物进行清除，如阻挡光路的纸屑、树枝或蜘蛛网。

3. 防滴溅保护器

防滴溅保护器安装在HSCParsivel的每个传感器头部。防滴溅保护器设有许多小孔，这些小孔能够解散落入的水滴。由于防滴溅保护器的飞溅影响，激光束将无法检测到光谱。一旦小孔被鸟粪、花粉或类似物质堵住，这些掉入物质将无法被分解，这时就必须对防滴溅保护器进行清理。

应按照以下操作对防滴溅保护器进行清理。

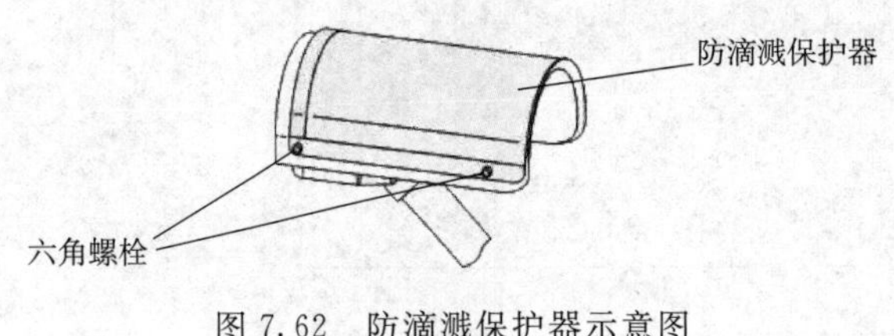

图7.62　防滴溅保护器示意图

(1) 用M4型六角扳手拧松防滴溅保护器的4个六角螺栓（图7.62），然后取出防滴溅保护器。

(2) 用刷子和在市场上购买的家用清洁剂在自来水下对防滴溅保护器的两边进行清洗。

(3) 用六角螺栓重新将防滴溅保护器安装到各自的传感器头部。

7.6.3　常见故障与处理

1. 故障目测检查

(1) 确认传感器、采集器等安装位置是否变动。

(2) 确认传感器、采集器等表面是否完好，是否有机械破损。

(3) 确认仪器内各组装件间距是否符合要求。

(4) 确认仪器是否由外因导致仪器不敏感或失效。

2. 常见问题及解决方案

(1) 电源故障。

1) 整机无法供电。先确认整机供电电源连接是否正常，之后供电电源功率是否满足系统需要（9～16V直流电压），最后确认是否有电源模块损坏。

2) 如供电电压不正常。应将电源线与仪器断开，检查在空载情况下电源输出是否正常：如果空载下电源输出异常，应更换电源；如果空载下电源输出正常，连接仪器后电压偏低，则可能是电源输出功率不足，应更换大功率电源。

3) 传感器供电异常。应检测电源转换模块是否工作正常。若电源转换模块工作正常，应检查传感器与采集器之间的线路是否连接正确且正常。

(2) 仪器上电之后通信测试不成功。

1) 应检查串口调试助手软件中串口选择及参数配置是否正确、串口是否正常打开。如串口选择或参数配置有误，应重新设置并打开串口；如串口配置正确但不能正常打开，应检查是否有其他计算机软件占用了此串口，如有可以关闭有关软件，或者将仪器连接至其他可使用的串口，重新配置串口参数并打开。

2）检查所用计算机串口是否可以正常工作，方法是拔掉通信线将计算机串口的2号针与3号针短接，使用串口调试助手发送一串数据，如果接收到的数据与发送数据一致，表明计算机串口正常，有可能是PS32雨滴谱监测仪出现故障；如果接收到的数据与发送数据不一致或者没有接收到数据，则表明该计算机串口工作不正常，需要更换其他可用的串口，或者更换使用其他串口正常的计算机。

（3）传感器故障。

1）传感器不工作。先确认供电是否正常，若供电正常，需联系厂家进行解决。

2）工作但无数据。重新启动传感器，看有无产品信息输出。若无产品信息输出，需联系厂家；若有信息输出，通过命令查看实时数据，若无数据输出，需联系厂家。

3）工作但数据无变化。通过配套软件查看相关参数配置，如果配置不正确，联系厂家人员更改参数配置。若配置正确可问题仍存在，需及时联系厂家。

第8章　雨量计校准仪

8.1 概　述

为适应经济社会的发展，水文计量工作的紧迫性日益凸显，随着水利主管部门对水文计量工作的推进，各类水文仪器的计量检定规程陆续颁布，使得降水量观测仪器的检定校准设计有法可依。近几年，大量的先进科技应用于水文仪器检定校准装置，部分检定校准仪器已经在国家山洪灾害防治非工程措施项目、中小河流监测项目等国家重点工程发挥了有益的作用，PGC10 型移动式雨量计校准仪就是其中的典范。

8.2 PGC10 型移动式雨量计校准仪

PGC10 型移动式雨量计校准仪用于雨量计计量误差的检定，并自动计算出最终检定结果。设备具有存储功能，可存储 100 组检定数据，通过 RS232 串行接口与计算机之间进行通信，以实现对数据的查看处理。

PGC10 型移动式雨量计校准仪广泛应用于翻斗式雨量计（包括单触点输出型、双触点转换输出型）、虹吸式雨量计、称重式雨量计等被检对象，检定过程无需人工干预，具有较高的自动化水平。

PGC10 型移动式雨量计校准仪不仅适用于实验室内的被检对象，而且因其结构轻巧、便于携带，尤其适用于对野外现场正在使用过程中的雨量计进行检定，以便用户对该雨量计及时进行维护和调校。

8.2.1 结构及工作原理

1. 结构特征

PGC10 型移动式雨量计校准仪由机箱、控制单元、水量计量单元、液晶显示器等组成（图 8.1）。设备由内置 12V、20Ah 锂电池供电；理论上，电量充满后，可供设备连续工作 8h。

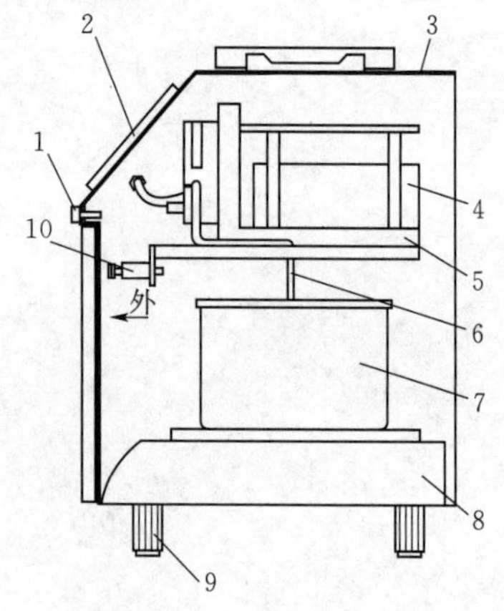

图 8.1　总体结构

1—翻盖螺钉；2—液晶显示器；3—机箱；4—锂电池；5—控制单元；6—虹吸乳胶管；7—储水器；8—水量计量单元；9—调平脚；10—储水器锁紧装置

液晶显示器：采用 5.6in 触摸式 TFT 屏，可以极其方便地实现人机交互，以及对设备的运行进行控制。

控制单元：设备的中枢控制中心，由蠕动泵及控制部分组成，用于精确控制模拟雨强，并对数据进行处理、存储、输出等。

虹吸乳胶管：模拟雨强的输出管。

水量计量单元：由分辨力为 0.01g 的称重传感器及其控制部分组成，用于精确计量出水量。

2. 工作原理

雨量计计量误差的计算公式为

$$E_b = \frac{\bar{V}_m - \bar{V}_a}{\bar{V}_a} \times 100\% \tag{8.1}$$

式中 E_b ——雨量计计量误差；

$\bar{V}_m$ ——雨量计的计量水量，mL；

$\bar{V}_a$ ——雨量计实际耗用水量，mL。

PGC10 型移动式雨量计校准仪依据式（8.1），由控制单元模拟一定的雨强，向雨量计内注水；当采集到的理论降雨量达到 10mm 时停止注水。因此，根据实际注水量以及雨量计的计量水量，就可以计算出被检雨量计的计量误差。

8.2.2 主要技术指标

（1）输出雨强：0.4mm/min、2mm/min、4mm/min。

（2）雨强控制误差：不超过±2%。

（3）出水量计量误差：不超过±0.5%（以理论出水量 10mm 计）。

（4）电源：直流 12V、20Ah（锂电池），欠压告警。

（5）数据存储容量：100 组。

（6）工作扬程：8m。

（7）工作环境：温度－10～＋50℃；相对湿度不大于 95%。

（8）外形尺寸（$L \times W \times H$）：365mm×250mm×410mm。

（9）毛重：约 10kg。

8.2.3 使用及维护

1. 使用前的准备

（1）设备放置及调平。从拉杆运输箱内取出设备，将其安置在相对平坦的地方；调节箱体底部 4 个调平脚，直至称重传感器的圆水泡居中。

（2）安装托盘。打开机箱门，从门后的托架上取出托盘，将其平稳地放置在称重传感器的对应位置。

（3）取出储水器。向外拉动储水器锁紧装置拉杆，同时单手托储水器底部，将储水器平行向外移动 4mm 距离，储水器便自由脱离锁紧装置，取出储水器待用（参见图 8.1）。

（4）连接翻斗式雨量计信号。根据需要将三芯（红、黄、黑三色）雨量信号线连接到雨量计输出接线端子处，另一端航空插头插到机箱右侧“雨量信号”接口处（图 8.2）。

（5）对于单触点输出型雨量计。雨量信号线中的红色线和黑色线连接到雨量计输出端子。

(6) 对于双触点转换输出型雨量计。雨量信号线中的黑色线连接到雨量计输出端子的公共端，其余红色线和黄色线分别连接到雨量计输出端子的1、2触点。

除了翻斗式雨量计，虹吸式、称重式其他雨量计信号线无需接入。

(7) 连接专用输出水管：水管一端插入机箱左侧“出水口”接口处（图8.3），另一端通过配置的专用卡座将其固定于雨量计承雨器上方。

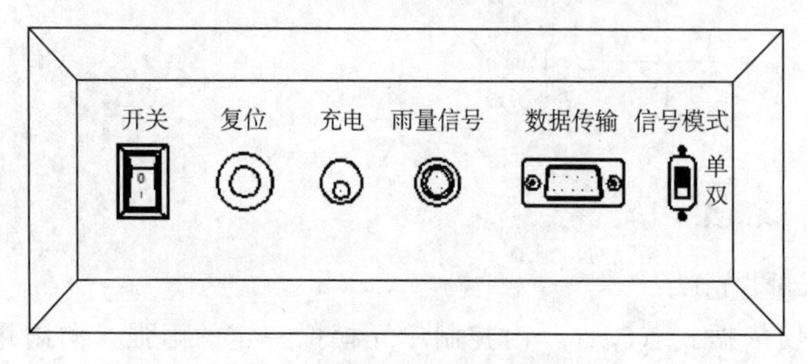

图8.2 箱体电路交互接口

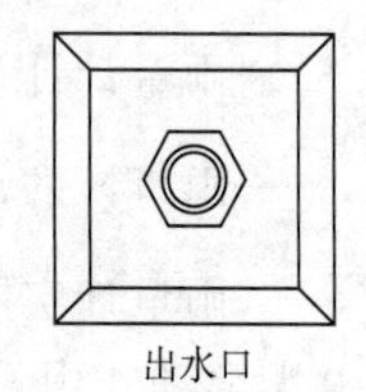

图8.3 箱体水路交互接口

(8) 选择信号模式。根据被检雨量计的输出信号模式，将拨动开关拨到相应的位置；单触点输出型向上拨，双触点转换输出型向下拨（图8.2）。

(9) 接通总电源。打开机箱右侧电源开关（图8.2）。

(10) 打开称重传感器电源。液晶显示器的人机交互界面显示稳定（此过程约耗时1min）后，按称重传感器电源按键，待称重传感器显示［0.00］，表示此时水量计量单元已处于正常工作状态。

(11) 准备检定用水。储水器（总容量约2200mL，相当于70mm雨量）内装入适量清洁的水，将其平稳地置于称重传感器的托盘之上。

储水器内装入的初始水量，建议其水位线距储水器口沿30mm左右（此时的储水量大约相当于50mm雨量），以方便储水器的取放，确保水不致意外泼溅到储水器外。无纯净水源的被检雨量计安装点，应事先备好足量的清洁水。

(12) 安置虹吸乳胶管。将乳胶管的自由端放入储水器内。

乳胶管不可触碰到储水器内壁及其底部，以免引起计量误差。产品出厂前，已对乳胶管自由端的伸出位置以及其伸出长度做好了较精确的计算；为保证可靠，安装后应再检查一遍。

2. 检定操作

(1) 翻斗式雨量计的检定。开机后，设备显示图8.4所示的初始启动界面。

在图8.4所示的初始界面中，单击“进入”按钮，弹出“主菜单”对话框，如图8.5所示。

在图8.5所示的“主菜单”界面中，单击“仪器检测”按钮，进入“仪器检测”界面，如图8.6所示。

在图8.6所示的“仪器检测”主界面中，单击“翻斗式雨量计”按钮，进入“仪器检测”的“翻斗式雨量计检测”界面，如图8.7所示。

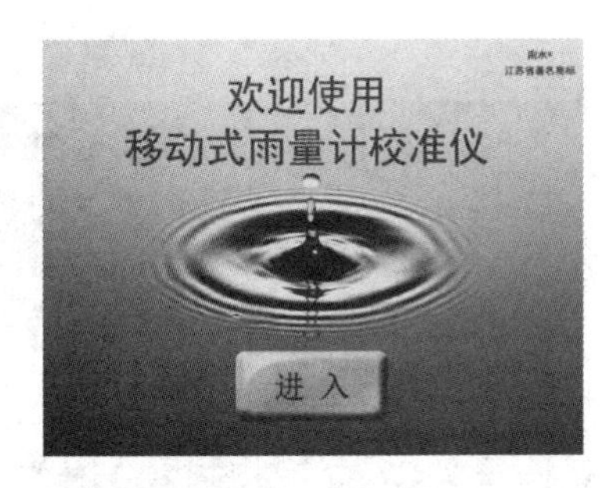

图 8.4　初始界面

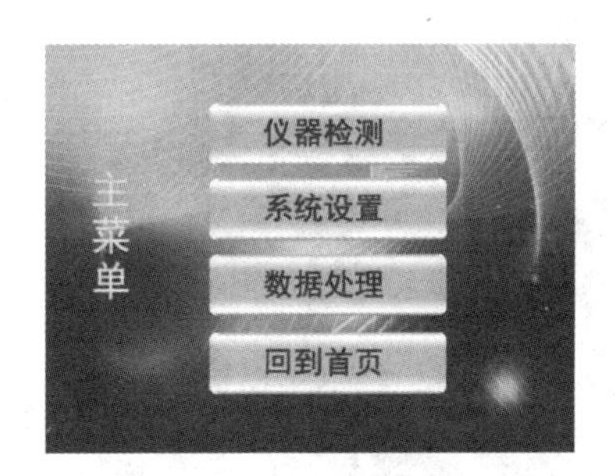

图 8.5　主菜单

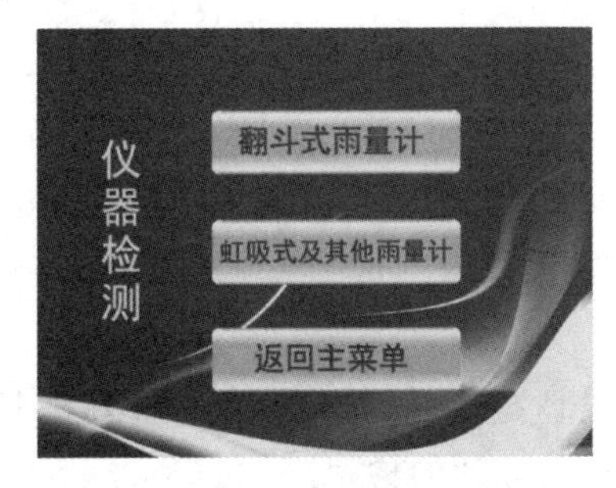

图 8.6　“仪器检测”界面

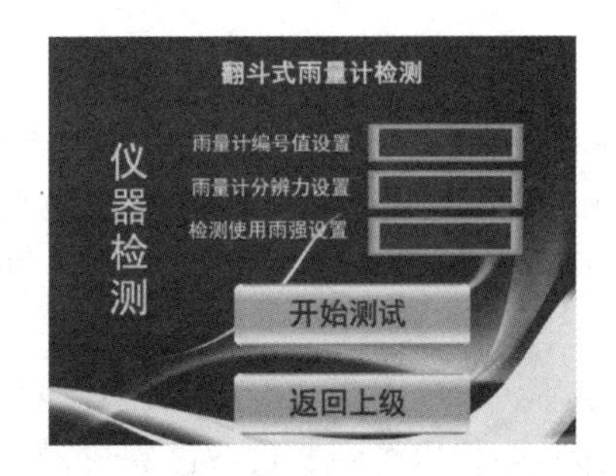

图 8.7　翻斗式雨量计检定参数设置

在图 8.7 所示的“翻斗式雨量计检测”界面中，首先应对被检翻斗式雨量计的相关参数以及检定参数进行必要的设置。

“雨量计编号值设置”：可设置范围为 0～99，供存储查看检定结果时使用。若无需存储检定结果，编号值可不予设置。

“雨量计分辨力设置”：单击该项，在出现的下拉列表框中选择即可。系统给出的可供选择的翻斗式雨量计的分辨力有 0.1mm、0.2mm、0.5mm 和 1.0mm 等 4 项，务必根据被检翻斗式雨量计的实际分辨力做出正确选择。

“检测使用雨强设置”：系统给出的可供选择的模拟降雨强度有 0.4mm/min、2.0mm/min 和 4.0mm/min 等 3 项。单击该项，在出现的下拉列表框中根据需要进行相应的选择。

在图 8.7 所示的“翻斗式雨量计检测”界面中，相关参数设置完成后，单击“开始测试”按钮，在屏幕正下方将出现“检测确认”窗口，如图 8.8 所示。提醒用户电子秤电源是否打开及储水器是否已经装入适量的工作用水，如操作无误，单击“确定”按钮，设备将自动开始检定工作，直至检定结束。该过程无需人工干预，根据选择的模拟降雨强度的不同，整个过程耗时也不同，请耐心等待。

检定结束后，系统弹出检定结果，如图 8.9 所示，同时内部蜂鸣器长响，以提醒您设备已完成对被检雨量计的检定。

在图 8.9 所示的检定结果界面中，单击“存储数据”按钮，可将本次检定结果存储于系统，以便今后的数据查询和处理；单击“结束退出”按钮，则无保存退出；单击“返回上级”按钮，可在设定检定参数后，再次对该雨量计进行检定。需要特别说明的是，储水器内装入的初始水量，经多次检定后，存水量会不断减少；在确认水量充足的情况下，再次进行检定操作。

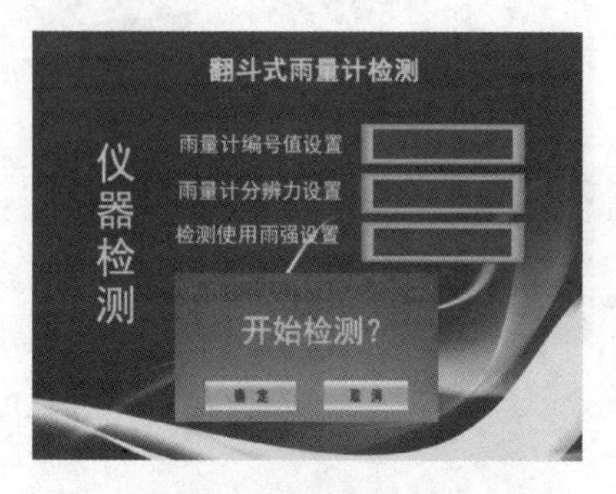

图 8.8　检测确认界面

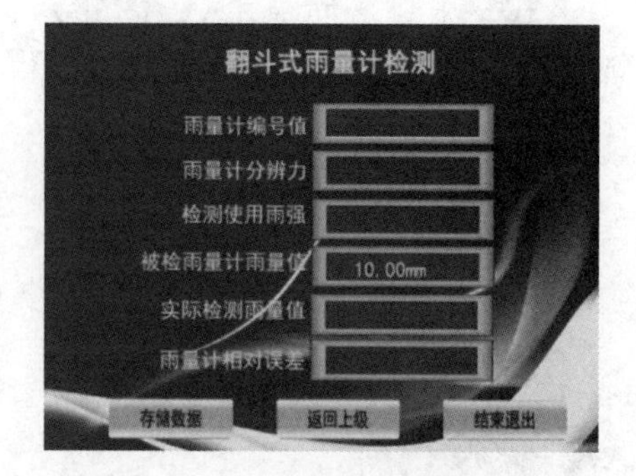

图 8.9　翻斗式雨量计检定结果

(2) 虹吸式及其他雨量计的检定。在图 8.6 所示的“仪器检测”界面中，单击“虹吸式及其他雨量计”按钮，进入“仪器检测”的“虹吸式及其他雨量计检测”界面，如图 8.10 所示。对相关参数进行设定后，单击“开始测试”按钮，然后静待检定结果的出现。

检定结束后，系统弹出“虹吸式及其他雨量计检测结果”界面，如图 8.11 所示，同时内部蜂鸣器长响，以提醒您设备已完成对被检雨量计的检定。

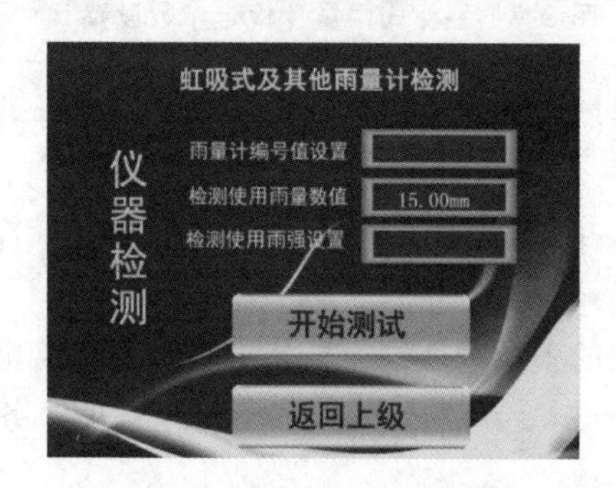

图 8.10　“虹吸式及其他雨量计检测”参数设置

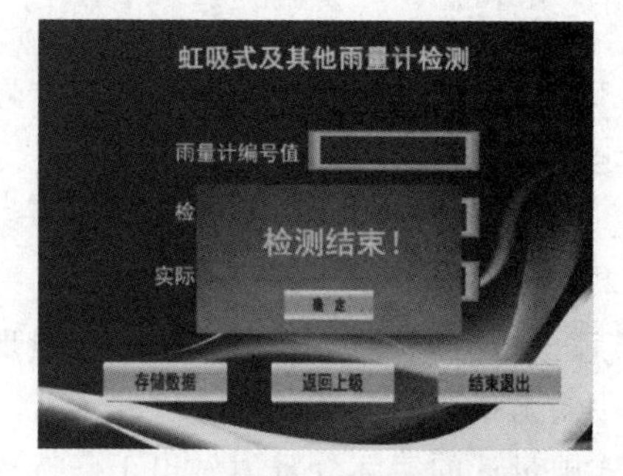

图 8.11　“虹吸式及其他雨量计检测结果”界面

在图 8.11 所示的检定结果界面中，单击“存储数据”按钮，可将本次检定结果存储于系统，以便今后的数据查询和处理；单击“结束退出”按钮，则无保存退出；单击“返回上级”按钮，可在设定检定参数后，再次对该雨量计进行检定。

在设备操作过程中，如因误操作、漏操作或其他原因设备不能正常运行，可轻按设备右侧（图 8.2）“复位”按钮，取消之前操作，程序返回到“初始界面”。

3. 系统设置

在图 8.5 所示的“主菜单”界面中，单击“系统设置”按钮，进入“系统设置”界面，如图 8.12 所示。在此界面下，单击相关按钮后，可对系统时间进行设置以及对设备状态进行测试。

(1) 时间设置。为保证存储的检定结果数据的真实有效性，有必要初次使用本仪器对系统时间进行设置。在图 8.12 所示的“系统设置”界面中，单击“系统时间设置”

按钮，然后在弹出的次级对话框“系统时间设置”中（图 8.13），将当前标准时间设定为系统时间。设定好时间后，按“EN”键，完成系统时间设置并进行保存。下次使用时无需重设。

图 8.12 “系统设置”界面

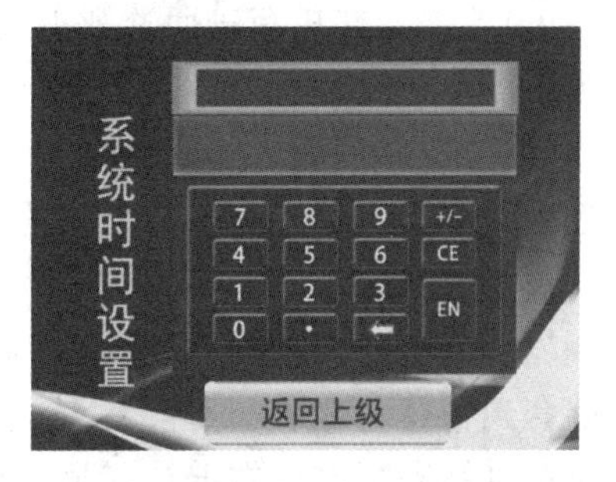

图 8.13 “系统时间设置”界面

（2）系统运行测试。在图 8.12 所示的“系统设置”界面中单击“运行测试”按钮，进入“系统运行测试”界面，如图 8.14 所示，在此界面中单击“开始运行”按钮进行测试，可对设备雨强控制单元的状况进行测试；单击“停止运行”按钮则结束测试。

（3）系统帮助。在图 8.12 所示的“系统设置”界面中，单击“系统帮助”按钮，进入“系统帮助主菜单”对话框（图 8.15），可依据用户需要选择查看仪器的使用说明。

图 8.14 “系统运行测试”界面

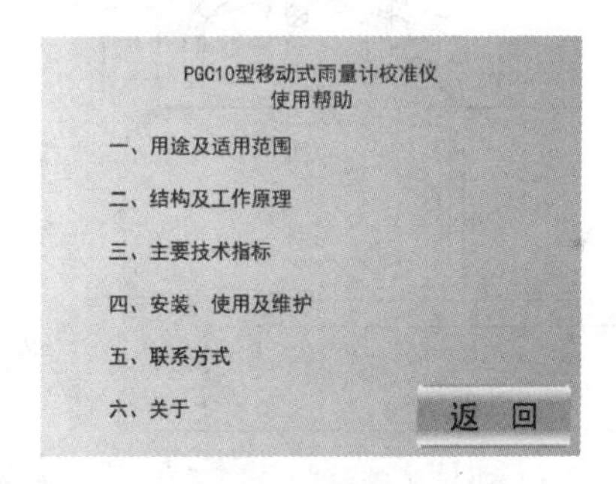

图 8.15 “系统帮助”主菜单

4. 数据处理

在图 8.5 所示的“主菜单”界面中，单击“数据处理”按钮，进入“数据处理”界面，如图 8.16 所示。在此界面中单击相关按钮后，可将检定结果上传到计算机。

在图 8.16 所示的“数据处理”界面中，单击“数据备份”按钮，可将已存储的检定结果数据上传至计算机，以便对检定结果进行查看处理。

图 8.16 “数据处理”界面

5. 设备维护

（1）虹吸乳胶管的更换。

虹吸乳胶管在雨强控制单元中，对雨强控制精度具有极其重要的作用。设备经过长期使用运行后，可能会出现乳胶管变形、老化等现象，因此，有必要定期更换。建议其更换周期为1年。

1）掀开机箱顶盖。在机箱正面透视观察窗的上部，有两个免工具翻盖螺钉，将它们拧下后掀开机箱顶盖。

2）取出待更换的虹吸乳胶管。将蠕动泵头部为黑色的拨杆逆时针方向拨动到最左端，此时锁紧虹吸乳胶管卡头打开，将待更换的虹吸乳胶管从箱体左侧的管接头和蠕动泵卡口处取出。

3）更换虹吸乳胶管。剪取一段长为570mm（外径为ϕ8mm、内径为ϕ5mm）乳胶管；将乳胶管一端套到箱体左侧管接头宝塔头上，乳胶管端部必须要紧贴管接头大端部；乳胶管另一端依次穿过蠕动泵左、右卡口；最后将乳胶管另一端穿过安装板的孔，保证乳胶管向下伸出端到安装板距离约为120mm（图8.17），顺时针方向拨动蠕动泵头部黑色拨杆到最右端，锁紧虹吸乳胶管。

乳胶管安装完成后，开启仪器运行，检查乳胶管和管接头的接合面是否渗水、乳胶管是否能正常供水。

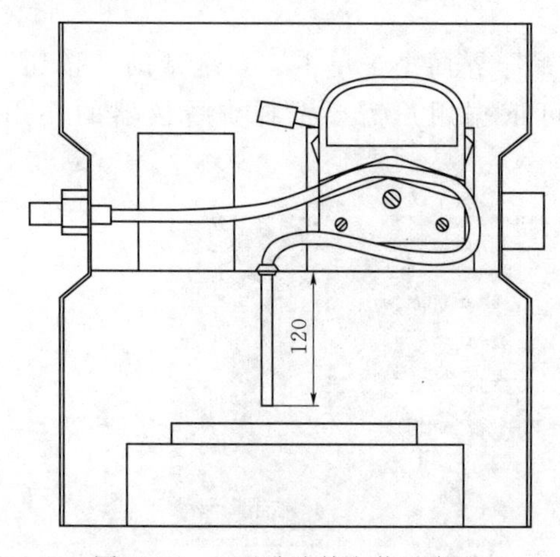

图8.17 虹吸乳胶管安装示意图

（2）称重传感器的维护。称重传感器是水量计量单元的核心部件，对系统计量的准确性举足轻重。日常使用和维护过程中，应当切实遵循随机配置文件《精密天平操作手册》的相关规定。尤其应注意以下几点。

1）每隔3个月应当对称重传感器进行一次人工标定，以保证计量精度。具体标定方法及操作流程详见《精密天平操作手册》。

2）称重传感器的最大计量重量为3.2kg，严禁超量程使用。

3）储水器应轻拿轻放，不得对称重传感器造成人为冲击。

4）避免强烈振动，设备运输过程中，必须放入专用拉杆运输箱。

（3）其他事项。每次使用前，应当检查内部电池电量，以免影响正常使用。当电池电压低于9V时，设备内部的蜂鸣器会鸣响，同时液晶显示屏的左上角会有欠压指示标识，此时应及时充电或更换电池。有条件的使用场所，可以一边充电一边工作。

阳光直射条件下工作时，液晶显示屏的显示状态可能无法辨识，此时应当采取一定的遮阳措施。

避免雨天使用，一是设备自身未达到一定的防护等级，二是不可影响被检雨量计对自然降雨的正常观测，三是检定过程中自然降雨与人工模拟降雨不可同时存在。

6. 一般故障分析与排除

一般故障分析与排除见表8.1。

表 8.1 故障分析与排除

故障现象	常见原因	解决办法
系统死机	未按使用要求操作	按复位键，回系统初始界面
设备使用时出水口有水渗出	出水口处的两接头连接防水层已破坏	出水口处两接头拆下，在公螺纹接头处缠适量生胶带后，将两接头并紧
输出水管卡于管接头处不能正常拔出	管接头损坏	更换新接头
欠压报警	电源电量过低	及时充电
电源充不进电	内置锂电池使用年限到	更换 12V、20Ah 锂电池
充满电使用小于 2h 再次欠压报警	内置锂电池损害	更换 12V、20Ah 锂电池
其他		送厂维修

8.2.4 产品配置

（1）主机 1 台。

（2）专用输出水管（外径 ϕ6mm×壁厚 1mm，长 8m）1 根。

（3）雨量信号线（长 8m）1 根。

（4）专用卡座 1 只。

（5）12V 电源适配器 1 只。

（6）标准砝码（1kg，用于称重传感器的标定）2 只。

（7）专用拉杆运输箱 1 只。

（8）使用说明书（含本说明书、《精密天平操作手册》）1 套。

（9）合格证（含整机产品合格证、精密天平合格证、制造计量器具许可证）1 套。

8.3 应用实例与分析

8.3.1 汉中水文水资源勘测局应用实例

1. 基本情况

（1）项目由来。雨量计检测校准由水利部水文局整体统筹开展，主要针对目前广泛使用的不同类型的雨量传感器的仪器标准及降水量观测规范，依托在建的中小河流水文监测系统和山洪灾害监测预警预报系统开展降水量观测系列标准关系研究。

该局作为项目协作的试点用户单位，依托中小河流水文监测系统报汛通信系统工程及山洪灾害监测预警系统工程，分别开展汛前、汛中、汛后的雨量传感器的校准工作。

（2）检测的必要性。降水量作为水文测验中最基本的监测要素之一，雨量计也是陕西省降水量观测中运用仪器数量最多的仪器，而雨量计长期安装在野外环境中，经过长时间的运行，其计量的准确性会发生改变，因此，开展现场检测和校准，有效保证雨量计监测数据的准确性和可靠性是十分必要的。

（3）采用的标准、规范和技术要求。

《水文仪器基本环境试验条件及方法》(GB/T 9359—2001)。

《水文仪器基本参数及通用技术条件》(GB/T 15966—2007)。

《水文仪器可靠性技术要求》(GB/T 18185—2000)。

《水文仪器通则　第1部分：总则》(GB/T 18522.1—2003)。

《水文仪器通则　第2部分：参比工作条件》(GB/T 18522.2—2002)。

《水文仪器通则　第3部分：基本性能及其表示方法》(GB/T 18522.3—2001)。

《水文仪器通则　第4部分：结构基本要求》(GB/T 18522.4—2002)。

《水文仪器通则　第5部分：工作条件影响及试验方法》(GB/T 18522.5—2002)。

《水文仪器通则　第6部分：检验规则及标志、包装、运输、贮存、使用说明》(GB/T 18522.6—2007)。

《水利水文自动化系统设备检验测试通用技术规范》(GB/T 20204—2006)。

《翻斗式雨量计》(GB/T 11832—2002)。

《降水量观测规范》(SL 21—2006)。

《水文资料整编规范》(SL 247—2012)。

《雨量计现场检测/校准作业规程》(水利部水文仪器及岩土工程仪器质量监督检验测试中心，2015年6月)

(4) 工作目标。研究降水量观测系列标准的关系，根据降水量观测规范，针对目前广泛使用的不同类型的雨量传感器的仪器标准、规程和规范，研究各标准之间技术指标的适应性及一致性。通过降水量观测仪器生产厂家、使用单位、质检机构及管理单位之间对各技术指标以多层面、多角度的探讨和研究，建立针对降水量观测系列标准编制的评价体系，为今后相关部门开展标准体系建立提供技术支撑。

(5) 主要任务。

1) 依托中小河流水文监测系统报汛通信和山洪灾害监测预警系统工程，根据野外检测作业指导书主要对降水量仪器及观测规范的现场应用，开展雨量传感器在不同时期、不同条件下的日常检定及校准工作。

2) 编制现场应用工作情况报告。

2. 检测区域概况

(1) 自然地理。汉中市位于陕西省西南部，东经106°51′～107°10′、北纬33°02′～33°22′之间，北依秦岭，南屏巴山，与甘肃、四川毗邻，中部为盆地，市域总面积2.72万km^2，汉江是秦岭和巴山的天然分界线，秦岭山脉绵延于流域北部(主峰太白山海拔高度3771.2m)，是长江、黄河两大流域的分水岭，也是我国南北气候的分界线；大巴山横卧于流域南部，呈西北～东南向分布(主峰米仓山海拔高程2507m)。汉江自西向东穿行于秦岭、巴山之间，长时期冲击作用形成了汉江两岸的平川地带，即汉中盆地。

汉江上游洋县小峡口以上流域内北、西、南三面环山，两山夹一川的地势结构比较突出。按照地貌类型划分，小峡口以上可划分为秦巴山区、山前丘陵区、平原区三类。

秦巴山区：主要分布于南北两翼秦(岭)巴(山)山脉山坡地带，占全流域面积的75%，该区基岩裸露，山峦重叠，水流湍急，是汉江流域的主要地貌类型。

山前丘陵区：分布于秦巴山脉坡脚一带，多呈东西带状展布。该区地势起伏较大，人类活动频繁，水土流失较为严重，为秦巴山区向汉江平原区的过渡地带，面积占全流域面积的16%。

平原区：即为汉江干流两岸平川地带，主要由河流阶地组成。该区大致呈东西向条带状分布，东西长约100km，南北宽为2～25km，面积占全流域面积的9%，区域内地势平坦，土地肥沃，水源丰富，交通便利，经济发达，素有“鱼米之乡”之称，历来为当地政治、经济、文化中心，地位十分重要。

(2) 河流水系。汉中市的河流均属长江流域，在水系组成上，主要是东西横贯的汉江水系和南北纵穿的嘉陵江水系。汉江是长江最大的支流，横贯汉中盆地，是本区域内水系网络的骨架。

(3) 气候。秦岭是中国南北气候的分界线，汉中位于秦岭和米仓山之间，汉中盆地、丘陵和低山区四季分明，冬无严寒，夏无酷暑，雨热同季，稻麦两熟，适宜粮油作物生长。

汉中市的气温地理分布主要受制于地形。年均气温14℃。西部略低于东部，南北山区低于平坝和丘陵。

(4) 降水。全市年降雨量在800～1700mm之间，南部米仓山年降水量在1100～1700mm，平坝丘陵区在800～900mm。嘉陵江流域由北向南递增，年际变化大，年内分配不均。年内7月降水量最多，9月次之，7—9月这3个月降水量占全年降水量的60%左右，降水则由北向南递增。降雨量总体偏多，时空分布不均，小范围、短历时、高强度暴雨频繁。

3. 雨量计检测工作的开展

(1) 雨量站现状。2012年前，我局有124个基本雨量站，大部分采用的是人工观测雨量，其中只有少数的报汛雨量站采用水利部南京水利水文自动化研究所生产的JDZ-1型雨量数据采集仪（固态存储），雨量计采用的水利部南京水利水文自动化研究所生产的JDZ02-1型翻斗式雨量计，2012年开始中小河流水文监测系统建设新建和改造雨量站点304处。截至目前，我局雨量观测站点331处，全部采用遥测。

汉中市位于秦巴山区，受地形、树木和人为因素的影响，除水文站的雨量计安装在标准观测场内（图8.18～图8.21），雨量计器口离地面高度在0.7～2.0m内，委托雨量站由于场地限制，雨量计大多数安装在乡政机关单位或居民楼房顶，雨量计器口离地面高度均在5～8m之间（图8.20）。

图8.18 西水街水文站观测场

图8.19　洋县水文站观测场

图8.20　龙亭雨量站观测场

（2）前期准备。在进行雨量计检测工作之前，组织有关人员学习了相关的标准、规范和技术要求，认真学习了《PGC10型移动式雨量计率定仪使用说明书》以及《雨量计现场检验/校准作业规程》（试行），购置了游标万能角度尺、游标卡尺及水平尺等测量器具，并在室内进行了检测操作，熟悉检测过程，了解检测中的各项技术要求，确保现场检测校准的顺利开展。

按照任务要求，对辖区内的雨量站点进行了分区，确定检测的站点和路线，使被检测雨量站点分布于不同的地区。

（3）外观检测。现场对所检测的雨量计的承雨口内径尺寸、承雨口刃口角度和承雨口是否水平，采用专业工具进行检测，检查了雨量计是否有仪器铭牌，传感器型号、出厂编号等是否清晰，雨量计表面是否有明显的凸凹、裂缝、变形等；检查了承水口是否变形、过滤网是否损坏、翻斗部件是否转动灵活无阻滞现象，斗室有无渗、漏水等缺陷，翻斗内

图 8.21 秦家坝雨量站

壁是否清洁无油污；各零部件是否有松脱、变形及其他影响使用的缺陷（图 8.22）。

图 8.22 外观检测

经检查除个别站雨量计承水口略有 1～2mm 的变形外，其他均符合规定要求。外观检测情况见表 8.2。

表 8.2 汉中水文局雨量计外观检测统计表

序号	站名	承雨口 内径/mm	承雨口 刃口角度/(°)	其他外观 检测情况	是否合格	备注
1	武侯镇	200.0	40.10	良好	合格	
2	镇川	200.5	40.14	良好	合格	
3	大河坝	200.28	41.48	良好	合格	
4	元墩	200.5	41	良好	合格	
5	青木川	200.2	41.3	良好	合格	
6	小河口	199.7	40.52	良好	合格	

续表

序号	站名	承雨口 内径/mm	承雨口 刃口角度/(°)	其他外观 检测情况	是否合格	备注
7	双溪铺	200.1	40.5	良好	合格	
8	升仙村	200.2	41	良好	合格	
9	马道	200.2	40.33	良好	合格	
10	汉中	200.4	41.02	良好	合格	
11	三华石	200	40	良好	合格	
12	秦家坝	200.42	41.18	良好	合格	
13	小坝	200.2	42.2	良好	合格	
14	回军坝	200.4	41.1	良好	合格	
15	歇马	200.5	42.5	良好	合格	
16	法镇	200	41.1	良好	合格	
17	法慈院	200.2	41	良好	合格	
18	湘水	200.1	40.4	良好	合格	
19	塘口子	200.1	42.16	良好	合格	
20	黄官	200.3	41.1	良好	合格	
21	新集	200	42	良好	合格	
22	司上	200.1	42.1	良好	合格	
23	江口	200	41.6	良好	合格	
24	茶店子	200.2	42.6	良好	合格	
25	酉水街	200.2	41.2	良好	合格	
26	龙亭	200.3	42.4	良好	合格	
27	洋县	200	42	良好	合格	

(4) 计量误差检测。如何评定翻斗式雨量计的测量精度，应当采用何种检测方法来准确反映其误差大小，已引起仪器制造商和使用者的关注。目前，水文站对雨量计的检测通常采用人工注水检测。检测时采用专用雨量量筒取10mm的清水，通过人工模拟一定的雨强，缓慢、均匀地倒入翻斗的引水斗内，记录翻斗的翻转次数，通过3次滴水试验，其每次滴水试验误差均在±4%以内时，表明雨量计安装合格，可投入使用。

采用人工注水检测方法简单、易行，关键问题是倒水速度须严格控制定量、均速，尤其是要控制雨强切勿过大，更不能突然猛倒，因计量误差随着雨强的增大而迅速增加。然而，由于操作者在倒水过程中要保持恒稳的速度是相当困难的。如发生突然加速，雨强增大或减小，都将影响检测成果，所以这种方法要模拟雨强比较困难。

1) 检测手段。本次计量检测采用江苏南水水务科技有限公司生产的PGC10型移动式雨量计率定仪（图 8.23、图 8.24）。

图 8.23 马道水文站检测现场

图 8.24 歇马雨量站检测现场

工作原理：当用户通过人机交互界面输入雨强数据后，数据采集及控制单元接收处理数据，微电脑依据用户雨强数据输出控制脉冲信号，精确控制雨强控制单元输出流量实现不同雨强。雨强控制单元中的计量泵系统按控制的流量向被检雨量计内注水，当被检雨量计翻动第一斗时，启动检测，即向数据采集及控制单元微电脑发出计量执行命令，微电脑记录并存储当前高精度称重计量单元重量数据，持续以给定流量向雨量计内注水，当被检雨量计所翻斗数达到设定斗数时，计量泵停止注水，同时微电脑再次采集当前高精度称重计量单元重量数据，微电脑接收并处理结果，将检测结果通过显示屏显示。

检测步骤如下。

a. 检测前先取下雨量计不锈钢外筒，检查仪器水平气泡是否居中、翻斗是否翻转灵活、有无卡滞现象。

b. 对雨量计进行清洗，检查水路是否畅通，用清水对引水漏斗、翻斗进行充分润湿。

c. 安装移动雨量检定装置，作必要的例行检查，对仪器进行初始化。

d. 在移动雨量检定装置显示屏上设定技术参数和模拟降雨强度，开始检测。

e. 在设定雨强 4mm/min 状态下，移动雨量检定装置恒速向雨量计注入清水，并自动对翻斗的翻转次数进行计数。

f. 当翻斗翻转 50 次，记录降水量为 10mm 时，移动雨量检定装置停止注水，仪器自动测量已注入水量，计算并显示翻斗计量误差。如果发现计量误差超出±4.0%，即对雨量计进行校准重新检测，合格后再进行中小雨强的检测。

2）雨量计校准。翻斗式雨量计的计量误差主要为仪器基本误差和翻斗计量误差，本次检测仅考虑翻斗的计量误差。通过对翻斗式雨量计的检测，当翻斗的计量误差大于±4%时，即对雨量计进行调试校准。校准后，再次分别进行大、中、小 3 个雨强的翻斗计量误差检测，直到计量误差在 0.4mm 内为止。

4. 检测数据误差分析

（1）误差计算。根据野外检测作业指导书《雨量计现场检测/校准作业规程》利用移动雨量检定装置（PGC10 型移动式雨量计率定仪）对雨量计翻斗计量误差进行检测。

对雨量计的测量精度（这里指翻斗式雨量计的翻斗计量误差和 PGC10 型移动式雨量计率定仪自动测量注入水量）一般用相对误差来表示，即

$$E_b = \frac{\bar{V}_i - \bar{V}_p}{\bar{V}_p} \times 100\% \tag{8.2}$$

式中 E_b ——翻斗式雨量计的相对误差，%；

$\bar{V}_i$ ——雨量计计量水量，10mm；

$\bar{V}_p$ ——移动雨量检测装置实际注入水量，mm。

以 PGC10 型移动式雨量计率定仪自动测量注入水量作为真值，以翻斗式雨量计记录量作为仪器记录雨量，用相对误差来评价翻斗雨量计计量误差的合格率。

（2）检测过程。在检测过程中，根据工作大纲要求，开展雨量传感器在不同时期、不同条件下的日常检定及校准，检测工作分别安排在汛中、汛后、汛前的 3 个时段进行，根据汉中的特有地形情况，首次检测时将检测站点分布在汉中盆地、丘陵、山区不同地区，共计检测雨量站点 27 个 57 站次。

1）汛中检测情况。从 2015 年 8 月 12 日开始，我局组织技术人员开始对不同条件下（平川、丘陵、山区）的雨量站的翻斗式雨量计进行检测，首次检测时，为了提高检测的效率，开始在设定为大雨强的状态下进行滴定，如果发现计量误差超出±4%，就对雨量计进行校准，校准后重新检测，检测合格后再进行中、小雨强的检测。检测数据见表 8.3。

表 8.3 翻斗式雨量计计量检测记录表

区域	序号	站名	雨量计编号	型号	分辨率/mm	雨强/(mm/min)	相对误差/%	
							校准前	校准后
平川	1	武侯镇	南京所 990184	JDZ02-1	0.2	4	1.0	0.0
						2	−6.6	3.0
						0.4	−6.6	−2.0

续表

区域	序号	站名	雨量计编号	型号	分辨率/mm	雨强/(mm/min)	相对误差/%	
							校准前	校准后
平川	2	镇川	长春丰泽 122380	FDY-02	0.2	4	−3.9	
						2	−2.0	
						0.4	1.0	
	3	大河坝	长春丰泽 1223	FDY-02	0.2	4	−3.0	
						2	−3.0	
						0.4	2.0	
	4	元墩	南京所 990184	JDZ02-1	0.2	4	−9.1	−1.0
						2	−9.1	2.0
						0.4	−3.0	3.0
	5	汉中	长春丰泽 122361	FDY-02	0.2	4	−5.7	−3.8
						2		−3.0
						0.4		−1.0
	6	三华石	长春丰泽 122518	FDY-02	0.2	4	−3.9	
						2	4.1	
						0.4	1.0	
	7	洋县	长春丰泽 122629	FDY-02	0.2	4		−3.0
						2	6.3	1.0
						0.4		8.6
	8	龙亭	长春丰泽 122609	FDY-02	0.2	4		−3.9
						2	6.3	0.0
						0.4		7.5
丘陵	1	升仙村	南京所 000281	JDZ02-1	0.2	4	−3.0	
						2	−1.0	
						0.4	2.0	
	2	歇马	长春丰泽 122542	FDY-02	0.2	4	−3.0	
						2	1.0	
						0.4	3.0	
	3	法镇	长春丰泽 122559	FDY-02	0.2	4	−1.0	
						2	3.0	
						0.4	2.0	
	4	法慈院	长春丰泽 122528	FDY-02	0.2	4	−2.0	
						2	0.0	
						0.4	3.1	

续表

区域	序号	站名	雨量计编号	型号	分辨率/mm	雨强/(mm/min)	相对误差/%	
							校准前	校准后
丘陵	5	湘水	长春丰泽 122314	FDY-02	0.2	4	−2.0	
						2	−2.0	
						0.4	1.0	
	6	塘口子	长春丰泽 122513	FDY-02	0.2	4	−1.0	
						2	−1.0	
						0.4	0.0	
	7	黄官	长春丰泽 122393	FDY-02	0.2	4	−4.8	−1.0
						2		3.0
						0.4		4.1
	8	新集	长春丰泽 122506	FDY-02	0.2	4	−1.0	
						2	0.0	
						0.4	4.1	
	9	茶店	南京所 000368	JDZ02-1	0.2	4		−3.9
						2	3.0	0.0
						0.4		3.0
秦巴山区	1	青木川	长春丰泽 122397	FDY-02	0.2	4	−1.0	
						2	2.0	
						0.4	4.1	
	2	小河口	南京所 990763	JDZ02-1	0.2	4	−3.0	
						2	2.0	
						0.4	4.1	
	3	双溪镇	长春丰泽 122355	FDY-02	0.2	4	1.0	
						2	−1.0	
						0.4	5.2	
	4	马道	南京所 990921	JDZ02-1	0.2	4	−3.0	−3.0
						2	1.0	0.0
						0.4	5.2	4.1
	5	秦家坝	长春丰泽 122516	FDY-02	0.2	4	−3.9	
						2	2.0	
						0.4	3.1	
	6	小坝	长春丰泽 122560	FDY-02	0.2	4	−1.0	
						2	3.1	
						0.4	4.1	

续表

区域	序号	站名	雨量计编号	型号	分辨率/mm	雨强/(mm/min)	相对误差/%	
							校准前	校准后
秦巴山区	7	回军坝	长春丰泽 122269	FDY-02	0.2	4	-1.0	
						2	2.0	
						0.4	3.1	
	8	江口	南京所 990727	JDZ02-1	0.2	4		-3.9
						2	3.0	0.0
						0.4		1.0
	9	酉水街	南京所 990722	JDZ02-1	0.2	4		-3.0
						2	3.0	0.0
						0.4		4.1
	10	司上	长春丰泽 122	JDZ02-1	0.2	4		-3.9
						2	-1.0	0.0
						0.4		7.5

在检测的27个站中，其中平川区8个站，丘陵区9个站，秦巴山区10个站。通过对检测数据分析统计，平川区检测雨量计的误差范围在-3.9%～8.6%，平均误差为2.56%。丘陵区检测的雨量计误差范围在-3.9%～4.1%，平均误差为1.90%。秦巴山区雨量计检测误差范围在-3.9%～7.5%，平均误差为2.57%。平川、丘陵、秦巴山区平均误差均未超过±3%。

根据表8.3中数据，点绘雨量计相对误差与降雨强度关系如图8.25所示。

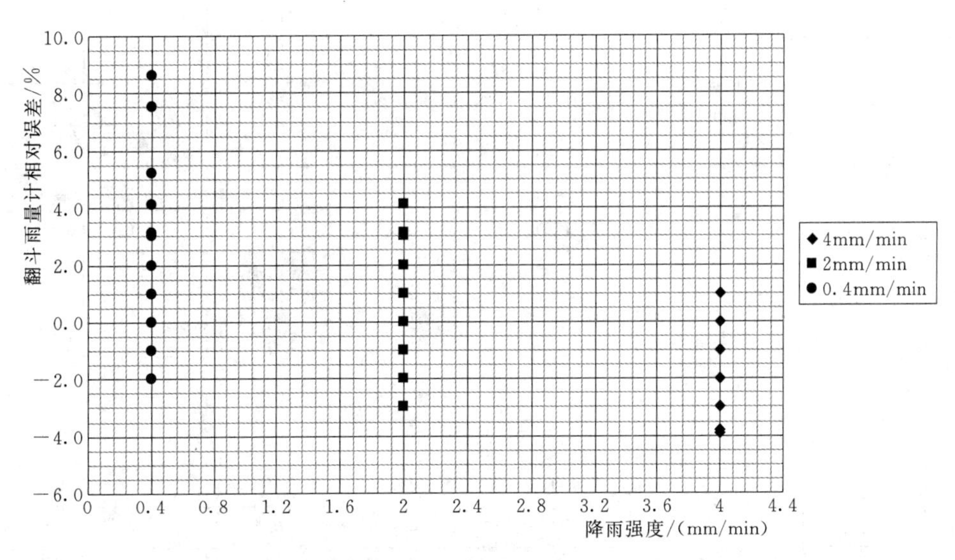

图8.25 降雨强度与翻斗雨量计相对误差关系

由于检测时水量直接滴入雨量计桶内，受外界因素影响较小，在不同的条件下检测结果没有明显差异。

2）汛后检测情况。2015年12月（汛后），对已检测过的雨量计进行了再次检测，根据仪器误差的分布规律调整了检测强度的顺序，首先进行中雨强（2mm/min的降雨强度）检测，当检测数据的相对误差大于±1%时，即对雨量计进行校准，校准后检测误差尽量使其为0，再进行其他雨强的检测。检测数据见表8.4。

表8.4　　翻斗式雨量计测量精度检测记录表

<table>
<tr><th>序号</th><th>站名</th><th>雨量计编号</th><th>型号</th><th>分辨率
/mm</th><th>雨强
/(mm/min)</th><th colspan="2">相对误差
/%</th></tr>
<tr><td rowspan="3">1</td><td rowspan="3">小河口</td><td rowspan="3">南京所
990763</td><td rowspan="3">JDZ02-1</td><td rowspan="3">0.2</td><td>4</td><td rowspan="3">-1.0</td><td>-2</td></tr>
<tr><td>2</td><td>1.0</td></tr>
<tr><td>0.4</td><td>4.1</td></tr>
<tr><td rowspan="3">2</td><td rowspan="3">双溪镇</td><td rowspan="3">长春丰泽
122355</td><td rowspan="3">FDY-02</td><td rowspan="3">0.2</td><td></td><td rowspan="3"></td><td>-4.8</td></tr>
<tr><td>2</td><td>-1.0</td></tr>
<tr><td>0.4</td><td>6.3</td></tr>
<tr><td rowspan="3">3</td><td rowspan="3">升仙村</td><td rowspan="3">南京所
990921</td><td rowspan="3">JDZ02-1</td><td rowspan="3">0.2</td><td>4</td><td rowspan="3">2.0</td><td>-3.9</td></tr>
<tr><td>2</td><td>1.0</td></tr>
<tr><td>0.4</td><td>4.1</td></tr>
<tr><td rowspan="3">4</td><td rowspan="3">汉中</td><td rowspan="3">长春丰泽
122361</td><td rowspan="3">FDY-02</td><td rowspan="3">0.2</td><td>4</td><td rowspan="3">3.0</td><td>-4.8</td></tr>
<tr><td>2</td><td>0</td></tr>
<tr><td>0.4</td><td>6.3</td></tr>
<tr><td rowspan="3">5</td><td rowspan="3">三华石</td><td rowspan="3">长春丰泽
122518</td><td rowspan="3">FDY-02</td><td rowspan="3">0.2</td><td>4</td><td rowspan="3">4.1</td><td>-3.9</td></tr>
<tr><td>2</td><td>0</td></tr>
<tr><td>0.4</td><td>5.2</td></tr>
<tr><td rowspan="3">6</td><td rowspan="3">马道</td><td rowspan="3">南京所
990921</td><td rowspan="3">JDZ02-1</td><td rowspan="3">0.2</td><td>4</td><td rowspan="3"></td><td>-3</td></tr>
<tr><td>2</td><td>0</td></tr>
<tr><td>0.4</td><td>4.1</td></tr>
<tr><td rowspan="3">7</td><td rowspan="3">江口</td><td rowspan="3">南京所
990727</td><td rowspan="3">JDZ02-1</td><td rowspan="3">0.2</td><td>4</td><td rowspan="3">3.0</td><td>-3.9</td></tr>
<tr><td>2</td><td>0</td></tr>
<tr><td>0.4</td><td>1</td></tr>
<tr><td rowspan="3">8</td><td rowspan="3">司上</td><td rowspan="3">长春丰泽
122</td><td rowspan="3">FDY-02</td><td rowspan="3">0.2</td><td>4</td><td rowspan="3">-1.0</td><td>-3.9</td></tr>
<tr><td>2</td><td>0</td></tr>
<tr><td>0.4</td><td>7.5</td></tr>
<tr><td rowspan="3">9</td><td rowspan="3">歇马</td><td rowspan="3">长春丰泽
122542</td><td rowspan="3">FDY-02</td><td rowspan="3">0.2</td><td>4</td><td rowspan="3"></td><td>-2</td></tr>
<tr><td>2</td><td>0</td></tr>
<tr><td>0.4</td><td>7.5</td></tr>
<tr><td rowspan="3">10</td><td rowspan="3">法镇</td><td rowspan="3">长春丰泽
122559</td><td rowspan="3">FDY-02</td><td rowspan="3">0.2</td><td>4</td><td rowspan="3">3.0</td><td>-3.9</td></tr>
<tr><td>2</td><td>0</td></tr>
<tr><td>0.4</td><td>3</td></tr>
</table>

续表

序号	站名	雨量计编号	型号	分辨率/mm	雨强/(mm/min)	相对误差/%	
11	茶店子	南京所 990368	JDZ02-1	0.2	4		−3.9
					2	4.1	0
					0.4		5.2
12	武侯镇	南京所 990184	JDZ02-1	0.2	4		−3.9
					2	5.2	0
					0.4		2
13	镇川	长春丰泽 122380	FDY-02	0.2	4		−3.9
					2	3.0	0
					0.4		6.3
14	西水街	南京所 990722	JDZ02-1	0.2	4		−3
					2	2.0	0
					0.4		4.1
15	龙亭	长春丰泽 1226.09	FDY-02	0.2	4		−3.9
					2	6.3	0
					0.4		7.5
16	洋县	长春丰泽 122629	FDY-02	0.2	4		−3
					2	6.3	1
					0.4		8.6

从表8.4中数据看出，检测的16个站中，其中有2个站在模拟雨强为4mm超出误差，双溪站为−5.7%、汉中站为−4.8%。模拟雨强为0.4mm时有10个站超出误差，且个别站点雨量计在同一雨强的情况下经过多次检测仍然超出误差范围。

点绘雨量计相对误差与降雨强度相关图如图8.26所示，通过图可看出，雨量计的计量误差符合其分布规律。

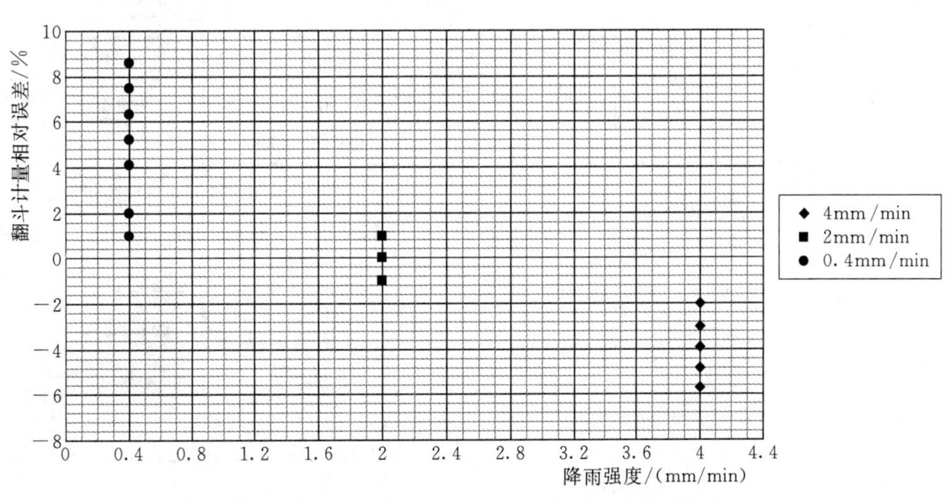

图8.26 模拟降雨强度与翻斗计量相对误差关系

3）汛前检测情况。2016年3月（汛前），再次对雨量计进行重复性检测试验，检测结果见表8.5。

表8.5　　翻斗式雨量计检测情况记录表

序号	站名	雨量计编号	型号	分辨率 /mm	雨强 /(mm/min)	相对误差 /%	
1	小河口	南京所 990763	JDZ02-1	0.2	4		−3.0
					2		1.0
					0.4		4.1
2	双溪镇	长春丰泽 122355	FDY-02	0.2			−4.8
					2	1.0	0.0
					0.4		5.2
3	升仙村	南京所 990921	JDZ02-1	0.2	4		−3.9
					2		0.0
					0.4		4.1
4	汉中	长春丰泽 122361	FDY-02	0.2	4		−2.0
					2		1.0
					0.4		5.2
5	三华石	长春丰泽 122518	FDY-02	0.2	4		−3.9
					2		1.0
					0.4		6.3
6	马道	南京所 990921	JDZ02-1	0.2	4		
					2		
					0.4		
7	歇马	长春丰泽 122542	FDY-02	0.2	4		−2.0
					2	−2.0	0.0
					0.4		6.6
8	法镇	长春丰泽 122559	FDY-02	0.2	4		−3.9
					2		0.0
					0.4		4.1
9	茶店子	南京所 990368	JDZ02-1	0.2	4		−3.0
					2		1.0
					0.4		5.2
10	武侯镇	南京所 990184	JDZ02-1	0.2	4		−2.0
					2		0.0
					0.4		4.1

续表

序号	站名	雨量计编号	型号	分辨率/mm	雨强/(mm/min)	相对误差/%	
11	镇川	长春丰泽 122380	FDY-02	0.2	4		−4.8
					2		0.0
					0.4		5.2
12	西水街	南京所 990722	JDZ02-1	0.2	4		−4.8
					2	1.0	0.0
					0.4		3.0
13	龙亭	长春丰泽 1226.09	FDY-02	0.2	4		−4.8
					2		0.0
					0.4		5.2
14	洋县	长春丰泽 122629	FDY-02	0.2	4		−6.6
					2	1.0	0.0
					0.4		5.2

从表 8.5 中数据可看出，检测的 14 个站中，其中有 9 个站在模拟雨强检测中超出误差，其中 8 个站小雨强检测超出允许误差，5 个站大雨强超出允许误差，多次检测说明 0.2mm 的翻斗式雨量计在小雨强时计量本身存在一定问题。

通过检测数据及点绘的关系图（图 8.27）中可以看出，检测时，以 2mm/min 的模拟雨强将翻斗式雨量计的误差校准接近于 0 时，那么模拟雨强为 0.4mm/min，其检测结果雨量计误差为正值，当模拟雨强为 4mm/min，时，雨量计误差为负值。符合翻斗式雨量计计量误差的分布规律。

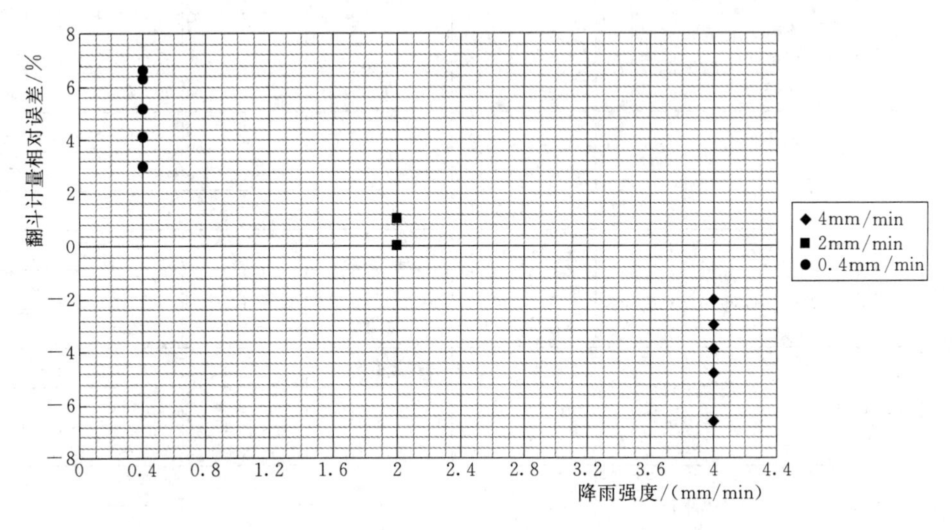

图 8.27 汛前模拟降雨强度与翻斗计量相对误差关系

（3）误差分析。通过汛中、汛后及汛前的检测数据对照（表8.6）来看，虽然起始检测的雨强不同，但检测的数据没有较大差异。汛中检测的误差均值为2.37%，汛后检测的误差均值为2.82%，汛前检测的误差均值为3.0%。

表8.6　翻斗式雨量计检测数据对照表

序号	站名	雨量计编号	分辨率/mm	雨强/(mm/min)	相对误差/%		
					汛中	汛后	汛前
1	小河口	南京所 990763	0.2	4	−3.0	−2.0	−3.0
				2	2.0	1.0	1.0
				0.4	4.1	4.1	4.1
2	双溪镇	长春丰泽 122355	0.2	4	1.0	−5.7	−4.8
				2	−1.0	−1.0	0.0
				0.4	5.2	6.3	5.2
3	升仙村	南京所 000281	0.2	4	−3.0	−3.9	−3.9
				2	−1.0	1.0	0.0
				0.4	2.0	4.1	4.1
4	汉中	长春丰泽 122361	0.2	4	−3.8	−4.8	−2.0
				2	−3.0	0.0	1.0
				0.4	−1.0	6.3	5.2
5	三华石	长春丰泽 122518	0.2	4	−3.9	−3.9	−3.9
				2	1.0	0.0	1.0
				0.4	4.1	5.2	6.3
6	马道	南京所 990921	0.2	4	−3.0	−3.0	
				2	0.0	0.0	
				0.4	4.1	4.1	
7	歇马	长春丰泽 122542	0.2	4	−3.0	−2.0	−2.0
				2	1.0	0.0	0.0
				0.4	3.0	7.5	6.6
8	法镇	长春丰泽 122559	0.2	4	−1.0	−3.9	−3.9
				2	3.0	0.0	0.0
				0.4	2.0	3.0	4.1
9	武侯镇	南京所 990184	0.2	4	0.0	−3.9	−2.0
				2	3.0	0.0	0.0
				0.4	−2.0	2.0	4.1
10	镇川	长春丰泽 122380	0.2	4	−3.9	−3.9	−4.8
				2	−2.0	0.0	0.0
				0.4	1.0	6.3	5.2
11	茶店	长春丰泽 122380	0.2	4		−3.9	−3.0
				2		0.0	1.0
				0.4		3.0	5.2

续表

序号	站名	雨量计编号	分辨率/mm	雨强/(mm/min)	相对误差/%		
					汛中	汛后	汛前
12	酉水	南京所 990722	0.2	4		-3.0	-4.8
				2		0.0	0.0
				0.4		4.1	3.0
13	龙亭	长春丰泽 122609	0.2	4		-3.9	-4.8
				2		0.0	0.0
				0.4		7.5	5.2
14	洋县	长春丰泽 122629	0.2	4		-3.0	-6.6
				2		1.0	0.0
				0.4		8.6	5.2

虽然3次检测的起始雨强不同，且检测出的数据存在一定偏差，但其误差均值都在±3%以内，基本能够反映出雨量计计量误差的大小。

5. 结论

通过现场检测数据与校准情况来看，得出以下结论。

（1）翻斗式雨量计从出厂到野外安装运行一段时间后，精度可能会发生变化，要保证雨量计计量的准确性，必须对雨量计进行定期检测校准。

（2）通过对安装在不同条件下（平川、丘陵、山区）的仪器，在不同时期（汛前、汛中、汛后）进行检测数据分析，由于采用直接滴定，受外界因素影响较小，检测结果没有明显异常。

（3）从检测的结果看，用PGC10型移动式雨量计率定仪，雨强控制准确，计量精度高，数据采集处理自动化程度高，可满足对雨量计计量误差的检测要求。

（4）在检测过程中，必须先从中雨强（2mm/min）开始检测校准，使其计量误差尽量为0，再进行大、小雨强的检测，既能提高检测精度，也能简化检测程序。

降水量是水循环和水资源利用中最基础的水文资料，翻斗式雨量计目前广泛用于水文自动化监测系统。通过PGC10型移动式雨量计率定仪现场应用，使用方法简单，模拟雨强准确，定期对翻斗式雨量计进行检测和校准，能使雨量计计量误差降至最小，从而保证降水量资料准确、可靠。

下面列出各站雨量计测量精度检测记录表，见表8.7～表8.56。

表8.7 陕西省汉中水文水资源勘测局雨量计测量精度检测记录表

站　名	汉　中	日　期	2015年8月12日
翻斗式雨量计			
雨量计编号	分辨率/mm	雨强/(mm/min)	相对误差/%
长春丰泽 122361	0.2	4	-3.8
		2	-3.0
		0.4	-1.0

续表

站名	汉中	日期	2015年8月12日
翻斗式雨量计			
雨量计编号	分辨率/mm	雨强/(mm/min)	相对误差/%
		4	
		2	
		0.4	
翻斗式雨量计			
雨量计编号	分辨率/mm	雨强/(mm/min)	相对误差/%
		4	
		2	
		0.4	
虹吸式及其他类型雨量计			
雨量计编号	虹吸雨量记录值	雨强/(mm/min)	相对误差/%
		4	
		2	
		0.4	
虹吸式及其他类型雨量计			
雨量计编号	虹吸雨量记录值	雨强/(mm/min)	相对误差/%
		4	
		2	
		0.4	

检测：吕亚平　　校核：寇志俊　　日期：2015年8月12日

表8.8　陕西省汉中水文水资源勘测局雨量计测量精度检测记录表

站名	三华石	日期	2015年8月12日
翻斗式雨量计			
雨量计编号	分辨率/mm	雨强/(mm/min)	相对误差/%
长春丰泽122518	0.2	4	−3.9
		2	4.1
		0.4	1.0
翻斗式雨量计			
雨量计编号	分辨率/mm	雨强/(mm/min)	相对误差/%
		4	
		2	
		0.4	

续表

站　名	三华石	日　期	2015年8月12日
翻斗式雨量计			
雨量计编号	分辨率/mm	雨强/(mm/min)	相对误差/%
		4	
		2	
		0.4	
虹吸式及其他类型雨量计			
雨量计编号	虹吸雨量记录值	雨强/(mm/min)	相对误差/%
		4	
		2	
		0.4	
虹吸式及其他类型雨量计			
雨量计编号	虹吸雨量记录值	雨强/(mm/min)	相对误差/%
		4	
		2	
		0.4	

检测：吕亚平　　　　校核：寇志俊　　　　日期：2015年8月12日

表8.9　陕西省汉中水文水资源勘测局雨量计测量精度检测记录表

站　名	小河口	日　期	2015年8月20日
翻斗式雨量计			
雨量计编号	分辨率/mm	雨强/(mm/min)	相对误差/%
南京所 990763	0.2	4	−3.0
		2	2.0
		0.4	4.1
翻斗式雨量计			
雨量计编号	分辨率/mm	雨强/(mm/min)	相对误差/%
		4	
		2	
		0.4	
翻斗式雨量计			
雨量计编号	分辨率/mm	雨强/(mm/min)	相对误差/%
		4	
		2	
		0.4	

续表

站　名	小河口	日　期	2015年8月20日
虹吸式及其他类型雨量计			
雨量计编号	虹吸雨量记录值	雨强/(mm/min)	相对误差/%
		4	
		2	
		0.4	
虹吸式及其他类型雨量计			
雨量计编号	虹吸雨量记录值	雨强/(mm/min)	相对误差/%
		4	
		2	
		0.4	

检测：吕亚平　　校核：寇志俊　　日期：2015年8月20日

表8.10　陕西省汉中水文水资源勘测局雨量计测量精度检测记录表

站　名	升仙村	日　期	2015年8月20日
翻斗式雨量计			
雨量计编号	分辨率/mm	雨强/(mm/min)	相对误差/%
南京000281	0.2	4	−3.0
		2	−1.0
		0.4	2.0
翻斗式雨量计			
雨量计编号	分辨率/mm	雨强/(mm/min)	相对误差/%
		4	
		2	
		0.4	
翻斗式雨量计			
雨量计编号	分辨率/mm	雨强/(mm/min)	相对误差/%
		4	
		2	
		0.4	
虹吸式及其他类型雨量计			
雨量计编号	虹吸雨量记录值	雨强/(mm/min)	相对误差/%
		4	
		2	
		0.4	

续表

站　　名	升仙村	日　　期	2015年8月20日
虹吸式及其他类型雨量计			
雨量计编号	虹吸雨量记录值	雨强/(mm/min)	相对误差/%
		4	
		2	
		0.4	

检测：吕亚平　　　　校核：寇志俊　　　　日期：2015年8月20日

表8.11　　陕西省汉中水文水资源勘测局雨量计测量精度检测记录表

站　　名	双溪镇	日　　期	2015年8月20日
翻斗式雨量计			
雨量计编号	分辨率/mm	雨强/(mm/min)	相对误差/%
长春丰泽122355	0.2	4	1.0
		2	−1.0
		0.4	5.2
翻斗式雨量计			
雨量计编号	分辨率/mm	雨强/(mm/min)	相对误差/%
		4	
		2	
		0.4	
翻斗式雨量计			
雨量计编号	分辨率/mm	雨强/(mm/min)	相对误差/%
		4	
		2	
		0.4	
虹吸式及其他类型雨量计			
雨量计编号	虹吸雨量记录值	雨强/(mm/min)	相对误差/%
		4	
		2	
		0.4	
虹吸式及其他类型雨量计			
雨量计编号	虹吸雨量记录值	雨强/(mm/min)	相对误差/%
		4	
		2	
		0.4	

检测：吕亚平　　　　校核：寇志俊　　　　日期：2015年8月20日

表8.12 陕西省汉中水文水资源勘测局雨量计测量精度检测记录表

站　　名	青木川	日　　期	2015年8月26日
翻斗式雨量计			
雨量计编号	分辨率/mm	雨强/(mm/min)	相对误差/%
长春丰泽122397	0.2	4	−1.0
		2	2.0
		0.4	4.1
翻斗式雨量计			
雨量计编号	分辨率/mm	雨强/(mm/min)	相对误差/%
		4	
		2	
		0.4	
翻斗式雨量计			
雨量计编号	分辨率/mm	雨强/(mm/min)	相对误差/%
		4	
		2	
		0.4	
虹吸式及其他类型雨量计			
雨量计编号	虹吸雨量记录值	雨强/(mm/min)	相对误差/%
		4	
		2	
		0.4	
虹吸式及其他类型雨量计			
雨量计编号	虹吸雨量记录值	雨强/(mm/min)	相对误差/%
		4	
		2	
		0.4	

检测：吕亚平　　　　校核：寇志俊　　　　日期：2015年8月26日

表8.13 陕西省汉中水文水资源勘测局雨量计测量精度检测记录表

站　　名	马　道	日　　期	2015年9月22日
翻斗式雨量计			
雨量计编号	分辨率/mm	雨强/(mm/min)	相对误差/%
南京990921	0.2	4	−3.0
		2	1.0
		0.4	5.2

续表

站　　名	马　　道	日　　期	2015 年 9 月 22 日
翻斗式雨量计			
雨量计编号	分辨率/mm	雨强/(mm/min)	相对误差/%
		4	－3.0
		2	0.0
		0.4	4.1
翻斗式雨量计			
雨量计编号	分辨率/mm	雨强/(mm/min)	相对误差/%
		4	
		2	
		0.4	
虹吸式及其他类型雨量计			
雨量计编号	虹吸雨量记录值	雨强/(mm/min)	相对误差/%
		4	
		2	
		0.4	
虹吸式及其他类型雨量计			
雨量计编号	虹吸雨量记录值	雨强/(mm/min)	相对误差/%
		4	
		2	
		0.4	

检测：吕亚平　　　　校核：寇志俊　　　　日期：2015 年 9 月 22 日

表 8.14　　陕西省汉中水文水资源勘测局雨量计测量精度检测记录表

站　　名	武侯镇	日　　期	2015 年 9 月 24 日
翻斗式雨量计			
雨量计编号	分辨率/mm	雨强/(mm/min)	相对误差/%
南京 990184	0.2	4	1.0
		2	－6.6
		0.4	－6.6
翻斗式雨量计			
雨量计编号	分辨率/mm	雨强/(mm/min)	相对误差/%
		4	0.0
		2	3.0
		0.4	－2.0

续表

站　名	武侯镇	日　期	2015年9月24日
翻斗式雨量计			
雨量计编号	分辨率/mm	雨强/(mm/min)	相对误差/%
		4	
		2	
		0.4	
虹吸式及其他类型雨量计			
雨量计编号	虹吸雨量记录值	雨强/(mm/min)	相对误差/%
		4	
		2	
		0.4	
虹吸式及其他类型雨量计			
雨量计编号	虹吸雨量记录值	雨强/(mm/min)	相对误差/%
		4	
		2	
		0.4	

检测：吕亚平　　校核：寇志俊　　日期：2015年9月24日

表8.15　陕西省汉中水文水资源勘测局雨量计测量精度检测记录表

站　名	镇　川	日　期	2015年9月24日
翻斗式雨量计			
雨量计编号	分辨率/mm	雨强/(mm/min)	相对误差/%
长春丰泽122380	0.2	4	−3.9
		2	−2
		0.4	1.0
翻斗式雨量计			
雨量计编号	分辨率/mm	雨强/(mm/min)	相对误差/%
		4	
		2	
		0.4	
翻斗式雨量计			
雨量计编号	分辨率/mm	雨强/(mm/min)	相对误差/%
		4	
		2	
		0.4	

续表

站　　名	镇　　川	日　　期	2015年9月24日
虹吸式及其他类型雨量计			
雨量计编号	虹吸雨量记录值	雨强/(mm/min)	相对误差/%
		4	
		2	
		0.4	
虹吸式及其他类型雨量计			
雨量计编号	虹吸雨量记录值	雨强/(mm/min)	相对误差/%
		4	
		2	
		0.4	

检测：吕亚平　　　　校核：寇志俊　　　　日期：2015年9月24日

表8.16　　陕西省汉中水文水资源勘测局雨量计测量精度检测记录表

站　　名	大河坝	日　　期	2015年9月25日
翻斗式雨量计			
雨量计编号	分辨率/mm	雨强/(mm/min)	相对误差/%
长春丰泽 1223	0.2	4	−3.0
		2	−3.0
		0.4	2.0
翻斗式雨量计			
雨量计编号	分辨率/mm	雨强/(mm/min)	相对误差/%
		4	
		2	
		0.4	
翻斗式雨量计			
雨量计编号	分辨率/mm	雨强/(mm/min)	相对误差/%
		4	
		2	
		0.4	
虹吸式及其他类型雨量计			
雨量计编号	虹吸雨量记录值	雨强/(mm/min)	相对误差/%
		4	
		2	
		0.4	

续表

站　名	大河坝	日　期	2015年9月25日
虹吸式及其他类型雨量计			
雨量计编号	虹吸雨量记录值	雨强/(mm/min)	相对误差/%
		4	
		2	
		0.4	

检测：吕亚平　　校核：寇志俊　　日期：2015年9月25日

表8.17　陕西省汉中水文水资源勘测局雨量计测量精度检测记录表

站　名	元　墩	日　期	2015年9月25日
翻斗式雨量计			
雨量计编号	分辨率/mm	雨强/(mm/min)	相对误差/%
南京所 990184	0.2	4	−9.1
		2	−9.1
		0.4	−3.0
翻斗式雨量计			
雨量计编号	分辨率/mm	雨强/(mm/min)	相对误差/%
		4	−1.0
		2	2.0
		0.4	3.0
翻斗式雨量计			
雨量计编号	分辨率/mm	雨强/(mm/min)	相对误差/%
		4	
		2	
		0.4	
虹吸式及其他类型雨量计			
雨量计编号	虹吸雨量记录值	雨强/(mm/min)	相对误差/%
		4	
		2	
		0.4	
虹吸式及其他类型雨量计			
雨量计编号	虹吸雨量记录值	雨强/(mm/min)	相对误差/%
		4	
		2	
		0.4	

检测：吕亚平　　校核：寇志俊　　日期：2015年9月25日

表 8.18　　陕西省汉中水文水资源勘测局雨量计测量精度检测记录表

站　　名	歇　　马	日　　期	2015 年 10 月 14 日
翻 斗 式 雨 量 计			
雨量计编号	分辨率/mm	雨强/(mm/min)	相对误差/%
长春丰泽 122542	0.2	4	−3.0
		2	1.0
		0.4	3.0
翻 斗 式 雨 量 计			
雨量计编号	分辨率/mm	雨强/(mm/min)	相对误差/%
		4	
		2	
		0.4	
翻 斗 式 雨 量 计			
雨量计编号	分辨率/mm	雨强/(mm/min)	相对误差/%
		4	
		2	
		0.4	
虹吸式及其他类型雨量计			
雨量计编号	虹吸雨量记录值	雨强/(mm/min)	相对误差/%
		4	
		2	
		0.4	
虹吸式及其他类型雨量计			
雨量计编号	虹吸雨量记录值	雨强/(mm/min)	相对误差/%
		4	
		2	
		0.4	

检测：吕亚平　　　　校核：杨子和　　　　日期：2015 年 10 月 14 日

表 8.19　　陕西省汉中水文水资源勘测局雨量计测量精度检测记录表

站　　名	法　　镇	日　　期	2015 年 10 月 14 日
翻 斗 式 雨 量 计			
雨量计编号	分辨率/mm	雨强/(mm/min)	相对误差/%
长春丰泽 122559	0.2	4	−1.0
		2	3.0
		0.4	2.0

续表

站　名	法　镇	日　期	2015年10月14日
翻斗式雨量计			
雨量计编号	分辨率/mm	雨强/(mm/min)	相对误差/%
		4	
		2	
		0.4	
翻斗式雨量计			
雨量计编号	分辨率/mm	雨强/(mm/min)	相对误差/%
		4	
		2	
		0.4	
虹吸式及其他类型雨量计			
雨量计编号	虹吸雨量记录值	雨强/(mm/min)	相对误差/%
		4	
		2	
		0.4	
虹吸式及其他类型雨量计			
雨量计编号	虹吸雨量记录值	雨强/(mm/min)	相对误差/%
		4	
		2	
		0.4	

检测：吕亚平　　　　校核：杨子和　　　　日期：2015年10月14日

表8.20　陕西省汉中水文水资源勘测局雨量计测量精度检测记录表

站　名	法慈院	日　期	2015年10月14日
翻斗式雨量计			
雨量计编号	分辨率/mm	雨强/(mm/min)	相对误差/%
长春丰泽122528	0.2	4	−2.0
		2	0.0
		0.4	3.1
翻斗式雨量计			
雨量计编号	分辨率/mm	雨强/(mm/min)	相对误差/%
		4	
		2	
		0.4	

续表

站　　名	法慈院	日　　期	2015年10月14日
翻斗式雨量计			
雨量计编号	分辨率/mm	雨强/(mm/min)	相对误差/%
		4	
		2	
		0.4	
虹吸式及其他类型雨量计			
雨量计编号	虹吸雨量记录值	雨强/(mm/min)	相对误差/%
		4	
		2	
		0.4	
虹吸式及其他类型雨量计			
雨量计编号	虹吸雨量记录值	雨强/(mm/min)	相对误差/%
		4	
		2	
		0.4	

检测：吕亚平　　　　校核：杨子和　　　　日期：2015年10月14日

表8.21　陕西省汉中水文水资源勘测局雨量计测量精度检测记录表

站　　名	湘　　水	日　　期	2015年10月14日
翻斗式雨量计			
雨量计编号	分辨率/mm	雨强/(mm/min)	相对误差/%
长春丰泽122314	0.2	4	−2.0
		2	−2.0
		0.4	1.0
翻斗式雨量计			
雨量计编号	分辨率/mm	雨强/(mm/min)	相对误差/%
		4	
		2	
		0.4	
翻斗式雨量计			
雨量计编号	分辨率/mm	雨强/(mm/min)	相对误差/%
		4	
		2	
		0.4	

续表

站　名	湘　水	日　期	2015年10月14日
虹吸式及其他类型雨量计			
雨量计编号	虹吸雨量记录值	雨强/(mm/min)	相对误差/%
		4	
		2	
		0.4	
虹吸式及其他类型雨量计			
雨量计编号	虹吸雨量记录值	雨强/(mm/min)	相对误差/%
		4	
		2	
		0.4	

检测：吕亚平　　校核：杨子和　　日期：2015年10月14日

表8.22　陕西省汉中水文水资源勘测局雨量计测量精度检测记录表

站　名	秦家坝	日　期	2015年10月15日
翻斗式雨量计			
雨量计编号	分辨率/mm	雨强/(mm/min)	相对误差/%
长春丰泽122516	0.2	4	−3.9
		2	2.0
		0.4	3.1
翻斗式雨量计			
雨量计编号	分辨率/mm	雨强/(mm/min)	相对误差/%
		4	
		2	
		0.4	
翻斗式雨量计			
雨量计编号	分辨率/mm	雨强/(mm/min)	相对误差/%
		4	
		2	
		0.4	
虹吸式及其他类型雨量计			
雨量计编号	虹吸雨量记录值	雨强/(mm/min)	相对误差/%
		4	
		2	
		0.4	

续表

站　　名	秦家坝	日　　期	2015年10月15日
虹吸式及其他类型雨量计			
雨量计编号	虹吸雨量记录值	雨强/(mm/min)	相对误差/%
		4	
		2	
		0.4	

检测：吕亚平　　　　校核：杨子和　　　　日期：2015年10月15日

表8.23　　陕西省汉中水文水资源勘测局雨量计测量精度检测记录表

站　　名	小　　坝	日　　期	2015年10月15日
翻斗式雨量计			
雨量计编号	分辨率/mm	雨强/(mm/min)	相对误差/%
长春丰泽122560	0.2	4	−1.0
		2	3.1
		0.4	4.1
翻斗式雨量计			
雨量计编号	分辨率/mm	雨强/(mm/min)	相对误差/%
		4	−2.0
		2	0.0
		0.4	3.0
翻斗式雨量计			
雨量计编号	分辨率/mm	雨强/(mm/min)	相对误差/%
		4	
		2	
		0.4	
虹吸式及其他类型雨量计			
雨量计编号	虹吸雨量记录值	雨强/(mm/min)	相对误差/%
		4	
		2	
		0.4	
虹吸式及其他类型雨量计			
雨量计编号	虹吸雨量记录值	雨强/(mm/min)	相对误差/%
		4	
		2	
		0.4	

检测：吕亚平　　　　校核：杨子和　　　　日期：2015年10月15日

表 8.24　陕西省汉中水文水资源勘测局雨量计测量精度检测记录表

站　名	回军坝	日　期	2015年10月15日
翻斗式雨量计			
雨量计编号	分辨率/mm	雨强/(mm/min)	相对误差/%
长春丰泽122269	0.2	4	2.0
		2	3.1
		0.4	8.6
翻斗式雨量计			
雨量计编号	分辨率/mm	雨强/(mm/min)	相对误差/%
		4	−1.0
		2	2.0
		0.4	3.1
翻斗式雨量计			
雨量计编号	分辨率/mm	雨强/(mm/min)	相对误差/%
		4	
		2	
		0.4	
虹吸式及其他类型雨量计			
雨量计编号	虹吸雨量记录值	雨强/(mm/min)	相对误差/%
		4	
		2	
		0.4	
虹吸式及其他类型雨量计			
雨量计编号	虹吸雨量记录值	雨强/(mm/min)	相对误差/%
		4	
		2	
		0.4	

检测：吕亚平　　校核：杨子和　　日期：2015年10月15日

表 8.25　陕西省汉中水文水资源勘测局雨量计测量精度检测记录表

站　名	塘口子	日　期	2015年10月16日
翻斗式雨量计			
雨量计编号	分辨率/mm	雨强/(mm/min)	相对误差/%
长春丰泽122513	0.2	4	−1.0
		2	−1.0
		0.4	0.0

续表

站　　名	塘口子	日　　期	2015年10月16日
翻斗式雨量计			
雨量计编号	分辨率/mm	雨强/(mm/min)	相对误差/%
		4	
		2	
		0.4	
翻斗式雨量计			
雨量计编号	分辨率/mm	雨强/(mm/min)	相对误差/%
		4	
		2	
		0.4	
虹吸式及其他类型雨量计			
雨量计编号	虹吸雨量记录值	雨强/(mm/min)	相对误差/%
		4	
		2	
		0.4	
虹吸式及其他类型雨量计			
雨量计编号	虹吸雨量记录值	雨强/(mm/min)	相对误差/%
		4	
		2	
		0.4	

检测：吕亚平　　　　校核：杨子和　　　　日期：2015年10月16日

表8.26　　陕西省汉中水文水资源勘测局雨量计测量精度检测记录表

站　　名	黄　　官	日　　期	2015年10月16日
翻斗式雨量计			
雨量计编号	分辨率/mm	雨强/(mm/min)	相对误差/%
长春丰泽122393	0.2	4	−1.0
		2	3.0
		0.4	4.1
翻斗式雨量计			
雨量计编号	分辨率/mm	雨强/(mm/min)	相对误差/%
		4	−2.0
		2	0.0
		0.4	3.0

续表

站 名	黄 官	日 期	2015年10月16日
翻斗式雨量计			
雨量计编号	分辨率/mm	雨强/(mm/min)	相对误差/%
		4	
		2	
		0.4	
虹吸式及其他类型雨量计			
雨量计编号	虹吸雨量记录值	雨强/(mm/min)	相对误差/%
		4	
		2	
		0.4	
虹吸式及其他类型雨量计			
雨量计编号	虹吸雨量记录值	雨强/(mm/min)	相对误差/%
		4	
		2	
		0.4	

检测：吕亚平　　校核：杨子和　　日期：2015年10月16日

表8.27　陕西省汉中水文水资源勘测局雨量计测量精度检测记录表

站 名	新 集	日 期	2015年10月16日
翻斗式雨量计			
雨量计编号	分辨率/mm	雨强/(mm/min)	相对误差/%
长春丰泽122506	0.2	4	−1.0
		2	0.0
		0.4	4.1
翻斗式雨量计			
雨量计编号	分辨率/mm	雨强/(mm/min)	相对误差/%
		4	
		2	
		0.4	
翻斗式雨量计			
雨量计编号	分辨率/mm	雨强/(mm/min)	相对误差/%
		4	
		2	
		0.4	

续表

站　　名	新　　集	日　　期	2015年10月16日
虹吸式及其他类型雨量计			
雨量计编号	虹吸雨量记录值	雨强/(mm/min)	相对误差/%
		4	
		2	
		0.4	
虹吸式及其他类型雨量计			
雨量计编号	虹吸雨量记录值	雨强/(mm/min)	相对误差/%
		4	
		2	
		0.4	

检测：吕亚平　　　　校核：杨子和　　　　日期：2015年10月16日

表8.28　　陕西省汉中水文水资源勘测局雨量计测量精度检测记录表

站　　名	司　　上	日　　期	2015年12月7日
翻斗式雨量计			
雨量计编号	分辨率/mm	雨强/(mm/min)	相对误差/%
61821050	0.2	4	－3.9
		2	0.0
		0.4	7.5
翻斗式雨量计			
雨量计编号	分辨率/mm	雨强/(mm/min)	相对误差/%
		4	
		2	
		0.4	
翻斗式雨量计			
雨量计编号	分辨率/mm	雨强/(mm/min)	相对误差/%
		4	
		2	
		0.4	
虹吸式及其他类型雨量计			
雨量计编号	虹吸雨量记录值	雨强/(mm/min)	相对误差/%
		4	
		2	
		0.4	

续表

站　　名	同　上	日　　期	2015年12月7日
虹吸式及其他类型雨量计			
雨量计编号	虹吸雨量记录值	雨强/(mm/min)	相对误差/%
		4	
		2	
		0.4	

检测：吕亚平　　　　校核：寇志俊　　　　日期：2015年12月7日

表8.29　　陕西省汉中水文水资源勘测局雨量计测量精度检测记录表

站　　名	小河口	日　　期	2015年12月7日
翻斗式雨量计			
雨量计编号	分辨率/mm	雨强/(mm/min)	相对误差/%
南京所 990763	0.2	4	−2.0
		2	1.0
		0.4	4.1
翻斗式雨量计			
雨量计编号	分辨率/mm	雨强/(mm/min)	相对误差/%
		4	
		2	
		0.4	
翻斗式雨量计			
雨量计编号	分辨率/mm	雨强/(mm/min)	相对误差/%
		4	
		2	
		0.4	
虹吸式及其他类型雨量计			
雨量计编号	虹吸雨量记录值	雨强/(mm/min)	相对误差/%
		4	
		2	
		0.4	
虹吸式及其他类型雨量计			
雨量计编号	虹吸雨量记录值	雨强/(mm/min)	相对误差/%
		4	
		2	
		0.4	

检测：吕亚平　　　　校核：寇志俊　　　　日期：2015年12月7日

表 8.30　　陕西省汉中水文水资源勘测局雨量计测量精度检测记录表

站　　名	双 溪 镇	日　　期	2015 年 12 月 7 日
翻 斗 式 雨 量 计			
雨量计编号	分辨率/mm	雨强/(mm/min)	相对误差/%
长春丰泽 122355	0.2	4	−5.7
		2	−1.0
		0.4	6.3
翻 斗 式 雨 量 计			
雨量计编号	分辨率/mm	雨强/(mm/min)	相对误差/%
		4	
		2	
		0.4	
翻 斗 式 雨 量 计			
雨量计编号	分辨率/mm	雨强/(mm/min)	相对误差/%
		4	
		2	
		0.4	
虹吸式及其他类型雨量计			
雨量计编号	虹吸雨量记录值	雨强/(mm/min)	相对误差/%
		4	
		2	
		0.4	
虹吸式及其他类型雨量计			
雨量计编号	虹吸雨量记录值	雨强/(mm/min)	相对误差/%
		4	
		2	
		0.4	

检测：吕亚平　　　　校核：寇志俊　　　　日期：2015 年 12 月 7 日

表 8.31　　陕西省汉中水文水资源勘测局雨量计测量精度检测记录表

站　　名	升 仙 村	日　　期	2015 年 10 月 7 日
翻 斗 式 雨 量 计			
雨量计编号	分辨率/mm	雨强/(mm/min)	相对误差/%
南京所 000281	0.2	4	−3.9
		2	1.0
		0.4	4.1

续表

站　　名	升仙村	日　　期	2015年10月7日
翻斗式雨量计			
雨量计编号	分辨率/mm	雨强/(mm/min)	相对误差/%
		4	
		2	
		0.4	
翻斗式雨量计			
雨量计编号	分辨率/mm	雨强/(mm/min)	相对误差/%
		4	
		2	
		0.4	
虹吸式及其他类型雨量计			
雨量计编号	虹吸雨量记录值	雨强/(mm/min)	相对误差/%
		4	
		2	
		0.4	
虹吸式及其他类型雨量计			
雨量计编号	虹吸雨量记录值	雨强/(mm/min)	相对误差/%
		4	
		2	
		0.4	

检测：吕亚平　　　　校核：寇志俊　　　　日期：2015年12月7日

表8.32　陕西省汉中水文水资源勘测局雨量计测量精度检测记录表

站　　名	江　　口	日　　期	2015年12月9日
翻斗式雨量计			
雨量计编号	分辨率/mm	雨强/(mm/min)	相对误差/%
南京所 990727	0.2	4	−3.9
		2	0.0
		0.4	1.0
翻斗式雨量计			
雨量计编号	分辨率/mm	雨强/(mm/min)	相对误差/%
		4	−2.0
		2	0.0
		0.4	3.0

续表

站　　名	江　　口	日　　期	2015年12月9日
翻斗式雨量计			
雨量计编号	分辨率/mm	雨强/(mm/min)	相对误差/%
		4	
		2	
		0.4	
虹吸式及其他类型雨量计			
雨量计编号	虹吸雨量记录值	雨强/(mm/min)	相对误差/%
		4	
		2	
		0.4	
虹吸式及其他类型雨量计			
雨量计编号	虹吸雨量记录值	雨强/(mm/min)	相对误差/%
		4	
		2	
		0.4	

检测：吕亚平　　　　校核：寇志俊　　　　日期：2015年12月9日

表8.33　　陕西省汉中水文水资源勘测局雨量计测量精度检测记录表

站　　名	马　　道	日　　期	2015年12月9日
翻斗式雨量计			
雨量计编号	分辨率/mm	雨强/(mm/min)	相对误差/%
南京所 990921	0.2	4	−3.0
		2	0.0
		0.4	4.1
翻斗式雨量计			
雨量计编号	分辨率/mm	雨强/(mm/min)	相对误差/%
		4	
		2	
		0.4	
翻斗式雨量计			
雨量计编号	分辨率/mm	雨强/(mm/min)	相对误差/%
		4	
		2	
		0.4	

续表

站　　名	马　　道	日　　期	2015年12月9日
虹吸式及其他类型雨量计			
雨量计编号	虹吸雨量记录值	雨强/(mm/min)	相对误差/%
		4	
		2	
		0.4	
虹吸式及其他类型雨量计			
雨量计编号	虹吸雨量记录值	雨强/(mm/min)	相对误差/%
		4	
		2	
		0.4	

检测：吕亚平　　　　校核：寇志俊　　　　日期：2015年12月9日

表8.34　　陕西省汉中水文水资源勘测局雨量计测量精度检测记录表

站　　名	歇　　马	日　　期	2015年12月10日
翻 斗 式 雨 量 计			
雨量计编号	分辨率/mm	雨强/(mm/min)	相对误差/%
长春丰泽122542	0.2	4	−2.0
		2	0.0
		0.4	7.5
翻 斗 式 雨 量 计			
雨量计编号	分辨率/mm	雨强/(mm/min)	相对误差/%
		4	−2.0
		2	0.0
		0.4	3.0
翻 斗 式 雨 量 计			
雨量计编号	分辨率/mm	雨强/(mm/min)	相对误差/%
		4	
		2	
		0.4	
虹吸式及其他类型雨量计			
雨量计编号	虹吸雨量记录值	雨强/(mm/min)	相对误差/%
		4	
		2	
		0.4	

续表

站　名	歇　马	日　期	2015年12月10日
虹吸式及其他类型雨量计			
雨量计编号	虹吸雨量记录值	雨强/(mm/min)	相对误差/%
		4	
		2	
		0.4	

检测：吕亚平　　　　校核：杨子和　　　　日期：2015年12月10日

表 8.35　　陕西省汉中水文水资源勘测局雨量计测量精度检测记录表

站　名	法　镇	日　期	2015年12月10日
翻斗式雨量计			
雨量计编号	分辨率/mm	雨强/(mm/min)	相对误差/%
长春丰泽122559	0.2	4	−3.9
		2	0.0
		0.4	7.5
翻斗式雨量计			
雨量计编号	分辨率/mm	雨强/(mm/min)	相对误差/%
		4	
		2	
		0.4	
翻斗式雨量计			
雨量计编号	分辨率/mm	雨强/(mm/min)	相对误差/%
		4	
		2	
		0.4	
虹吸式及其他类型雨量计			
雨量计编号	虹吸雨量记录值	雨强/(mm/min)	相对误差/%
		4	
		2	
		0.4	
虹吸式及其他类型雨量计			
雨量计编号	虹吸雨量记录值	雨强/(mm/min)	相对误差/%
		4	
		2	
		0.4	

检测：吕亚平　　　　校核：杨子和　　　　日期：2015年12月10日

表8.36 陕西省汉中水文水资源勘测局雨量计测量精度检测记录表

站名	三华石	日期	2015年12月10日
翻斗式雨量计			
雨量计编号	分辨率/mm	雨强/(mm/min)	相对误差/%
长春丰泽122518	0.2	4	-3.9
		2	0.0
		0.4	-5.2
翻斗式雨量计			
雨量计编号	分辨率/mm	雨强/(mm/min)	相对误差/%
		4	
		2	
		0.4	
翻斗式雨量计			
雨量计编号	分辨率/mm	雨强/(mm/min)	相对误差/%
		4	
		2	
		0.4	
虹吸式及其他类型雨量计			
雨量计编号	虹吸雨量记录值	雨强/(mm/min)	相对误差/%
		4	
		2	
		0.4	
虹吸式及其他类型雨量计			
雨量计编号	虹吸雨量记录值	雨强/(mm/min)	相对误差/%
		4	
		2	
		0.4	

检测：吕亚平　　校核：寇志俊　　日期：2015年12月10日

表8.37 陕西省汉中水文水资源勘测局雨量计测量精度检测记录表

站名	汉中	日期	2015年12月10日
翻斗式雨量计			
雨量计编号	分辨率/mm	雨强/(mm/min)	相对误差/%
长春丰泽122361	0.2	4	-4.8
		2	0.0
		0.4	6.3

续表

站　　名	汉　　中	日　　期	2015年12月10日
翻斗式雨量计			
雨量计编号	分辨率/mm	雨强/(mm/min)	相对误差/%
		4	
		2	
		0.4	
翻斗式雨量计			
雨量计编号	分辨率/mm	雨强/(mm/min)	相对误差/%
		4	
		2	
		0.4	
虹吸式及其他类型雨量计			
雨量计编号	虹吸雨量记录值	雨强/(mm/min)	相对误差/%
		4	
		2	
		0.4	
虹吸式及其他类型雨量计			
雨量计编号	虹吸雨量记录值	雨强/(mm/min)	相对误差/%
		4	
		2	
		0.4	

检测：吕亚平　　　　校核：寇志俊　　　　日期：2015年12月10日

表8.38　　陕西省汉中水文水资源勘测局雨量计测量精度检测记录表

站　　名	茶店子	日　　期	2015年12月17日
翻斗式雨量计			
雨量计编号	分辨率/mm	雨强/(mm/min)	相对误差/%
南京所 000368	0.2	4	−3.9
		2	0.0
		0.4	3.0
翻斗式雨量计			
雨量计编号	分辨率/mm	雨强/(mm/min)	相对误差/%
		4	
		2	
		0.4	

续表

站　　名	茶店子	日　　期	2015年12月17日
翻斗式雨量计			
雨量计编号	分辨率/mm	雨强/(mm/min)	相对误差/%
		4	
		2	
		0.4	
虹吸式及其他类型雨量计			
雨量计编号	虹吸雨量记录值	雨强/(mm/min)	相对误差/%
		4	
		2	
		0.4	
虹吸式及其他类型雨量计			
雨量计编号	虹吸雨量记录值	雨强/(mm/min)	相对误差/%
		4	
		2	
		0.4	

检测：吕亚平　　　　校核：寇志俊　　　　日期：2015年12月17日

表8.39　　陕西省汉中水文水资源勘测局雨量计测量精度检测记录表

站　　名	武侯镇	日　　期	2015年12月17日
翻斗式雨量计			
雨量计编号	分辨率/mm	雨强/(mm/min)	相对误差/%
南京所 990184	0.2	4	−3.9
		2	0.0
		0.4	2.0
翻斗式雨量计			
雨量计编号	分辨率/mm	雨强/(mm/min)	相对误差/%
		4	
		2	
		0.4	
翻斗式雨量计			
雨量计编号	分辨率/mm	雨强/(mm/min)	相对误差/%
		4	
		2	
		0.4	

续表

站　　名	武侯镇	日　　期	2015年12月17日
虹吸式及其他类型雨量计			
雨量计编号	虹吸雨量记录值	雨强/(mm/min)	相对误差/%
		4	
		2	
		0.4	
虹吸式及其他类型雨量计			
雨量计编号	虹吸雨量记录值	雨强/(mm/min)	相对误差/%
		4	
		2	
		0.4	

检测：吕亚平　　校核：寇志俊　　日期：2015年12月17日

表8.40　陕西省汉中水文水资源勘测局雨量计测量精度检测记录表

站　　名	镇　　川	日　　期	2015年12月17日
翻斗式雨量计			
雨量计编号	分辨率/mm	雨强/(mm/min)	相对误差/%
长春丰泽122380	0.2	4	−3.9
		2	0.0
		0.4	6.3
翻斗式雨量计			
雨量计编号	分辨率/mm	雨强/(mm/min)	相对误差/%
		4	
		2	
		0.4	
翻斗式雨量计			
雨量计编号	分辨率/mm	雨强/(mm/min)	相对误差/%
		4	
		2	
		0.4	
虹吸式及其他类型雨量计			
雨量计编号	虹吸雨量记录值	雨强/(mm/min)	相对误差/%
		4	
		2	
		0.4	

续表

站　名	镇　川	日　期	2015年12月17日
虹吸式及其他类型雨量计			
雨量计编号	虹吸雨量记录值	雨强/(mm/min)	相对误差/%
		4	
		2	
		0.4	

检测：吕亚平　　　　校核：寇志俊　　　　日期：2015年12月17日

表8.41　　陕西省汉中水文水资源勘测局雨量计测量精度检测记录表

站　名	酉水街	日　期	2015年12月18日
翻斗式雨量计			
雨量计编号	分辨率/mm	雨强/(mm/min)	相对误差/%
南京所 990722	0.2	4	−3.0
		2	0.0
		0.4	4.1
翻斗式雨量计			
雨量计编号	分辨率/mm	雨强/(mm/min)	相对误差/%
		4	
		2	
		0.4	
翻斗式雨量计			
雨量计编号	分辨率/mm	雨强/(mm/min)	相对误差/%
		4	
		2	
		0.4	
虹吸式及其他类型雨量计			
雨量计编号	虹吸雨量记录值	雨强/(mm/min)	相对误差/%
		4	
		2	
		0.4	
虹吸式及其他类型雨量计			
雨量计编号	虹吸雨量记录值	雨强/(mm/min)	相对误差/%
		4	
		2	
		0.4	

检测：吕亚平　　　　校核：寇志俊　　　　日期：2015年12月18日

表 8.42　陕西省汉中水文水资源勘测局雨量计测量精度检测记录表

站　名	龙　亭	日　期	2015 年 12 月 18 日
翻斗式雨量计			
雨量计编号	分辨率/mm	雨强/(mm/min)	相对误差/%
长春丰泽 122609	0.2	4	−3.9
		2	0.0
		0.4	7.5
翻斗式雨量计			
雨量计编号	分辨率/mm	雨强/(mm/min)	相对误差/%
		4	
		2	
		0.4	
翻斗式雨量计			
雨量计编号	分辨率/mm	雨强/(mm/min)	相对误差/%
		4	
		2	
		0.4	
虹吸式及其他类型雨量计			
雨量计编号	虹吸雨量记录值	雨强/(mm/min)	相对误差/%
		4	
		2	
		0.4	
虹吸式及其他类型雨量计			
雨量计编号	虹吸雨量记录值	雨强/(mm/min)	相对误差/%
		4	
		2	
		0.4	

检测：吕亚平　　　　校核：寇志俊　　　　日期：2015 年 12 月 18 日

表 8.43　陕西省汉中水文水资源勘测局雨量计测量精度检测记录表

站　名	洋　县	日　期	2015 年 12 月 18 日
翻斗式雨量计			
雨量计编号	分辨率/mm	雨强/(mm/min)	相对误差/%
长春丰泽 122629	0.2	4	−3.0
		2	0.0
		0.4	8.6

续表

站　　名	洋　　县	日　　期	2015年12月18日
翻斗式雨量计			
雨量计编号	分辨率/mm	雨强/(mm/min)	相对误差/%
		4	
		2	
		0.4	
翻斗式雨量计			
雨量计编号	分辨率/mm	雨强/(mm/min)	相对误差/%
		4	
		2	
		0.4	
虹吸式及其他类型雨量计			
雨量计编号	虹吸雨量记录值	雨强/(mm/min)	相对误差/%
		4	
		2	
		0.4	
虹吸式及其他类型雨量计			
雨量计编号	虹吸雨量记录值	雨强/(mm/min)	相对误差/%
		4	
		2	
		0.4	

检测：吕亚平　　校核：寇志俊　　日期：2015年12月18日

表8.44　陕西省汉中水文水资源勘测局雨量计测量精度检测记录表

站　　名	茶店子	日　　期	2016年3月14日
翻斗式雨量计			
雨量计编号	分辨率/mm	雨强/(mm/min)	相对误差/%
南京所 000368	0.2	4	−3.0
		2	1.0
		0.4	5.2
翻斗式雨量计			
雨量计编号	分辨率/mm	雨强/(mm/min)	相对误差/%
		4	
		2	
		0.4	

续表

站　名	茶店子	日　期	2016年3月14日
翻斗式雨量计			
雨量计编号	分辨率/mm	雨强/(mm/min)	相对误差/%
		4	
		2	
		0.4	
虹吸式及其他类型雨量计			
雨量计编号	虹吸雨量记录值	雨强/(mm/min)	相对误差/%
		4	
		2	
		0.4	
虹吸式及其他类型雨量计			
雨量计编号	虹吸雨量记录值	雨强/(mm/min)	相对误差/%
		4	
		2	
		0.4	

检测：吕亚平　　　　校核：寇志俊　　　　日期：2016年3月14日

表8.45　　陕西省汉中水文水资源勘测局雨量计测量精度检测记录表

站　名	武侯镇	日　期	2016年3月14日
翻斗式雨量计			
雨量计编号	分辨率/mm	雨强/(mm/min)	相对误差/%
南京所 990184	0.2	4	−2.0
		2	0.0
		0.4	4.1
翻斗式雨量计			
雨量计编号	分辨率/mm	雨强/(mm/min)	相对误差/%
		4	
		2	
		0.4	
翻斗式雨量计			
雨量计编号	分辨率/mm	雨强/(mm/min)	相对误差/%
		4	
		2	
		0.4	

续表

站　　名	武侯镇	日　　期	2016年3月14日
虹吸式及其他类型雨量计			
雨量计编号	虹吸雨量记录值	雨强/(mm/min)	相对误差/%
		4	
		2	
		0.4	
虹吸式及其他类型雨量计			
雨量计编号	虹吸雨量记录值	雨强/(mm/min)	相对误差/%
		4	
		2	
		0.4	

检测：吕亚平　　校核：寇志俊　　日期：2016年3月14日

表8.46　陕西省汉中水文水资源勘测局雨量计测量精度检测记录表

站　　名	镇　川	日　　期	2016年3月14日
翻斗式雨量计			
雨量计编号	分辨率/mm	雨强/(mm/min)	相对误差/%
长春丰泽122380	0.2	4	−4.8
		2	0.0
		0.4	5.2
翻斗式雨量计			
雨量计编号	分辨率/mm	雨强/(mm/min)	相对误差/%
		4	
		2	
		0.4	
翻斗式雨量计			
雨量计编号	分辨率/mm	雨强/(mm/min)	相对误差/%
		4	
		2	
		0.4	
虹吸式及其他类型雨量计			
雨量计编号	虹吸雨量记录值	雨强/(mm/min)	相对误差/%
		4	
		2	
		0.4	

续表

站　　名	镇　　川	日　　期	2016年3月14日
虹吸式及其他类型雨量计			
雨量计编号	虹吸雨量记录值	雨强/(mm/min)	相对误差/%
		4	
		2	
		0.4	

检测：吕亚平　　　　校核：寇志俊　　　　日期：2016年3月14日

表 8.47　　陕西省汉中水文水资源勘测局雨量计测量精度检测记录表

站　　名	小河口	日　　期	2016年3月18日
翻斗式雨量计			
雨量计编号	分辨率/mm	雨强/(mm/min)	相对误差/%
南京所 990763	0.2	4	−3.0
		2	0.0
		0.4	4.1
翻斗式雨量计			
雨量计编号	分辨率/mm	雨强/(mm/min)	相对误差/%
		4	
		2	
		0.4	
翻斗式雨量计			
雨量计编号	分辨率/mm	雨强/(mm/min)	相对误差/%
		4	
		2	
		0.4	
虹吸式及其他类型雨量计			
雨量计编号	虹吸雨量记录值	雨强/(mm/min)	相对误差/%
		4	
		2	
		0.4	
虹吸式及其他类型雨量计			
雨量计编号	虹吸雨量记录值	雨强/(mm/min)	相对误差/%
		4	
		2	
		0.4	

检测：吕亚平　　　　校核：寇志俊　　　　日期：2016年3月18日

表 8.48 陕西省汉中水文水资源勘测局雨量计测量精度检测记录表

站　　名	双溪镇	日　　期	2016年3月18日
翻斗式雨量计			
雨量计编号	分辨率/mm	雨强/(mm/min)	相对误差/%
长春丰泽 122355	0.2	4	−4.8
		2	0.0
		0.4	5.2
翻斗式雨量计			
雨量计编号	分辨率/mm	雨强/(mm/min)	相对误差/%
		4	
		2	
		0.4	
翻斗式雨量计			
雨量计编号	分辨率/mm	雨强/(mm/min)	相对误差/%
		4	
		2	
		0.4	
虹吸式及其他类型雨量计			
雨量计编号	虹吸雨量记录值	雨强/(mm/min)	相对误差/%
		4	
		2	
		0.4	
虹吸式及其他类型雨量计			
雨量计编号	虹吸雨量记录值	雨强/(mm/min)	相对误差/%
		4	
		2	
		0.4	

检测：吕亚平　　　　校核：寇志俊　　　　日期：2016年3月18日

表 8.49 陕西省汉中水文水资源勘测局雨量计测量精度检测记录表

站　　名	升仙村	日　　期	2016年3月18日
翻斗式雨量计			
雨量计编号	分辨率/mm	雨强/(mm/min)	相对误差/%
南京所 000281	0.2	4	−3.0
		2	0.0
		0.4	4.1

续表

站　　名	升仙村	日　　期	2016年3月18日
翻斗式雨量计			
雨量计编号	分辨率/mm	雨强/(mm/min)	相对误差/%
		4	
		2	
		0.4	
翻斗式雨量计			
雨量计编号	分辨率/mm	雨强/(mm/min)	相对误差/%
		4	
		2	
		0.4	
虹吸式及其他类型雨量计			
雨量计编号	虹吸雨量记录值	雨强/(mm/min)	相对误差/%
		4	
		2	
		0.4	
虹吸式及其他类型雨量计			
雨量计编号	虹吸雨量记录值	雨强/(mm/min)	相对误差/%
		4	
		2	
		0.4	

检测：吕亚平　　　　校核：寇志俊　　　　日期：2016年3月18日

表8.50　　陕西省汉中水文水资源勘测局雨量计测量精度检测记录表

站　　名	西水街	日　　期	2016年3月19日
翻斗式雨量计			
雨量计编号	分辨率/mm	雨强/(mm/min)	相对误差/%
南京所 990277	0.2	4	−4.8
		2	0.0
		0.4	3.0
翻斗式雨量计			
雨量计编号	分辨率/mm	雨强/(mm/min)	相对误差/%
		4	
		2	
		0.4	

续表

站　名	西水街	日　期	2016年3月19日
翻斗式雨量计			
雨量计编号	分辨率/mm	雨强/(mm/min)	相对误差/%
		4	
		2	
		0.4	
虹吸式及其他类型雨量计			
雨量计编号	虹吸雨量记录值	雨强/(mm/min)	相对误差/%
		4	
		2	
		0.4	
虹吸式及其他类型雨量计			
雨量计编号	虹吸雨量记录值	雨强/(mm/min)	相对误差/%
		4	
		2	
		0.4	

检测：吕亚平　　校核：杨子和　　日期：2016年3月19日

表8.51　陕西省汉中水文水资源勘测局雨量计测量精度检测记录表

站　名	龙　亭	日　期	2016年3月19日
翻斗式雨量计			
雨量计编号	分辨率/mm	雨强/(mm/min)	相对误差/%
长春丰泽122609	0.2	4	−4.8
		2	0.0
		0.4	5.2
翻斗式雨量计			
雨量计编号	分辨率/mm	雨强/(mm/min)	相对误差/%
		4	
		2	
		0.4	
翻斗式雨量计			
雨量计编号	分辨率/mm	雨强/(mm/min)	相对误差/%
		4	
		2	
		0.4	

续表

站　名	龙　亭	日　期	2016年3月19日
虹吸式及其他类型雨量计			
雨量计编号	虹吸雨量记录值	雨强/(mm/min)	相对误差/%
		4	
		2	
		0.4	
虹吸式及其他类型雨量计			
雨量计编号	虹吸雨量记录值	雨强/(mm/min)	相对误差/%
		4	
		2	
		0.4	

检测：吕亚平　　　　校核：杨子和　　　　日期：2016年3月19日

表 8.52　陕西省汉中水文水资源勘测局雨量计测量精度检测记录表

站　名	洋　县	日　期	2016年3月19日
翻斗式雨量计			
雨量计编号	分辨率/mm	雨强/(mm/min)	相对误差/%
长春丰泽122629	0.2	4	−6.6
		2	0.0
		0.4	5.2
翻斗式雨量计			
雨量计编号	分辨率/mm	雨强/(mm/min)	相对误差/%
		4	
		2	
		0.4	
翻斗式雨量计			
雨量计编号	分辨率/mm	雨强/(mm/min)	相对误差/%
		4	
		2	
		0.4	
虹吸式及其他类型雨量计			
雨量计编号	虹吸雨量记录值	雨强/(mm/min)	相对误差/%
		4	
		2	
		0.4	

续表

站　　名	洋　县	日　　期	2016年3月19日
虹吸式及其他类型雨量计			
雨量计编号	虹吸雨量记录值	雨强/(mm/min)	相对误差/%
		4	
		2	
		0.4	

检测：吕亚平　　校核：杨子和　　日期：2016年3月19日

表8.53　　陕西省汉中水文水资源勘测局雨量计测量精度检测记录表

站　　名	歇　马	日　　期	2016年3月24日
翻斗式雨量计			
雨量计编号	分辨率/mm	雨强/(mm/min)	相对误差/%
长春丰泽122542	0.2	4	−2.0
		2	0.0
		0.4	6.6
翻斗式雨量计			
雨量计编号	分辨率/mm	雨强/(mm/min)	相对误差/%
		4	
		2	
		0.4	
翻斗式雨量计			
雨量计编号	分辨率/mm	雨强/(mm/min)	相对误差/%
		4	
		2	
		0.4	
虹吸式及其他类型雨量计			
雨量计编号	虹吸雨量记录值	雨强/(mm/min)	相对误差/%
		4	
		2	
		0.4	
虹吸式及其他类型雨量计			
雨量计编号	虹吸雨量记录值	雨强/(mm/min)	相对误差/%
		4	
		2	
		0.4	

检测：吕亚平　　校核：杨子和　　日期：2016年3月24日

表 8.54　陕西省汉中水文水资源勘测局雨量计测量精度检测记录表

站　名	汉　中	日　期	2016 年 3 月 24 日
翻斗式雨量计			
雨量计编号	分辨率/mm	雨强/(mm/min)	相对误差/%
长春丰泽 122361	0.2	4	−2.0
		2	1.0
		0.4	5.2
翻斗式雨量计			
雨量计编号	分辨率/mm	雨强/(mm/min)	相对误差/%
		4	
		2	
		0.4	
翻斗式雨量计			
雨量计编号	分辨率/mm	雨强/(mm/min)	相对误差/%
		4	
		2	
		0.4	
虹吸式及其他类型雨量计			
雨量计编号	虹吸雨量记录值	雨强/(mm/min)	相对误差/%
		4	
		2	
		0.4	
虹吸式及其他类型雨量计			
雨量计编号	虹吸雨量记录值	雨强/(mm/min)	相对误差/%
		4	
		2	
		0.4	

检测：吕亚平　　　　校核：杨子和　　　　日期：2016 年 3 月 24 日

表 8.55　陕西省汉中水文水资源勘测局雨量计测量精度检测记录表

站　名	法　镇	日　期	2016 年 3 月 24 日
翻斗式雨量计			
雨量计编号	分辨率/mm	雨强/(mm/min)	相对误差/%
长春丰泽 122559	0.2	4	−3.9
		2	0.0
		0.4	4.1

续表

站　　名	法　　镇	日　　期	2016年3月24日
翻斗式雨量计			
雨量计编号	分辨率/mm	雨强/(mm/min)	相对误差/%
		4	
		2	
		0.4	
翻斗式雨量计			
雨量计编号	分辨率/mm	雨强/(mm/min)	相对误差/%
		4	
		2	
		0.4	
虹吸式及其他类型雨量计			
雨量计编号	虹吸雨量记录值	雨强/(mm/min)	相对误差/%
		4	
		2	
		0.4	
虹吸式及其他类型雨量计			
雨量计编号	虹吸雨量记录值	雨强/(mm/min)	相对误差/%
		4	
		2	
		0.4	

检测：吕亚平　　　　校核：杨子和　　　　日期：2016年3月24日

表8.56　　陕西省汉中水文水资源勘测局雨量计测量精度检测记录表

站　　名	三华石	日　　期	2016年3月24日
翻斗式雨量计			
雨量计编号	分辨率/mm	雨强/(mm/min)	相对误差/%
长春丰泽122518	0.2	4	−3.9
		2	1.0
		0.4	6.3
翻斗式雨量计			
雨量计编号	分辨率/mm	雨强/(mm/min)	相对误差/%
		4	
		2	
		0.4	

续表

站　　名	三华石	日　　期	2016年3月24日
翻斗式雨量计			
雨量计编号	分辨率/mm	雨强/(mm/min)	相对误差/%
		4	
		2	
		0.4	
虹吸式及其他类型雨量计			
雨量计编号	虹吸雨量记录值	雨强/(mm/min)	相对误差/%
		4	
		2	
		0.4	
虹吸式及其他类型雨量计			
雨量计编号	虹吸雨量记录值	雨强/(mm/min)	相对误差/%
		4	
		2	
		0.4	

检测：吕亚平　　　　校核：杨子和　　　　日期：2016年3月24日

8.3.2 扬州水文局应用实例

降水量观测是我国水文测验工作中最基本的监测项目之一。目前，我国广泛使用的降水量观测仪器有标准式雨量器、虹吸式雨量计和翻斗式雨量计。近年来，随着技术的发展，称重式雨量计也开始在国内进行安装和使用。

雨量计经过出厂检测和校准之后，安装初期通常是能够准确计量和工作的。但是，随着工作时间的推移，雨量计长期工作在野外环境中，灰尘、植物落叶、昆虫和鸟类活动等，均会对雨量计的准确计量和正常工作产生影响，雨量计的计量准确性可能会发生变化，根据计量等相关规范要求，必须定期对雨量计进行检测和校准。目前，水文部门广泛使用人工注水试验法，对雨量计进行现场检测和校准，该方法具有较大局限性，人工注水速度难以保持稳定，影响了雨量计检测与校准的精度。

2015年，水利部水文局启动了《降水量观测系列标准关系研究》项目，包括对降水量仪器及观测规范的现场应用，对各生产厂家的降水量监测仪器在使用前进行比测，对区域内雨量传感器进行检测和校准等工作。江苏省水文水资源勘测局扬州分局（以下简称"扬州分局"）承担了该项目中"代表性区域降水量仪器标准及观测规范的现场应用与分析，仪器野外现场检定及日常定期校准规程的应用与分析"工作，使用江苏南水水务科技有限公司生产的PGC10型移动式雨量率定仪（以下简称"率定仪"）进行雨量计的现场检测与校准。

2015年和2016年，扬州分局采用率定仪对扬州站区使用的各种类型的雨量观测设备进行了两个轮次的现场检测与校准工作，取得了各类雨量计的现场检测和校准数据，形成了《雨量计现场检测与校准工作报告》。

1. 概述

(1) 自然地理。扬州市位于江苏省中部，地处江淮流域下游，涉及江淮两大流域6个水系，地形特征差异明显，地势总体低平。区域内河湖交错，水网纵横，南临长江，北接淮水，中贯京杭大运河，也是国家南水北调东线工程的源头所在。全市辖广陵、邗江、江都3区和仪征、高邮、宝应3县（市），人口458万人，总面积6591km²，约70%的区域在江淮洪水位以下，过境水资源量较丰沛。

扬州市南与镇江市相望，东接盐城、泰州两市，北连淮安市，西与南京、淮安及安徽省滁州市毗邻。地跨北纬32°15′～33°25′、东经119°01′～119°54′。市域东西宽60km，南北长110km，约占全省总面积的6.42%，其中，属长江流域面积为1089km²，属淮河流域面积为5502km²。扬州市地理位置见图8.28。

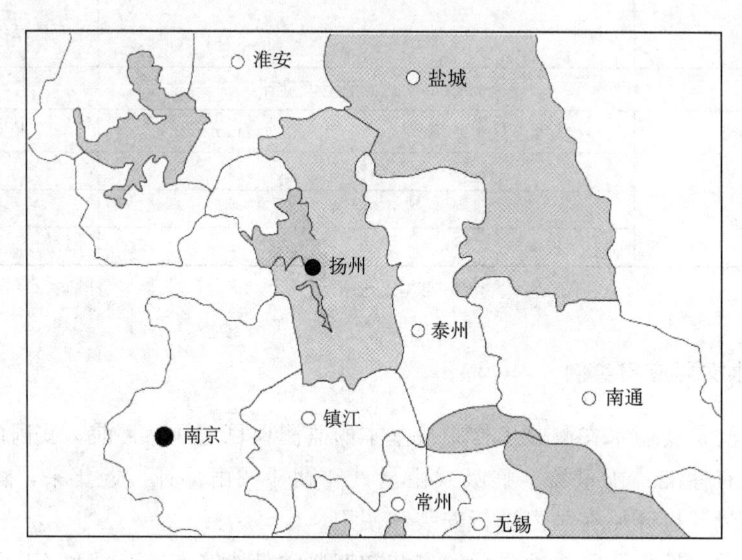

图8.28 扬州市地理位置

扬州市地处江淮之间，地势西高东低，约85%的地区为平原。从西向东呈扇形逐渐倾斜，仪征境内丘陵山区为最高，以高邮市、宝应县与泰州兴化市、盐城建湖县交界一带最低，为浅水湖荡地区。市区和仪征市的北部为丘陵，地面高程一般为10～15m，以仪征境内大铜山为最高，海拔149.5m；沿江和沿湖一带为平原，地势平坦，地面高程为4～5m；里运河以东、老328国道以北为里下河地区，地面高程一般为2～3m，最低点仅为1.4m。全市丘陵、平原、圩洼地形特征明显，但地势总体低平。

扬州市属北亚热带次湿润季风气候区，冬季干冷，夏季炎热多雨，春秋干湿冷暖多变，四季分明。季风显著，冬季盛行来自北方干冷的偏北风，夏季盛行从海洋吹来湿热的东南到南风，春季多东南风，秋季多东北风。多年平均气温：全年15.2℃，1月2.2℃，7月27.6℃。极端气温：最高39.9℃，最低－19.0℃。全市多年平均降水量为1007.3mm（1956—2012年），年际变化悬殊，年最大降水量1733.0mm（1991年），年最小降水量479.6mm（1978年）；在空间分布上，总体为南部大于北部。降水量年内分配不均，全年约50%的降水量集中在6—8月，汛期（5—9月）的降水量占全年降水量的67.2%。

(2) 水系特征。扬州市地跨江淮两大流域，河湖交错，水网纵横，分为6个水系，其中，苏北沿江地区水系属长江流域下游区；属淮河流域下游区的有入江水道水系、大运河水系、通扬运河水系、里下河水系和射阳河水系等。

长江流经扬州南部，境内有长江岸线 80.5km，下切深度 40～50m，多年平均水位 2.95m；京杭大运河纵贯南北，全长 143.3km，平均水位 6.50m 左右，现已成为国家南水北调东线的主要输水干线，其与淮河入江水道中下段平行，并将区内的白马湖、宝应湖、高邮湖、邵伯湖等 4 个湖泊与长江相连。

除长江、淮河入江水道和京杭大运河外，流域性河道有芒稻河、高水河、新通扬运河、三阳河、潼河、金宝运河、运西河和泰州引江河等，区域性骨干河道有卤汀河、北澄子河、大三王河、向阳河、宝射河和白马湖下游引河等，重要跨县河道有仪扬河、沿山河、润扬河、乌塔沟、公道引水河、北洲主排河、通扬运河、盐邵河、小涵河、小径河、斜丰港、龙耳河、东平河、横泾河、子婴河、临兴河、大潼河、大溪河等。此外，还有胥浦河、龙河、古运河、槐泗河、白塔河、红旗河、野田河、张叶沟、南澄子河、澄潼河、宝应中心排河、中港河、涧沟河、芦范河、芦东河和营沙河等重要县域河道。这些河道共同构成扬州地区的主要水系网络，具有防洪、排涝、灌溉等多种功能。

(3) 雨量站网。扬州分局区域内现有雨量基本监测站点 21 处（其中，三垛站仍采用人工的标准式雨量器进行观测），其分布情况见图 8.29。

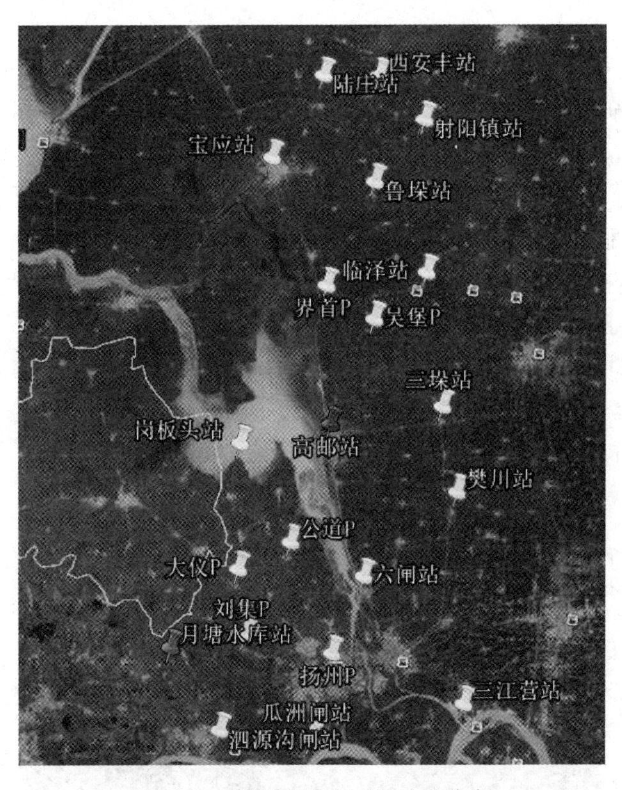

图 8.29 扬州市基本雨量站点分布

2. 技术要求

(1) 工作任务。根据项目要求，对区域内的降水量仪器及观测规范进行现场应用，形成技术报告，包括数量类型、标准的应用情况等。

对区域内的不同生产厂家、不同原理的降水量监测仪器进行比测工作，主要针对仪器技术和性能指标形成工作报告。

对区域内雨量传感器开展检测、校准工作，时间跨度为两个汛期，形成完整的工作记录表，完成观测规范及仪器标准的方法和技术指标的验证工作。

扬州分局侧重于仪器的比测和分析工作。

(2) 作业依据。本次检测与校准工作采用以下现行技术标准文件。

《翻斗式雨量计》(GB/T 21978.2—2014)；

《水文仪器基本环境试验条件及方法》(GB/T 9359—2001)；

《降水量观测仪器　第2部分：翻斗式雨量传感器》(GB/T 21978.2—2014)；

《降水量观测仪器　第3部分：虹吸式雨量计》(GB/T 21978.3—2008)；

《降水量观测仪器　第5部分：雨量显示记录仪》(GB/T 21978.5—2014)；

《降水量观测规范》(SL 21—2006)；

《水文资料整编规范》(SL 247—2012)；

《雨量器　技术条件》(JB/T 9458—1999)；

《雨量计现场检测、校准作业规程》(南京水文自动化研究所，2015年7月)。

3. 作业过程

(1) 检测准备。进行检测工作前收集相关的技术标准，认真学习与检测校准相关部分内容，同时，认真研读PGC10型移动式雨量计率定仪使用说明书，进行室内试运行率定工作，掌握各种雨量计检测与校准方法，对相关检测人员进行技术培训。

(2) 检测过程。根据项目进度计划，扬州分局于2015年7月开始雨量计检测与校准工作，选择江都区邵伯镇六闸站（测站编码51023350）开始，该站雨量观测设备类别齐全，有标准式、翻斗式、虹吸式、称重式等4种雨量观测设备，做好六闸站雨量计率定工作可积累经验，利于率定工作的进一步推广。

7月26日，现场率定人员对六闸站翻斗式、虹吸式雨量计进行了检测和率定（图8.30），两种仪器检测结果良好；8月4日，对称重式雨量计进行了检测和率定，同时对率定仪本身精度进行了检查。检测和检查结果见表8.57～表8.60。

图8.30　六闸站翻斗式雨量计率定与校准现场

表 8.57　　六闸站翻斗式雨量计率定成果表

测站编码	51023350		翻斗容量	0.5mm
测次	雨强/(mm/min)	标称雨量/mm	计量雨量/mm	精度/%
1	4.0	10.00	10.10	−1.0
2	2.0	10.00	10.00	0.0
3	0.4	10.00	9.80	2.0

表 8.58　　六闸站虹吸式雨量计检测成果表

测次	检测雨量/mm	检测雨强/(mm/min)	记录值/mm	记录精度/%	订正量/mm	订正精度 2/%
1	15.0	4.0	14.4	−4.0	14.9	−0.7
2	15.0	2.0	14.5	−3.3	14.8	−1.3
3	15.0	0.4	14.8	−1.3	15.0	0.0

表 8.59　　六闸站称重式雨量计检测成果表

测次	检测雨强/(mm/min)	终端值/mm	雨水量/g	雨量当量/mm	精度/%
1	4.0	23.27	470.61	23.53	−1.12
2	2.0	23.26	468.19	23.41	−0.64
3	0.4	23.40	472.37	23.62	−0.94

表 8.60　　六闸站 PGC10 型移动式雨量计率定仪精度测试成果表

测次	雨强/(mm/min)	初始质量/g	结束质量/g	变化量/g	精度/%
1	4.0	2345.05	1872.70	472.35	0.22
2	2.0	1872.70	1403.05	469.65	−0.35
3	0.4	1403.05	932.31	470.74	−0.12
平均					0.23

以上检测结果是在未进行任何调整下取得的。检测结果说明，六闸站各种类型的雨量计目前工作状态良好，可能与平时良好的维护有关。

六闸站称重式雨量计是德国 OTT 公司生产的 Pluvio2 200 雨量计，其承雨口的面积是 200cm^2，而率定仪是根据国内普遍使用的标准式承雨口雨量计（承雨口面积为 314.2cm^2）进行设计的，因此对 Pluvio2 200 进行率定时进行了面积换算。

(3) 数据成果。2015 年、2016 年，扬州分局对全局基本站雨量观测设备分批进行检测和校准。雨量计检测率定和精度测试成果见表 8.61。

2015 年，因杆式雨量计高度原因，未对高邮、月塘水库两站安装的杆式雨量计进行检测。

2016 年，对所有的翻斗式雨量计进行了现场检测和校准。检测中发现，由于翻斗挂水严重，公道、邵伯两站初测精度较差且无法调整到满意区间，故对两站的雨量计翻斗进行了更换。

表 8.61 扬州分局雨量计检测率定和精度测试成果表

序号	检测日期/(年-月-日)	站 名	雨量计类型	雨量计精度/%			是否校准
				4.0mm/min	2.0mm/min	0.4mm/min	
1	2015-07-26	六闸	0.5mm 翻斗	-1.0	0.0	2.0	
2	2015-07-26	六闸	20cm 虹吸	-0.7	-1.3	0.0	
3	2015-08-04	六闸	Pluvio²200	-1.10	-0.64	-0.93	
4	2015-08-04	六闸	率定仪	0.22	-0.35	-0.12	
5	2015-08-06	三江营	0.5mm 翻斗	-3.0	0.0	0.0	
6	2015-08-06	樊川	0.5mm 翻斗	-2.0	1.0	-1.0	1
7	2015-08-07	西安丰	0.5mm 翻斗	-2.0	-2.0	0.0	
8	2015-09-11	高邮	20cm 虹吸	-1.3	-0.7	-2.6	
9	2015-09-11	吴堡	0.5mm 翻斗	-2.0	0.0	2.0	
10	2015-09-11	临泽	0.5mm 翻斗	-2.0	-1.0	0.0	
11	2015-09-11	射阳镇	0.5mm 翻斗	-2.0	0.0	1.0	
12	2015-09-11	鲁垛	0.5mm 翻斗	-2.0	0.0	1.0	
13	2015-09-11	界首	0.5mm 翻斗	-1.0	1.0	1.0	
14	2015-10-15	扬州	0.5mm 翻斗	-1.0	0.0	2.0	
15	2015-10-16	瓜洲闸	0.5mm 翻斗	0.0	1.0	2.0	
16	2015-10-16	泗源沟闸	0.5mm 翻斗	-2.0	0.0	2.0	1
17	2015-10-16	大仪	0.5mm 翻斗	-1.0	1.0	2.0	1
18	2015-10-16	岗板头	0.5mm 翻斗	-1.0	1.0	0.0	1
19	2015-10-17	公道	0.5mm 翻斗	-2.0	0.0	1.0	
20	2015-10-18	宝应	0.5mm 翻斗	-1.0	0.0	1.0	
21	2015-10—18	陆庄	0.5mm 翻斗	-2.0	-1.0	-1.0	1
22	2015-10-19	刘集	0.5mm 翻斗	0.0	1.0	2.0	
23	2016-10-10	岗板头	0.5mm 翻斗	-1.0	1.5	1.2	1
24	2016-10-10	高邮	20cm 虹吸	-0.8	0.5	0.4	
25	2016-10-10	高邮	0.5mm 翻斗	-1.5	0.3	2.2	1
26	2016-10-11	临泽	0.5mm 翻斗	-1.3	0.6	0.7	
27	2016-10-11	吴堡	0.5mm 翻斗	-2.1	1.6	-0.3	
28	2016-10-11	界首	0.5mm 翻斗	-1.5	0.6	0.6	
29	2016-10-13	瓜洲	0.5mm 翻斗	-1.9	-0.8	2.0	
30	2016-10-13	泗源沟闸	0.5mm 翻斗	-0.8	-0.6	0.5	
31	2016-10-13	月塘水库	0.5mm 翻斗	-2.1	0.1	2.4	1

续表

序号	检测日期/(年-月-日)	站名	雨量计类型	雨量计精度/%			是否校准
				4.0mm/min	2.0mm/min	0.4mm/min	
32	2016-10-13	大仪	0.5mm 翻斗	−1.6	0.2	1.8	1
33	2016-10-14	刘集	0.5mm 翻斗	−2.1	0.6	1.8	
34	2016-11-01	鲁垛	0.5mm 翻斗	−1.7	−0.1	2.1	
35	2016-11-01	射阳镇	0.5mm 翻斗	−2.5	0.2	0.9	
36	2016-11-01	西安丰	0.5mm 翻斗	−2.2	0.5	1.0	1
37	2016-11-01	陆庄	0.5mm 翻斗	−1.9	0.3	−1.6	
38	2016-11-02	宝应	0.5mm 翻斗	−1.3	0.6	2.1	
39	2016-11-02	樊川	0.5mm 翻斗	−2.8	0.1	4.4	1
40	2016-11-02	公道	0.5mm 翻斗	−1.4	0.6	2.0	1
41	2016-11-03	三江营	0.5mm 翻斗	−3.7	0.1	0.3	1
42	2016-11-03	扬州	0.5mm 翻斗	−2.1	0.7	1.0	1
43	2016-11-04	六闸	0.5mm 翻斗	−1.9	−0.4	0.5	1
44	2016-11-14	六闸	Pluvio^{2}200	−0.81	−0.47	−0.43	

注 2号、24号为虹吸订正后精度；所有检测数据未作水密度改正。

由表8.61的数据可见，2015年对5站进行了校准；2016年对10站（与2015年相比，实际新增3站）进行了校准，樊川站精度相对较差，因该站即将更换为遥测方式（安装新雨量计），故未作更换，调整后总体精度为一类。

（4）补充检测。2016年3月，经过协调，对江苏省内常州分局沙河水库站（18日），泰州分局黄桥站（19日）称重式雨量计进行了检测，检测结果见表8.62。

表8.62　江苏省内其他分局称重式雨量计率定成果表

站名	检测雨强/(mm/min)	起始/g	结束/g	水量/g	降水当量/mm	显示值/mm	偏离/%	计量偏离/%
沙河水库	4.0	1351.17	0881.52	469.65	23.48	23.38	−0.43	−0.34
	2.0	1887.03	1416.13	470.90	23.55	23.35	−0.85	−0.07
	0.4	1416.13	0946.12	470.01	23.50	23.24	−1.11	−0.26
黄桥	4.0	1812.43	1342.41	470.02	23.50	23.39	−0.47	−0.26
	2.0	1342.41	0872.64	469.77	23.49	23.30	−0.81	−0.31
	0.4	1975.10	1507.07	468.03	23.40	23.14	−1.11	−0.68

可见，两站最大偏离值为−1.11%，最小偏离值为−0.43%，与六闸站检测结果相似，精度很高；率定仪计量偏离值最大为−0.68%，最小为−0.07%，精度符合标称

精度。

2015年下半年，称重式雨量计安装单位对六闸站重新进行了设置，2016年对该站的称重式雨量计重新进行了检测，4.0mm/min、2.0mm/min两种雨强下的检测结果均为2.32mm。

4. 数据分析

(1) 资料分析。在雨量计检测与校准工作中，未对标准式雨量器进行检测，因为标准式雨量器雨量量筒分度值是0.1mm，换算成重量相当于3.14g，而雨量率定仪是采用天平称重进行水量计量的，其分度值是0.01g，量筒的精度远比天平低。检测时，从率定仪出水口流出的水全部注入雨量器，两者是等量的，不存在误差。在正常应用条件下，标准式雨量器的误差取决于仪器加工误差和安装误差（主要是器口是否呈水平状态）。

上述所列3种雨量测量器具中，OTT Pluvio2雨量计是通过称重方法来测量降水收集桶的质量，测定雨量和雨强，无论是固态还是液态。其工作原理是用测压元件进行称量，其本质上就是天平，因此，Pluvio2雨量计具有很高的精度（表8.59、表8.62)。与其他常规雨量计相比，它还有一个优势，就是能直接测定固态降水量。

虹吸式雨量计的直接记录精度不是很高，但是辅以虹吸订正（水文资料整编规范要求进行虹吸订正）就能达到比较高的精度（表8.61)，其误差主要来源于安装精度和虹吸过程。

扬州地区多年年均降水量大于800mm，所以扬州分局目前安装使用的翻斗式雨量计型号均为JDZ05型，其翻斗容量是0.5mm，分析38台次仪器第一次检测（未经校准）结果，其最大误差为－4.8%（泗源沟闸站)，其他站偏差一般在±3%之内。经校准后，绝大多数站有两个雨强指标的精度达到1级，除即将更新雨量计的樊川站外，各站次精度指标最低为2级。

目前，使用最多的是翻斗式雨量计，其误差分布规律是雨强较大时降水量记录值偏小，雨强较小时降水量记录值偏大，在雨强为2.0mm/min时，一般精度最高（表8.63、图8.31)。

表8.63 扬州分局检测结果汇总表（以最大偏差统计）

仪器形式	台次	调整台次	各种雨强（最大）偏差值			是否达标
			4.0mm/min	2.0mm/min	0.2mm/min	
0.5mm翻斗	38	15	－3.7	1.6	4.4	是
20cm虹吸	3	0	－4.0	－3.3	－2.6	是
Pluvio2 200	2	0	－1.1	－0.9	－1.1	是

(2) 分析结论。比较各类仪器的检测值，称重式雨量计具有很高的、固定的测量精度，但是费用高昂；虹吸式雨量计具有较高的、固定的测量精度，进行虹吸订正后精度很高；翻斗式雨量计经过一段时间工作后，精度可能会发生变化，甚至会超过标准许可值，因此需要进行定期检测和校准。

(3) 存在问题。与翻斗式雨量计相比，虽然虹吸式和称重式检测仪器样本较少，但是

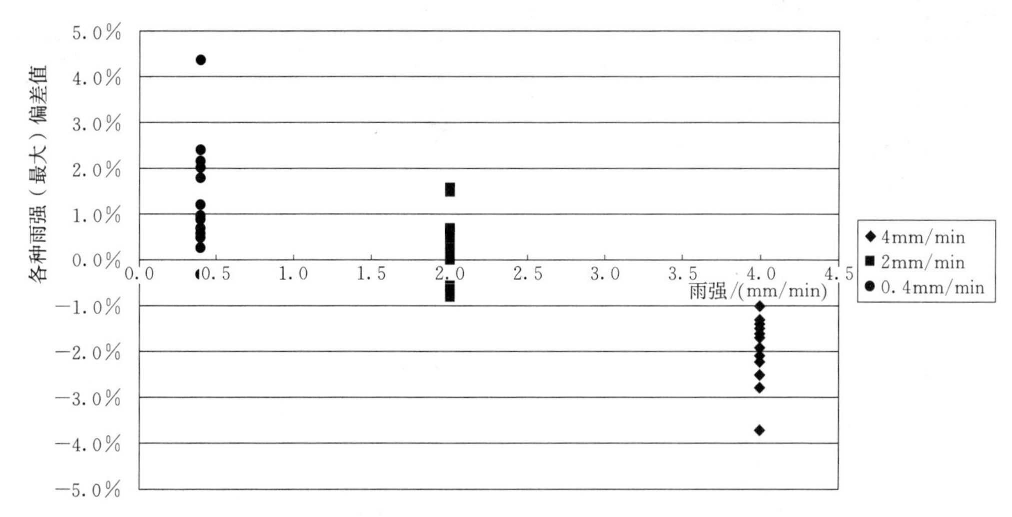

图 8.31 扬州分局 0.5mm 翻斗式雨量计误差分布（2016 年）

基于二者的工作原理，实际检测结果说明其精度较高。今后需进一步扩大检测数量，取得更多的样本，为相关标准的制定、修订提供数据支撑。

5. 结论

从现场检测与校准数据，以及南京水文自动化研究所大量雨量计率定的数据分析，可以得出以下结论。

（1）称重式雨量计具有很高的、固定的测量精度，但是费用高昂；虹吸式雨量计具有较高的、固定的测量精度，进行虹吸订正后精度很高；翻斗式雨量计经过一段时间工作后，精度可能会发生变化，甚至会超过标准许可值，因此需要进行定期率定和校准。

（2）率定仪按照规定定期进行校准后，使用天平称量值可得到精准的数据，使用非标准承雨口的雨量计要进行面积换算。

（3）在进行雨量计率定前，完成率定仪的初始化，并根据雨量计的种类做好线路连接和雨量计的初始化工作。

（4）实际检测中，可以先从 2.0mm/min 雨强开始，将其精度指标调整到 0.0%，可能会简化检测程序。

（5）在检测与校准时，率定仪出水口与待检雨量计进水处应尽量处于同一水平面，减小因扬程所引起的水压力差，提高检测精度。

（6）扬州分局所用翻斗式雨量计，大部分已经连续使用多年，从本次检测与校准的结果看，除一个站外，其长期精度均在 2 级标准以内，说明 JDZ05 型雨量计在本区域的适用性较好。

6. 问题与建议

PGC10 型移动式雨量计率定仪在工作时其率定出水是非均匀连续的，建议继续改进，使其本身精度和检测精度变得更高。

下面列出全部《雨量计测量精度检测记录表》，见表 8.64～表 8.105。

表8.64　　雨量计测量精度检测记录表

<table>
<tr><td>站　名</td><td>六　闸</td><td>日　期</td><td>2015年7月26日</td></tr>
<tr><td colspan="4">翻斗式雨量计</td></tr>
<tr><td>雨量计编号</td><td>分辨率/mm</td><td>雨强/(mm/min)</td><td>相对误差/%</td></tr>
<tr><td rowspan="3">1</td><td rowspan="3">0.5</td><td>4.0</td><td>−1.0</td></tr>
<tr><td>2.0</td><td>0.0</td></tr>
<tr><td>0.4</td><td>2.0</td></tr>
<tr><td colspan="4">翻斗式雨量计</td></tr>
<tr><td>雨量计编号</td><td>分辨率/mm</td><td>雨强/(mm/min)</td><td>相对误差/%</td></tr>
<tr><td rowspan="3"></td><td rowspan="3"></td><td>4.0</td><td></td></tr>
<tr><td>2.0</td><td></td></tr>
<tr><td>0.4</td><td></td></tr>
<tr><td colspan="4">翻斗式雨量计</td></tr>
<tr><td>雨量计编号</td><td>分辨率/mm</td><td>雨强/(mm/min)</td><td>相对误差/%</td></tr>
<tr><td rowspan="3"></td><td rowspan="3"></td><td>4.0</td><td></td></tr>
<tr><td>2.0</td><td></td></tr>
<tr><td>0.4</td><td></td></tr>
<tr><td colspan="4">虹吸式及其他类型雨量计</td></tr>
<tr><td>雨量计编号</td><td>雨量记录值/mm</td><td>雨强/(mm/min)</td><td>相对误差/%</td></tr>
<tr><td rowspan="3">SJ1型虹吸式</td><td>14.9</td><td>4.0</td><td>−0.7</td></tr>
<tr><td>14.8</td><td>2.0</td><td>−1.3</td></tr>
<tr><td>15.0</td><td>0.4</td><td>0.0</td></tr>
<tr><td colspan="4">虹吸式及其他类型雨量计</td></tr>
<tr><td>雨量计编号</td><td>雨量记录值/mm</td><td>雨强/(mm/min)</td><td>相对误差/%</td></tr>
<tr><td rowspan="3"></td><td></td><td>4.0</td><td></td></tr>
<tr><td></td><td>2.0</td><td></td></tr>
<tr><td></td><td>0.4</td><td></td></tr>
</table>

检测：丁昌言　　　　校核：金　成　　　　日期：2015年7月26日

表8.65　　雨量计测量精度检测记录表

<table>
<tr><td>站　名</td><td>六　闸</td><td>日　期</td><td>2015年8月4日</td></tr>
<tr><td colspan="4">翻斗式雨量计</td></tr>
<tr><td>雨量计编号</td><td>分辨率/mm</td><td>雨强/(mm/min)</td><td>相对误差/%</td></tr>
<tr><td rowspan="3">1</td><td rowspan="3"></td><td>4.0</td><td></td></tr>
<tr><td>2.0</td><td></td></tr>
<tr><td>0.4</td><td></td></tr>
</table>

续表

站　名	六　闸	日　期	2016年8月4日
翻斗式雨量计			
雨量计编号	分辨率/mm	雨强/(mm/min)	相对误差/%
		4.0	
		2.0	
		0.4	
翻斗式雨量计			
雨量计编号	分辨率/mm	雨强/(mm/min)	相对误差/%
		4.0	
		2.0	
		0.4	
虹吸式及其他类型雨量计			
雨量计编号	雨量记录值/mm	雨强/(mm/min)	相对误差/%
		4.0	
		2.0	
		0.4	
虹吸式及其他类型雨量计			
雨量计编号	雨量记录值/mm	雨强/(mm/min)	相对误差/%
		4.0	−1.1
Pluvio^{2}200		2.0	−0.6
		0.4	−0.9

检测：丁昌言　　　　校核：金　成　　　　日期：2015年8月4日

表8.66　雨量计测量精度检测记录表

站　名	三江营	日　期	2015年8月6日
翻斗式雨量计			
雨量计编号	分辨率/mm	雨强/(mm/min)	相对误差/%
		4.0	−3.0
2	0.5	2.0	0.0
		0.4	0.0
翻斗式雨量计			
雨量计编号	分辨率/mm	雨强/(mm/min)	相对误差/%
		4.0	
		2.0	
		0.4	

续表

站　　名	三江营	日　　期	2016年8月6日
翻斗式雨量计			
雨量计编号	分辨率/mm	雨强/(mm/min)	相对误差/%
		4.0	
		2.0	
		0.4	
虹吸式及其他类型雨量计			
雨量计编号	雨量记录值/mm	雨强/(mm/min)	相对误差/%
		4.0	
		2.0	
		0.4	
虹吸式及其他类型雨量计			
雨量计编号	雨量记录值/mm	雨强/(mm/min)	相对误差/%
		4.0	
		2.0	
		0.4	

检测：丁昌言　　　　校核：金　成　　　　日期：2015年8月6日

表8.67　　雨量计测量精度检测记录表

站　　名	樊　川	日　　期	2016年8月6日
翻斗式雨量计			
雨量计编号	分辨率/mm	雨强/(mm/min)	相对误差/%
3	0.5	4.0	−2.0
		2.0	1.0
		0.4	−1.0
翻斗式雨量计			
雨量计编号	分辨率/mm	雨强/(mm/min)	相对误差/%
		4.0	
		2.0	
		0.4	
翻斗式雨量计			
雨量计编号	分辨率/mm	雨强/(mm/min)	相对误差/%
		4.0	
		2.0	
		0.4	

续表

站　名	樊　川	日　期	2016年8月6日
虹吸式及其他类型雨量计			
雨量计编号	雨量记录值/mm	雨强/(mm/min)	相对误差/%
		4.0	
		2.0	
		0.4	
虹吸式及其他类型雨量计			
雨量计编号	雨量记录值/mm	雨强/(mm/min)	相对误差/%
		4.0	
		2.0	
		0.4	

检测：丁昌言　　校核：金　成　　日期：2015年8月6日

表8.68　雨量计测量精度检测记录表

站　名	西安丰	日　期	2015年8月7日
翻斗式雨量计			
雨量计编号	分辨率/mm	雨强/(mm/min)	相对误差/%
4	0.5	4.0	−2.0
		2.0	−2.0
		0.4	0.0
翻斗式雨量计			
雨量计编号	分辨率/mm	雨强/(mm/min)	相对误差/%
		4.0	
		2.0	
		0.4	
翻斗式雨量计			
雨量计编号	分辨率/mm	雨强/(mm/min)	相对误差/%
		4.0	
		2.0	
		0.4	
虹吸式及其他类型雨量计			
雨量计编号	雨量记录值/mm	雨强/(mm/min)	相对误差/%
		4.0	
		2.0	
		0.4	

续表

站　名	西安丰	日　期	2015年8月7日
虹吸式及其他类型雨量计			
雨量计编号	雨量记录值/mm	雨强/(mm/min)	相对误差/%
		4.0	
		2.0	
		0.4	

检测：丁昌言　　校核：金　成　　日期：2015年8月7日

表8.69　雨量计测量精度检测记录表

站　名	高　邮	日　期	2015年9月11日
翻斗式雨量计			
雨量计编号	分辨率/mm	雨强/(mm/min)	相对误差/%
5		4.0	
		2.0	
		0.4	
翻斗式雨量计			
雨量计编号	分辨率/mm	雨强/(mm/min)	相对误差/%
		4.0	
		2.0	
		0.4	
翻斗式雨量计			
雨量计编号	分辨率/mm	雨强/(mm/min)	相对误差/%
		4.0	
		2.0	
		0.4	
虹吸式及其他类型雨量计			
雨量计编号	雨量记录值/mm	雨强/(mm/min)	相对误差/%
SJ1虹吸式		4.0	−1.3
		2.0	−0.7
		0.4	−2.6
虹吸式及其他类型雨量计			
雨量计编号	雨量记录值/mm	雨强/(mm/min)	相对误差/%
		4.0	
		2.0	
		0.4	

检测：丁昌言　　校核：王清源　　日期：2015年9月11日

表 8.70 雨量计测量精度检测记录表

站　名	吴　堡	日　期	2015年9月11日
翻斗式雨量计			
雨量计编号	分辨率/mm	雨强/(mm/min)	相对误差/%
6	0.5	4.0	−2.0
		2.0	0.0
		0.4	2.0
翻斗式雨量计			
雨量计编号	分辨率/mm	雨强/(mm/min)	相对误差/%
		4.0	
		2.0	
		0.4	
翻斗式雨量计			
雨量计编号	分辨率/mm	雨强/(mm/min)	相对误差/%
		4.0	
		2.0	
		0.4	
虹吸式及其他类型雨量计			
雨量计编号	雨量记录值/mm	雨强/(mm/min)	相对误差/%
虹吸式及其他类型雨量计			
雨量计编号	雨量记录值/mm	雨强/(mm/min)	相对误差/%
		4.0	
		2.0	
		0.4	

检测：丁昌言　　　　校核：王清源　　　　日期：2015年9月11日

表 8.71 雨量计测量精度检测记录表

站　名	临　泽	日　期	2015年9月11日
翻斗式雨量计			
雨量计编号	分辨率/mm	雨强/(mm/min)	相对误差/%
7	0.5	4.0	−2.0
		2.0	−1.0
		0.4	0.0

续表

站　名	临　泽	日　期	2015年9月11日
翻斗式雨量计			
雨量计编号	分辨率/mm	雨强/(mm/min)	相对误差/%
		4.0	
		2.0	
		0.4	
翻斗式雨量计			
雨量计编号	分辨率/mm	雨强/(mm/min)	相对误差/%
		4.0	
		2.0	
		0.4	
虹吸式及其他类型雨量计			
雨量计编号	雨量记录值/mm	雨强/(mm/min)	相对误差/%
虹吸式及其他类型雨量计			
雨量计编号	雨量记录值/mm	雨强/(mm/min)	相对误差/%
		4.0	
		2.0	
		0.4	

检测：丁昌言　　校核：王清源　　日期：2015年9月11日

表 8.72　雨量计测量精度检测记录表

站　名	射阳镇	日　期	2015年9月11日
翻斗式雨量计			
雨量计编号	分辨率/mm	雨强/(mm/min)	相对误差/%
8	0.5	4.0	−2.0
		2.0	0.0
		0.4	1.0
翻斗式雨量计			
雨量计编号	分辨率/mm	雨强/(mm/min)	相对误差/%
		4.0	
		2.0	
		0.4	

续表

站　　名	射阳镇	日　　期	2015年9月11日
翻斗式雨量计			
雨量计编号	分辨率/mm	雨强/(mm/min)	相对误差/%
		4.0	
		2.0	
		0.4	
虹吸式及其他类型雨量计			
雨量计编号	雨量记录值/mm	雨强/(mm/min)	相对误差/%
虹吸式及其他类型雨量计			
雨量计编号	雨量记录值/mm	雨强/(mm/min)	相对误差/%
		4.0	
		2.0	
		0.4	

检测：丁昌言　　　　校核：王清源　　　　日期：2015年9月11日

表 8.73　　雨量计测量精度检测记录表

站　　名	鲁　　垛	日　　期	2015年9月11日
翻斗式雨量计			
雨量计编号	分辨率/mm	雨强/(mm/min)	相对误差/%
9	0.5	4.0	−2.0
		2.0	0.0
		0.4	1.0
翻斗式雨量计			
雨量计编号	分辨率/mm	雨强/(mm/min)	相对误差/%
		4.0	
		2.0	
		0.4	
翻斗式雨量计			
雨量计编号	分辨率/mm	雨强/(mm/min)	相对误差/%
		4.0	
		2.0	
		0.4	

续表

站名	鲁垛	日期	2015年9月11日
虹吸式及其他类型雨量计			
雨量计编号	雨量记录值/mm	雨强/(mm/min)	相对误差/%
虹吸式及其他类型雨量计			
雨量计编号	雨量记录值/mm	雨强/(mm/min)	相对误差/%
		4.0	
		2.0	
		0.4	

检测：丁昌言　　校核：王清源　　日期：2015年9月11日

表 8.74　雨量计测量精度检测记录表

站名	界首	日期	2015年9月11日
翻斗式雨量计			
雨量计编号	分辨率/mm	雨强/(mm/min)	相对误差/%
10	0.5	4.0	−1.0
		2.0	1.0
		0.4	1.0
翻斗式雨量计			
雨量计编号	分辨率/mm	雨强/(mm/min)	相对误差/%
		4.0	
		2.0	
		0.4	
翻斗式雨量计			
雨量计编号	分辨率/mm	雨强/(mm/min)	相对误差/%
		4.0	
		2.0	
		0.4	
虹吸式及其他类型雨量计			
雨量计编号	雨量记录值/mm	雨强/(mm/min)	相对误差/%

续表

站　名	界　首	日　期	2015年9月11日
虹吸式及其他类型雨量计			
雨量计编号	雨量记录值/mm	雨强/(mm/min)	相对误差/%
		4.0	
		2.0	
		0.4	

检测：丁昌言　　校核：王清源　　日期：2015年9月11日

表 8.75　雨量计测量精度检测记录表

站　名	扬　州	日　期	2015年10月15日
翻斗式雨量计			
雨量计编号	分辨率/mm	雨强/(mm/min)	相对误差/%
11	0.5	4.0	−1.0
		2.0	1.0
		0.4	2.0
翻斗式雨量计			
雨量计编号	分辨率/mm	雨强/(mm/min)	相对误差/%
		4.0	
		2.0	
		0.4	
翻斗式雨量计			
雨量计编号	分辨率/mm	雨强/(mm/min)	相对误差/%
		4.0	
		2.0	
		0.4	
虹吸式及其他类型雨量计			
雨量计编号	雨量记录值/mm	雨强/(mm/min)	相对误差/%
虹吸式及其他类型雨量计			
雨量计编号	雨量记录值/mm	雨强/(mm/min)	相对误差/%
		4.0	
		2.0	
		0.4	

检测：丁昌言　　校核：朱其林　　日期：2015年10月15日

表 8.76 **雨量计测量精度检测记录表**

<table>
<tr><td>站　名</td><td>瓜　洲</td><td>日　期</td><td>2015 年 10 月 16 日</td></tr>
<tr><td colspan="4">翻斗式雨量计</td></tr>
<tr><td>雨量计编号</td><td>分辨率/mm</td><td>雨强/(mm/min)</td><td>相对误差/%</td></tr>
<tr><td rowspan="3">12</td><td rowspan="3">0.5</td><td>4.0</td><td>0.0</td></tr>
<tr><td>2.0</td><td>1.0</td></tr>
<tr><td>0.4</td><td>2.0</td></tr>
<tr><td colspan="4">翻斗式雨量计</td></tr>
<tr><td>雨量计编号</td><td>分辨率/mm</td><td>雨强/(mm/min)</td><td>相对误差/%</td></tr>
<tr><td rowspan="3"></td><td rowspan="3"></td><td>4.0</td><td></td></tr>
<tr><td>2.0</td><td></td></tr>
<tr><td>0.4</td><td></td></tr>
<tr><td colspan="4">翻斗式雨量计</td></tr>
<tr><td>雨量计编号</td><td>分辨率/mm</td><td>雨强/(mm/min)</td><td>相对误差/%</td></tr>
<tr><td rowspan="3"></td><td rowspan="3"></td><td>4.0</td><td></td></tr>
<tr><td>2.0</td><td></td></tr>
<tr><td>0.4</td><td></td></tr>
<tr><td colspan="4">虹吸式及其他类型雨量计</td></tr>
<tr><td>雨量计编号</td><td>雨量记录值/mm</td><td>雨强/(mm/min)</td><td>相对误差/%</td></tr>
<tr><td rowspan="3"></td><td></td><td></td><td></td></tr>
<tr><td></td><td></td><td></td></tr>
<tr><td></td><td></td><td></td></tr>
<tr><td colspan="4">虹吸式及其他类型雨量计</td></tr>
<tr><td>雨量计编号</td><td>雨量记录值/mm</td><td>雨强/(mm/min)</td><td>相对误差/%</td></tr>
<tr><td rowspan="3"></td><td></td><td>4.0</td><td></td></tr>
<tr><td></td><td>2.0</td><td></td></tr>
<tr><td></td><td>0.4</td><td></td></tr>
</table>

检测：丁昌言　　　　校核：朱其林　　　　日期：2015 年 10 月 16 日

表 8.77 **雨量计测量精度检测记录表**

<table>
<tr><td>站　名</td><td>泗源沟</td><td>日　期</td><td>2015 年 10 月 16 日</td></tr>
<tr><td colspan="4">翻斗式雨量计</td></tr>
<tr><td>雨量计编号</td><td>分辨率/mm</td><td>雨强/(mm/min)</td><td>相对误差/%</td></tr>
<tr><td rowspan="3">13</td><td rowspan="3">0.5</td><td>4.0</td><td>−2.0</td></tr>
<tr><td>2.0</td><td>0.0</td></tr>
<tr><td>0.4</td><td>2.0</td></tr>
</table>

续表

站　　名	泗源沟	日　　期	2015年10月16日
翻斗式雨量计			
雨量计编号	分辨率/mm	雨强/(mm/min)	相对误差/%
		4.0	
		2.0	
		0.4	
翻斗式雨量计			
雨量计编号	分辨率/mm	雨强/(mm/min)	相对误差/%
		4.0	
		2.0	
		0.4	
虹吸式及其他类型雨量计			
雨量计编号	雨量记录值/mm	雨强/(mm/min)	相对误差/%
虹吸式及其他类型雨量计			
雨量计编号	雨量记录值/mm	雨强/(mm/min)	相对误差/%
		4.0	
		2.0	
		0.4	

检测：丁昌言　　　　校核：朱其林　　　　日期：2015年10月16日

表8.78　　雨量计测量精度检测记录表

站　　名	大　　仪	日　　期	2015年10月16日
翻斗式雨量计			
雨量计编号	分辨率/mm	雨强/(mm/min)	相对误差/%
14	0.5	4.0	−1.0
		2.0	1.0
		0.4	2.0
翻斗式雨量计			
雨量计编号	分辨率/mm	雨强/(mm/min)	相对误差/%
		4.0	
		2.0	
		0.4	

续表

站　　名	大　　仪	日　　期	2015年10月16日
翻斗式雨量计			
雨量计编号	分辨率/mm	雨强/(mm/min)	相对误差/%
		4.0	
		2.0	
		0.4	
虹吸式及其他类型雨量计			
雨量计编号	雨量记录值/mm	雨强/(mm/min)	相对误差/%
虹吸式及其他类型雨量计			
雨量计编号	雨量记录值/mm	雨强/(mm/min)	相对误差/%
		4.0	
		2.0	
		0.4	

检测：丁昌言　　　　校核：朱其林　　　　日期：2015年10月16日

表8.79　　雨量计测量精度检测记录表

站　　名	岗板头	日　　期	2015年10月16日
翻斗式雨量计			
雨量计编号	分辨率/mm	雨强/(mm/min)	相对误差/%
15	0.5	4.0	−1.0
		2.0	1.0
		0.4	0.0
翻斗式雨量计			
雨量计编号	分辨率/mm	雨强/(mm/min)	相对误差/%
		4.0	
		2.0	
		0.4	
翻斗式雨量计			
雨量计编号	分辨率/mm	雨强/(mm/min)	相对误差/%
		4.0	
		2.0	
		0.4	

续表

站　　名	岗板头	日　　期	2015年10月16日
虹吸式及其他类型雨量计			
雨量计编号	雨量记录值/mm	雨强/(mm/min)	相对误差/%
虹吸式及其他类型雨量计			
雨量计编号	雨量记录值/mm	雨强/(mm/min)	相对误差/%
		4.0	
		2.0	
		0.4	

检测：丁昌言　　　　校核：朱其林　　　　日期：2015年10月16日

表8.80　　雨量计测量精度检测记录表

站　　名	公　　道	日　　期	2015年10月17日
翻斗式雨量计			
雨量计编号	分辨率/mm	雨强/(mm/min)	相对误差/%
16	0.5	4.0	−2.0
		2.0	0.0
		0.4	1.0
翻斗式雨量计			
雨量计编号	分辨率/mm	雨强/(mm/min)	相对误差/%
		4.0	
		2.0	
		0.4	
翻斗式雨量计			
雨量计编号	分辨率/mm	雨强/(mm/min)	相对误差/%
		4.0	
		2.0	
		0.4	
虹吸式及其他类型雨量计			
雨量计编号	雨量记录值/mm	雨强/(mm/min)	相对误差/%

续表

站　名	公　道	日　期	2015年10月17日
虹吸式及其他类型雨量计			
雨量计编号	雨量记录值/mm	雨强/(mm/min)	相对误差/%
		4.0	
		2.0	
		0.4	

检测：丁昌言　　校核：朱其林　　日期：2015年10月17日

表8.81　雨量计测量精度检测记录表

站　名	宝　应	日　期	2015年10月18日
翻斗式雨量计			
雨量计编号	分辨率/mm	雨强/(mm/min)	相对误差/%
17	0.5	4.0	−1.0
		2.0	0.0
		0.4	1.0
翻斗式雨量计			
雨量计编号	分辨率/mm	雨强/(mm/min)	相对误差/%
		4.0	
		2.0	
		0.4	
翻斗式雨量计			
雨量计编号	分辨率/mm	雨强/(mm/min)	相对误差/%
		4.0	
		2.0	
		0.4	
虹吸式及其他类型雨量计			
雨量计编号	雨量记录值/mm	雨强/(mm/min)	相对误差/%
虹吸式及其他类型雨量计			
雨量计编号	雨量记录值/mm	雨强/(mm/min)	相对误差/%
		4.0	
		2.0	
		0.4	

检测：丁昌言　　校核：薛　军　　日期：2015年10月18日

表 8.82　　雨量计测量精度检测记录表

站　　名	陆　　庄	日　　期	2015年10月18日
翻斗式雨量计			
雨量计编号	分辨率/mm	雨强/(mm/min)	相对误差/%
18	0.5	4.0	−2.0
		2.0	−1.0
		0.4	−1.0
翻斗式雨量计			
雨量计编号	分辨率/mm	雨强/(mm/min)	相对误差/%
		4.0	
		2.0	
		0.4	
翻斗式雨量计			
雨量计编号	分辨率/mm	雨强/(mm/min)	相对误差/%
		4.0	
		2.0	
		0.4	
虹吸式及其他类型雨量计			
雨量计编号	雨量记录值/mm	雨强/(mm/min)	相对误差/%
虹吸式及其他类型雨量计			
雨量计编号	雨量记录值/mm	雨强/(mm/min)	相对误差/%
		4.0	
		2.0	
		0.4	

检测：丁昌言　　　　校核：薛　军　　　　日期：2015年10月18日

表 8.83　　雨量计测量精度检测记录表

站　　名	刘　　集	日　　期	2015年10月19日
翻斗式雨量计			
雨量计编号	分辨率/mm	雨强/(mm/min)	相对误差/%
19	0.5	4.0	0.0
		2.0	1.0
		0.4	2.0

续表

站　　名	刘　　集	日　　期	2015年10月19日
翻斗式雨量计			
雨量计编号	分辨率/mm	雨强/(mm/min)	相对误差/%
		4.0	
		2.0	
		0.4	
翻斗式雨量计			
雨量计编号	分辨率/mm	雨强/(mm/min)	相对误差/%
		4.0	
		2.0	
		0.4	
虹吸式及其他类型雨量计			
雨量计编号	雨量记录值/mm	雨强/(mm/min)	相对误差/%
虹吸式及其他类型雨量计			
雨量计编号	雨量记录值/mm	雨强/(mm/min)	相对误差/%
		4.0	
		2.0	
		0.4	

检测：丁昌言　　　　校核：方红桃　　　　日期：2015年10月19日

表8.84　　雨量计测量精度检测记录表

站　　名	沙河水库	日　　期	2016年3月18日
翻斗式雨量计			
雨量计编号	分辨率/mm	雨强/(mm/min)	相对误差/%
20		4.0	
		2.0	
		0.4	
翻斗式雨量计			
雨量计编号	分辨率/mm	雨强/(mm/min)	相对误差/%
		4.0	
		2.0	
		0.4	

续表

站　　名	沙河水库	日　　期	2016 年 3 月 18 日
翻 斗 式 雨 量 计			
雨量计编号	分辨率/mm	雨强/(mm/min)	相对误差/%
		4.0	
		2.0	
		0.4	
虹吸式及其他类型雨量计			
雨量计编号	雨量记录值/mm	雨强/(mm/min)	相对误差/%
		4.0	
		2.0	
		0.4	
虹吸式及其他类型雨量计			
雨量计编号	雨量记录值/mm	雨强/(mm/min)	相对误差/%
Pluvio2 200		4.0	−0.43
		2.0	−0.81
		0.4	−1.11

检测：丁昌言　　　　校核：高　成　　　　日期：2016 年 3 月 18 日

表 8.85　　雨量计测量精度检测记录表

站　　名	黄　桥	日　　期	2016 年 10 月 19 日
翻 斗 式 雨 量 计			
雨量计编号	分辨率/mm	雨强/(mm/min)	相对误差/%
21		4.0	
		2.0	
		0.4	
翻 斗 式 雨 量 计			
雨量计编号	分辨率/mm	雨强/(mm/min)	相对误差/%
		4.0	
		2.0	
		0.4	
翻 斗 式 雨 量 计			
雨量计编号	分辨率/mm	雨强/(mm/min)	相对误差/%
		4.0	
		2.0	
		0.4	

续表

站　　名	黄　桥	日　　期	2016年10月19日
虹吸式及其他类型雨量计			
雨量计编号	雨量记录值/mm	雨强/(mm/min)	相对误差/%
		4.0	
		2.0	
		0.4	
虹吸式及其他类型雨量计			
雨量计编号	雨量记录值/mm	雨强/(mm/min)	相对误差/%
Pluvio2 200		4.0	−0.47
		2.0	−0.81
		0.4	−1.11

检测：丁昌言　　　　校核：高　成　　　　日期：2016年10月19日

表8.86　　雨量计测量精度检测记录表

站　　名	高　　邮	日　　期	2016年10月10日
翻斗式雨量计			
雨量计编号	分辨率/mm	雨强/(mm/min)	相对误差/%
1	0.5	4.0	−1.5
		2.0	0.3
		0.4	2.2
翻斗式雨量计			
雨量计编号	分辨率/mm	雨强/(mm/min)	相对误差/%
1′	0.2	4.0	−2.7
		2.0	
		0.4	5.3
翻斗式雨量计			
雨量计编号	分辨率/mm	雨强/(mm/min)	相对误差/%
		4.0	
		2.0	
		0.4	
虹吸式及其他类型雨量计			
雨量计编号	雨量记录值/mm	雨强/(mm/min)	相对误差/%
1″		4.0	−0.8
		2.0	0.5
		0.4	0.4

续表

站　　名	高　　邮	日　　期	2016年10月10日
虹吸式及其他类型雨量计			
雨量计编号	雨量记录值/mm	雨强/(mm/min)	相对误差/%
		4.0	
		2.0	
		0.4	

检测：金　成　　　　校核：丁昌言　　　　日期：2016年10月10日

表 8.87　　雨量计测量精度检测记录表

站　　名	岗板头	日　　期	2016年10月10日
翻斗式雨量计			
雨量计编号	分辨率/mm	雨强/(mm/min)	相对误差/%
2	0.5	4.0	−1.0
		2.0	1.5
		0.4	1.2
翻斗式雨量计			
雨量计编号	分辨率/mm	雨强/(mm/min)	相对误差/%
		4.0	
		2.0	
		0.4	
翻斗式雨量计			
雨量计编号	分辨率/mm	雨强/(mm/min)	相对误差/%
		4.0	
		2.0	
		0.4	
虹吸式及其他类型雨量计			
雨量计编号	雨量记录值/mm	雨强/(mm/min)	相对误差/%
		4.0	
		2.0	
		0.4	
虹吸式及其他类型雨量计			
雨量计编号	雨量记录值/mm	雨强/(mm/min)	相对误差/%
		4.0	
		2.0	
		0.4	

检测：金　成　　　　校核：丁昌言　　　　日期：2016年10月10日

表 8.88　雨量计测量精度检测记录表

站　名	临　泽	日　期	2016年10月11日
翻斗式雨量计			
雨量计编号	分辨率/mm	雨强/(mm/min)	相对误差/%
3	0.5	4.0	−1.3
		2.0	0.6
		0.4	0.7
翻斗式雨量计			
雨量计编号	分辨率/mm	雨强/(mm/min)	相对误差/%
		4.0	
		2.0	
		0.4	
翻斗式雨量计			
雨量计编号	分辨率/mm	雨强/(mm/min)	相对误差/%
		4.0	
		2.0	
		0.4	
虹吸式及其他类型雨量计			
雨量计编号	雨量记录值/mm	雨强/(mm/min)	相对误差/%
		4.0	
		2.0	
		0.4	
虹吸式及其他类型雨量计			
雨量计编号	雨量记录值/mm	雨强/(mm/min)	相对误差/%
		4.0	
		2.0	
		0.4	

检测：金　成　　　　校核：丁昌言　　　　日期：2016年10月11日

表 8.89　雨量计测量精度检测记录表

站　名	吴　堡	日　期	2016年10月11日
翻斗式雨量计			
雨量计编号	分辨率/mm	雨强/(mm/min)	相对误差/%
4	0.5	4.0	−2.1
		2.0	1.6
		0.4	−0.3

续表

站　名	吴　堡	日　期	2016年10月11日
翻斗式雨量计			
雨量计编号	分辨率/mm	雨强/(mm/min)	相对误差/%
		4.0	
		2.0	
		0.4	
翻斗式雨量计			
雨量计编号	分辨率/mm	雨强/(mm/min)	相对误差/%
		4.0	
		2.0	
		0.4	
虹吸式及其他类型雨量计			
雨量计编号	雨量记录值/mm	雨强/(mm/min)	相对误差/%
		4.0	
		2.0	
		0.4	
虹吸式及其他类型雨量计			
雨量计编号	雨量记录值/mm	雨强/(mm/min)	相对误差/%
		4.0	
		2.0	
		0.4	

检测：金　成　　　　校核：丁昌言　　　　日期：2016年10月11日

表 8.90　　雨量计测量精度检测记录表

站　名	界　首	日　期	2016年10月11日
翻斗式雨量计			
雨量计编号	分辨率/mm	雨强/(mm/min)	相对误差/%
5	0.5	4.0	-1.5
		2.0	0.6
		0.4	0.6
翻斗式雨量计			
雨量计编号	分辨率/mm	雨强/(mm/min)	相对误差/%
		4.0	
		2.0	
		0.4	

续表

站　　名	界　　首	日　　期	2016年10月11日
翻斗式雨量计			
雨量计编号	分辨率/mm	雨强/(mm/min)	相对误差/%
		4.0	
		2.0	
		0.4	
虹吸式及其他类型雨量计			
雨量计编号	雨量记录值/mm	雨强/(mm/min)	相对误差/%
		4.0	
		2.0	
		0.4	
虹吸式及其他类型雨量计			
雨量计编号	雨量记录值/mm	雨强/(mm/min)	相对误差/%
		4.0	
		2.0	
		0.4	

检测：金　成　　　　校核：丁昌言　　　　日期：2016年10月11日

表8.91　　雨量计测量精度检测记录表

站　　名	瓜　　洲	日　　期	2016年10月13日
翻斗式雨量计			
雨量计编号	分辨率/mm	雨强/(mm/min)	相对误差/%
6	0.5	4.0	−1.9
		2.0	−0.8
		0.4	2.0
翻斗式雨量计			
雨量计编号	分辨率/mm	雨强/(mm/min)	相对误差/%
		4.0	
		2.0	
		0.4	
翻斗式雨量计			
雨量计编号	分辨率/mm	雨强/(mm/min)	相对误差/%
		4.0	
		2.0	
		0.4	

续表

站　　名	瓜　　洲	日　　期	2016年10月13日
虹吸式及其他类型雨量计			
雨量计编号	雨量记录值/mm	雨强/(mm/min)	相对误差/%
		4.0	
		2.0	
		0.4	
虹吸式及其他类型雨量计			
雨量计编号	雨量记录值/mm	雨强/(mm/min)	相对误差/%
		4.0	
		2.0	
		0.4	

检测：金　成　　　　校核：丁昌言　　　　日期：2016年10月13日

表8.92　　雨量计测量精度检测记录表

站　　名	泗源沟闸	日　　期	2016年10月13日
翻斗式雨量计			
雨量计编号	分辨率/mm	雨强/(mm/min)	相对误差/%
7	0.5	4.0	−0.8
		2.0	−0.6
		0.4	0.5
翻斗式雨量计			
雨量计编号	分辨率/mm	雨强/(mm/min)	相对误差/%
		4.0	
		2.0	
		0.4	
翻斗式雨量计			
雨量计编号	分辨率/mm	雨强/(mm/min)	相对误差/%
		4.0	
		2.0	
		0.4	
虹吸式及其他类型雨量计			
雨量计编号	雨量记录值/mm	雨强/(mm/min)	相对误差/%
		4.0	
		2.0	
		0.4	

续表

站　　名	泗源沟闸	日　　期	2016年10月13日
虹吸式及其他类型雨量计			
雨量计编号	雨量记录值/mm	雨强/(mm/min)	相对误差/%
		4.0	
		2.0	
		0.4	

检测：金　成　　　　校核：丁昌言　　　　日期：2016年10月13日

表8.93　　雨量计测量精度检测记录表

站　　名	月塘水库	日　　期	2016年10月13日
翻斗式雨量计			
雨量计编号	分辨率/mm	雨强/(mm/min)	相对误差/%
8		4.0	−2.1
		2.0	0.1
		0.4	2.4
翻斗式雨量计			
雨量计编号	分辨率/mm	雨强/(mm/min)	相对误差/%
		4.0	
		2.0	
		0.4	
翻斗式雨量计			
雨量计编号	分辨率/mm	雨强/(mm/min)	相对误差/%
		4.0	
		2.0	
		0.4	
虹吸式及其他类型雨量计			
雨量计编号	雨量记录值/mm	雨强/(mm/min)	相对误差/%
		4.0	
		2.0	
		0.4	
虹吸式及其他类型雨量计			
雨量计编号	雨量记录值/mm	雨强/(mm/min)	相对误差/%
		4.0	
		2.0	
		0.4	

检测：金　成　　　　校核：丁昌言　　　　日期：2016年10月13日

表 8.94 **雨量计测量精度检测记录表**

站　　名	大　　仪	日　　期	2016年10月13日
翻斗式雨量计			
雨量计编号	分辨率/mm	雨强/(mm/min)	相对误差/%
9	0.5	4.0	−1.6
		2.0	0.2
		0.4	1.8
翻斗式雨量计			
雨量计编号	分辨率/mm	雨强/(mm/min)	相对误差/%
		4.0	
		2.0	
		0.4	
翻斗式雨量计			
雨量计编号	分辨率/mm	雨强/(mm/min)	相对误差/%
		4.0	
		2.0	
		0.4	
虹吸式及其他类型雨量计			
雨量计编号	雨量记录值/mm	雨强/(mm/min)	相对误差/%
		4.0	
		2.0	
		0.4	
虹吸式及其他类型雨量计			
雨量计编号	雨量记录值/mm	雨强/(mm/min)	相对误差/%
		4.0	
		2.0	
		0.4	

检测：金　成　　　　校核：丁昌言　　　　日期：2016年10月13日

表 8.95 **雨量计测量精度检测记录表**

站　　名	公　　道	日　　期	2016年11月2日
翻斗式雨量计			
雨量计编号	分辨率/mm	雨强/(mm/min)	相对误差/%
10	0.5	4.0	−1.4
		2.0	0.6
		0.4	

续表

站　名	公　道	日　期	2016年11月2日
翻斗式雨量计			
雨量计编号	分辨率/mm	雨强/(mm/min)	相对误差/%
		4.0	
		2.0	
		0.4	
翻斗式雨量计			
雨量计编号	分辨率/mm	雨强/(mm/min)	相对误差/%
		4.0	
		2.0	
		0.4	
虹吸式及其他类型雨量计			
雨量计编号	雨量记录值/mm	雨强/(mm/min)	相对误差/%
		4.0	
		2.0	
		0.4	
虹吸式及其他类型雨量计			
雨量计编号	雨量记录值/mm	雨强/(mm/min)	相对误差/%
		4.0	
		2.0	
		0.4	

检测：金　成　　　　校核：丁昌言　　　　日期：2016年11月2日

表8.96　　雨量计测量精度检测记录表

站　名	刘　集	日　期	2016年10月14日
翻斗式雨量计			
雨量计编号	分辨率/mm	雨强/(mm/min)	相对误差/%
11	0.5	4.0	−2.1
		2.0	0.6
		0.4	1.8
翻斗式雨量计			
雨量计编号	分辨率/mm	雨强/(mm/min)	相对误差/%
		4.0	
		2.0	
		0.4	

续表

站　　名	刘　　集	日　　期	2016年10月14日
翻斗式雨量计			
雨量计编号	分辨率/mm	雨强/(mm/min)	相对误差/%
		4.0	
		2.0	
		0.4	
虹吸式及其他类型雨量计			
雨量计编号	雨量记录值/mm	雨强/(mm/min)	相对误差/%
		4.0	
		2.0	
		0.4	
虹吸式及其他类型雨量计			
雨量计编号	雨量记录值/mm	雨强/(mm/min)	相对误差/%
		4.0	
		2.0	
		0.4	

检测：金　成　　　　校核：丁昌言　　　　日期：2016年10月14日

表8.97　　雨量计测量精度检测记录表

站　　名	鲁　　垛	日　　期	2016年11月1日
翻斗式雨量计			
雨量计编号	分辨率/mm	雨强/(mm/min)	相对误差/%
12	0.5	4.0	−1.7
		2.0	−0.1
		0.4	2.1
翻斗式雨量计			
雨量计编号	分辨率/mm	雨强/(mm/min)	相对误差/%
		4.0	
		2.0	
		0.4	
翻斗式雨量计			
雨量计编号	分辨率/mm	雨强/(mm/min)	相对误差/%
		4.0	
		2.0	
		0.4	

续表

站名	鲁垛	日期	2016年11月1日
虹吸式及其他类型雨量计			
雨量计编号	雨量记录值/mm	雨强/(mm/min)	相对误差/%
		4.0	
		2.0	
		0.4	
虹吸式及其他类型雨量计			
雨量计编号	雨量记录值/mm	雨强/(mm/min)	相对误差/%
		4.0	
		2.0	
		0.4	

检测：金　成　　　　校核：丁昌言　　　　日期：2016年11月1日

表8.98　　雨量计测量精度检测记录表

站名	射阳镇	日期	2016年11月1日
翻斗式雨量计			
雨量计编号	分辨率/mm	雨强/(mm/min)	相对误差/%
13		4.0	−2.5
		2.0	0.2
		0.4	0.9
翻斗式雨量计			
雨量计编号	分辨率/mm	雨强/(mm/min)	相对误差/%
		4.0	
		2.0	
		0.4	
翻斗式雨量计			
雨量计编号	分辨率/mm	雨强/(mm/min)	相对误差/%
		4.0	
		2.0	
		0.4	
虹吸式及其他类型雨量计			
雨量计编号	雨量记录值/mm	雨强/(mm/min)	相对误差/%
		4.0	
		2.0	
		0.4	

续表

站　　名	射阳镇	日　　期	2016年11月1日
虹吸式及其他类型雨量计			
雨量计编号	雨量记录值/mm	雨强/(mm/min)	相对误差/%
		4.0	
		2.0	
		0.4	

检测：金　成　　　　校核：丁昌言　　　　日期：2016年11月1日

表8.99　　雨量计测量精度检测记录表

站　　名	西安丰	日　　期	2016年11月1日
翻斗式雨量计			
雨量计编号	分辨率/mm	雨强/(mm/min)	相对误差/%
14		4.0	−2.2
		2.0	0.5
		0.4	1.0
翻斗式雨量计			
雨量计编号	分辨率/mm	雨强/(mm/min)	相对误差/%
		4.0	
		2.0	
		0.4	
翻斗式雨量计			
雨量计编号	分辨率/mm	雨强/(mm/min)	相对误差/%
		4.0	
		2.0	
		0.4	
虹吸式及其他类型雨量计			
雨量计编号	雨量记录值/mm	雨强/(mm/min)	相对误差/%
		4.0	
		2.0	
		0.4	
虹吸式及其他类型雨量计			
雨量计编号	雨量记录值/mm	雨强/(mm/min)	相对误差/%
		4.0	
		2.0	
		0.4	

检测：金　成　　　　校核：丁昌言　　　　日期：2016年11月1日

表 8.100　　雨量计测量精度检测记录表

站　　名	陆　　庄	日　　期	2016年11月1日
翻斗式雨量计			
雨量计编号	分辨率/mm	雨强/(mm/min)	相对误差/%
15	0.5	4.0	−1.9
		2.0	0.3
		0.4	−1.6
翻斗式雨量计			
雨量计编号	分辨率/mm	雨强/(mm/min)	相对误差/%
		4.0	
		2.0	
		0.4	
翻斗式雨量计			
雨量计编号	分辨率/mm	雨强/(mm/min)	相对误差/%
		4.0	
		2.0	
		0.4	
虹吸式及其他类型雨量计			
雨量计编号	雨量记录值/mm	雨强/(mm/min)	相对误差/%
		4.0	
		2.0	
		0.4	
虹吸式及其他类型雨量计			
雨量计编号	雨量记录值/mm	雨强/(mm/min)	相对误差/%
		4.0	
		2.0	
		0.4	

检测：金　成　　　　校核：丁昌言　　　　日期：2016年11月1日

表 8.101　　雨量计测量精度检测记录表

站　　名	宝　　应	日　　期	2016年11月2日
翻斗式雨量计			
雨量计编号	分辨率/mm	雨强/(mm/min)	相对误差/%
16	0.5	4.0	−1.3
		2.0	0.6
		0.4	2.1

续表

站　名	宝　应	日　期	2016年11月2日
翻斗式雨量计			
雨量计编号	分辨率/mm	雨强/(mm/min)	相对误差/%
		4.0	
		2.0	
		0.4	
翻斗式雨量计			
雨量计编号	分辨率/mm	雨强/(mm/min)	相对误差/%
		4.0	
		2.0	
		0.4	
虹吸式及其他类型雨量计			
雨量计编号	雨量记录值/mm	雨强/(mm/min)	相对误差/%
		4.0	
		2.0	
		0.4	
虹吸式及其他类型雨量计			
雨量计编号	雨量记录值/mm	雨强/(mm/min)	相对误差/%
		4.0	
		2.0	
		0.4	

检测：金　成　　　　校核：丁昌言　　　　日期：2016年11月2日

表8.102　　雨量计测量精度检测记录表

站　名	樊　川	日　期	2016年11月2日
翻斗式雨量计			
雨量计编号	分辨率/mm	雨强/(mm/min)	相对误差/%
17	0.5	4.0	−2.8
		2.0	0.1
		0.4	4.4
翻斗式雨量计			
雨量计编号	分辨率/mm	雨强/(mm/min)	相对误差/%
		4.0	
		2.0	
		0.4	

续表

站　　名	樊　　川	日　　期	2016年11月2日
翻斗式雨量计			
雨量计编号	分辨率/mm	雨强/(mm/min)	相对误差/%
		4.0	
		2.0	
		0.4	
虹吸式及其他类型雨量计			
雨量计编号	雨量记录值/mm	雨强/(mm/min)	相对误差/%
		4.0	
		2.0	
		0.4	
虹吸式及其他类型雨量计			
雨量计编号	雨量记录值/mm	雨强/(mm/min)	相对误差/%
		4.0	
		2.0	
		0.4	

检测：金　成　　　　校核：丁昌言　　　　日期：2016年11月2日

表 8.103　　雨量计测量精度检测记录表

站　　名	邵　　伯	日　　期	2016年11月4/14日
翻斗式雨量计			
雨量计编号	分辨率/mm	雨强/(mm/min)	相对误差/%
18	0.5	4.0	−1.9
		2.0	−0.4
		0.4	0.5
翻斗式雨量计			
雨量计编号	分辨率/mm	雨强/(mm/min)	相对误差/%
		4.0	
		2.0	
		0.4	
翻斗式雨量计			
雨量计编号	分辨率/mm	雨强/(mm/min)	相对误差/%
		4.0	
		2.0	
		0.4	

续表

站　　名	邵　　伯	日　　期	2016年11月4/14日
虹吸式及其他类型雨量计			
雨量计编号	雨量记录值/mm	雨强/(mm/min)	相对误差/%
		4.0	
		2.0	
		0.4	
虹吸式及其他类型雨量计			
雨量计编号	雨量记录值/mm	雨强/(mm/min)	相对误差/%
Pluvio^2 200		4.0	−0.81
		2.0	−0.47
		0.4	−0.43

检测：金　成　　　　校核：丁昌言　　　　日期：2016年11月14日

表 8.104　　雨量计测量精度检测记录表

站　　名	三江营	日　　期	2016年11月3日
翻斗式雨量计			
雨量计编号	分辨率/mm	雨强/(mm/min)	相对误差/%
19		4.0	−3.7
		2.0	0.1
		0.4	0.3
翻斗式雨量计			
雨量计编号	分辨率/mm	雨强/(mm/min)	相对误差/%
		4.0	
		2.0	
		0.4	
翻斗式雨量计			
雨量计编号	分辨率/mm	雨强/(mm/min)	相对误差/%
		4.0	
		2.0	
		0.4	
虹吸式及其他类型雨量计			
雨量计编号	雨量记录值/mm	雨强/(mm/min)	相对误差/%
		4.0	
		2.0	
		0.4	

续表

站　名	三江营	日　期	2016年11月3日
虹吸式及其他类型雨量计			
雨量计编号	雨量记录值/mm	雨强/(mm/min)	相对误差/%
		4.0	
		2.0	
		0.4	

检测：金　成　　　　校核：丁昌言　　　　日期：2016年11月3日

表8.105　　雨量计测量精度检测记录表

站　名	扬　州	日　期	2016年11月3日
翻斗式雨量计			
雨量计编号	分辨率/mm	雨强/(mm/min)	相对误差/%
20	0.5	4.0	−2.1
		2.0	−0.7
		0.4	1.0
翻斗式雨量计			
雨量计编号	分辨率/mm	雨强/(mm/min)	相对误差/%
		4.0	
		2.0	
		0.4	
翻斗式雨量计			
雨量计编号	分辨率/mm	雨强/(mm/min)	相对误差/%
		4.0	
		2.0	
		0.4	
虹吸式及其他类型雨量计			
雨量计编号	雨量记录值/mm	雨强/(mm/min)	相对误差/%
		4.0	
		2.0	
		0.4	
虹吸式及其他类型雨量计			
雨量计编号	雨量记录值/mm	雨强/(mm/min)	相对误差/%
		4.0	
		2.0	
		0.4	

检测：金　成　　　　校核：丁昌言　　　　日期：2016年11月3日

附录A 《翻斗式雨量计》[JJG（水利 005—2017）]（部分）

5.10.1 范围

本规程适用于翻斗式雨量计传感器部分的首次检定、后续检定和使用中检查。

5.10.2 引用文件

本规程引用下列文件。

《通用计量术语及定义》（JJF 1001—2011）

《水文仪器术语及符号》（GB/T 19677—2005）

《降水量观测仪器 第2部分：翻斗式雨量传感器》（GB/T 21978.2—2014）

凡是注日期的引用文件，仅注日期的版本适用于本规程；凡是不注日期的引用文件，其最新版本（包括所有的修改单）适用于本规程。

5.10.3 术语和计量单位

5.10.3.1 术语

JJF 1001—2011、GB/T 19677—2005 和 GB/T 21978.2—2014 界定的术语和定义适用于本规程。

5.10.3.2 计量单位

降水量的计量单位为 mm；降雨强度（以下简称雨强）的计量单位为 mm/min。

5.10.4 概述

5.10.4.1 工作原理

雨水通过承雨口部件落入接水漏斗，经漏斗流入翻斗，当雨水达到一定量时，翻斗发生翻转，翻斗每翻转一次，传感器发信元器件输出一次可以计量的物理量信号，翻斗翻转数与降水量有确定的对应关系。

5.10.4.2 构造和用途

翻斗式雨量传感器主要包括外壳、接水漏斗、翻斗、发信元器件等部分，其中翻斗部分可分为单翻斗、双翻斗和多翻斗等类型，用于降水量观测。单翻斗雨量传感器的内部结构示意图见图1。

5.10.5 计量性能要求

5.10.5.1 雨强测量范围

翻斗式雨量传感器的雨强测量范围为 0～4mm/min。

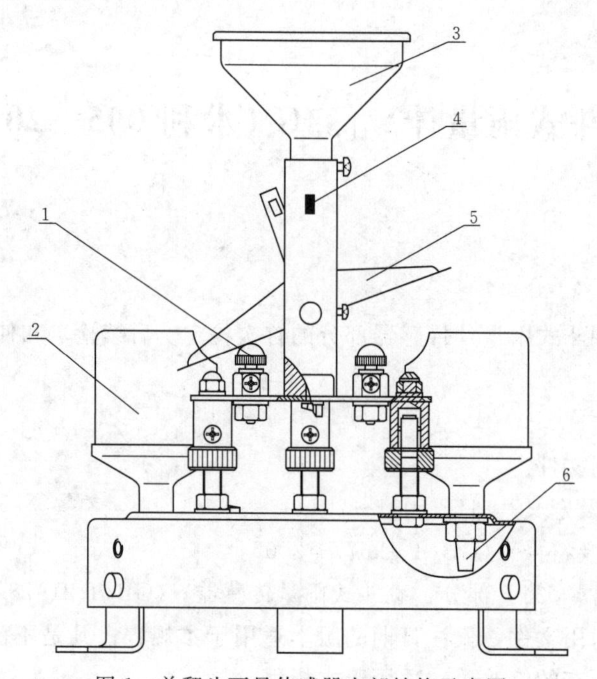

图1 单翻斗雨量传感器内部结构示意图

1—调节螺钉；2—挡水墙；3—接水漏斗；4—发信元器件；5—翻斗；6—出水口

5.10.5.2 分辨力

分辨力可分为0.1mm、0.2mm、0.5mm、1.0mm。

5.10.5.3 承雨口

5.10.5.3.1 内径尺寸应为2000mm+0.60mm。

5.10.5.3.2 刃口角度应在40°～45°范围内。

5.10.5.3.3 内壁深度应不小于100mm。

5.10.5.4 翻斗计量误差

翻斗式雨量传感器的准确度等级按其翻斗计量误差大小分为1级、2级和3级，翻斗计量误差应不超出表1的要求。

表1 **翻斗计量误差**

准确度等级	最大允许误差/%	准确度等级	最大允许误差/%
1	±2	3	±4
2	±3		

注 雨强范围为0.01～4.0mm/min。

5.10.5.5 重复性

翻斗计量误差的重复性应不大于0.4%。

5.10.6 通用技术要求

5.10.6.1 外观

5.10.6.1.1 新制造的成品零部件加工表面不应有影响外观质量的损伤、沟痕和锈蚀等缺陷。

5.10.6.1.2 应有防堵、防虫、防风吹抖动措施。

5.10.6.1.3 各零部件的安装应牢固，不应有松脱、变形等现象。

5.10.6.1.4 翻斗部件应转动灵活，无阻滞现象，斗室不得有渗漏水等现象，翻斗应清洁无油污。

5.10.6.2 标记

5.10.6.2.1 应标有仪器名称、型号、厂名、出厂编号及出厂日期等信息。

5.10.6.2.2 经过检定后，应有检定标记。标记信息应包括仪器编号、检定日期、检定有效期、准确度等级等。

5.10.7 允许缺陷限制

后续检定和使用中检查的雨量传感器，允许有不影响仪器计量精度的有关缺陷。

5.10.8 计量器具控制

计量器具控制包括首次检定、后续检定和使用中检查。首次检定是对未检定过的雨量传感器进行的检定。后续检定是在首次检定后的任何一种周期检定，修理后的雨量传感器原则上宜按首次检定进行。使用中检查是指在检定周期内根据需要对正在使用中的雨量传感器所进行的检查；主要检查雨量传感器的检定标记或检定证书是否有效、保护标记是否损坏、检定后是否发生明显变动、其误差是否超过最大允许误差。

5.10.8.1 检定条件

5.10.8.1.1 检定设备

5.10.8.1.1.1 雨量传感器实验室检定装置

5.10.8.1.1.1.1 注入法检定设备

应能模拟大、中、小雨强，向被检雨量传感器恒速注入清水，并自动记录注入水量、翻斗翻转次数和历时。

模拟雨强范围为 0～6mm/min，应稳定并可调；计时分辨力不大于 1s；注入水量最大允许误差绝对值应不大于 0.3%。

注：大雨强可设定为 3.8～4.2mm/min，中雨强可设定为 1.5～2.5mm/min，小雨强可设定为 0.3～0.5mm/min，以下同。

5.10.8.1.1.1.2 自身排水量法检定设备

应能模拟大、中、小雨强，向被检雨量传感器匀速注入清水，计数器记录翻斗翻转次数，计时器（或秒表）计时，用电子天平称重排出水量。

模拟雨强范围为 0～6mm/min，并可调；计时分辨力不大于 1s；电子天平最大称量不小于 3000g，分度值不大于 0.1g。

5.10.8.1.1.2 雨量传感器现场检定装置

应能模拟大、中、小雨强，向被检雨量传感器恒速注入清水，并自动记录注入水量、翻斗翻转次数和历时，且便于携带。

模拟雨强范围为 0～6mm/min，应稳定并可调；计时分辨力不大于 1s；注入水量最大允许误差绝对值应不大于0.5%，电源连续工作时间应不小于4h。

5.10.8.1.1.3 游标卡尺

测量范围0～250mm，分度值不大于0.02mm。

5.10.8.1.1.4 万能角度尺

测量范围0°～360°，分度值不大于2′。

5.10.8.1.1.5 钢直尺

测量范围0～150mm，分度值不大于1mm。

5.10.8.1.2 检定气候环境条件

温度：5～45℃。

湿度：40%～95%RH。

风力：不大于2级（室外卸除外壳检定时）。

5.10.8.1.3 检定用水

应采用清洁水。

5.10.8.1.4 其他要求

检定测试中途不得对被检定雨量传感器进行调整。

5.10.8.2 检定项目

首次检定、后续检定和使用中检查的检定项目见表2。

表2 **检定项目一览表**

检定项目	首次检定	后续检定	使用中检查
外观	+	+	+
标记	+	+	+
雨强测量范围	+	+	－
分辨力	+	+	－
承雨口内径尺寸	+	+	－
承雨口刃口角度	+	－	－
承雨口内壁深度	+	－	－
翻斗计量误差	+	+	+
重复性	+	－	－

注 “+”为需检定的项目；“－”为不需检定的项目。

5.10.8.3 检定方法

5.10.8.3.1 外观

目测检查，应满足5.10.6.1的要求。

5.10.8.3.2 标记

目测检查，应满足5.10.6.2的要求。

5.10.8.3.3 雨强测量范围

结合翻斗计量误差检定方法，应满足5.10.5.1的要求。

5.10.8.3.4 分辨力

结合翻斗计量误差检定方法，应满足 5.10.5.2 的要求。

5.10.8.3.5 承雨口内径尺寸

均匀选取承雨口 6 个不同方向，用游标卡尺进行测量，均应满足 5.10.5.3.1 的要求。

5.10.8.3.6 承雨口刃口角度

均匀选取承雨口 4 个点，用万能角度尺进行测量，均应满足 5.10.5.3.2 的要求。

5.10.8.3.7 承雨口内壁深度

均匀选取承雨口 4 个点，用钢直尺进行测量，均应满足 5.10.5.3.3 的要求。

5.10.8.3.8 翻斗计量误差

5.10.8.3.8.1 实验室检定

5.10.8.3.8.1.1 注入法

检定步骤如下。

a. 对检定用设备和仪表进行必要的检查，确保其工作正常。

b. 将被检定雨量传感器安装在雨量检定试验台上，调整至水平。

c. 将被检定雨量传感器与雨量传感器检定装置连接。

d. 向被检定雨量传感器注入清水，使承雨口和翻斗的斗室过水工作表面充分湿润，清空翻斗。

e. 分别在大、中、小雨强状态下，设定雨量传感器检定装置的相关参数：被检雨量传感器编号、模拟雨强、分辨力等。

f. 启动雨量传感器检定装置，向被检雨量传感器注入清水，同时对翻斗翻转次数进行计数，当翻斗翻转至 10mm/c 次（c 为雨量传感器分辨力）时，自动停止注水，自动记录注入水量、历时，计算并显示检定结果。

5.10.8.3.8.1.2 自身排水量法

检定步骤如下。

a. 对检定用设备和仪表进行必要的检查，确保其工作正常。

b. 将被检定雨量传感器安装在雨量检定试验台上，调整至水平。

c. 将被检定雨量传感器与计数器连接，并在出水口放置盛水容器。

d. 向被检定雨量传感器注入清水，使承雨口和翻斗的斗室过水工作表面充分湿润。

e. 将计数器与计时装置清零，清空翻斗与盛水容器。

f. 分别在大、中、小雨强状态下，向被检雨量传感器注入清水，计时装置（或秒表）开始计时，同时计数器对翻斗翻转次数进行计数，当翻斗翻转至 10mm/c 次（c 为雨量传感器分辨力）时，立即停止注水，计时结束，用电子天平称重排出水量，记录历时，计算检定结果。

5.10.8.3.8.2 现场检定

检定步骤如下。

a. 对检定用设备和仪表进行必要的检查，确保其工作正常。

b. 断开被检定雨量传感器与显示记录装置的连接；将被检定雨量传感器与雨量传感器现场检定装置连接。

c. 将被检定雨量传感器与雨量传感器现场检定装置均调整至水平。

d. 向被检定雨量传感器注入清水，使承雨口和翻斗的斗室过水工作表面充分湿润；清空翻斗。

e. 分别在大、中、小雨强状态下，设定雨量传感器现场检定装置的相关参数：包括被检雨量传感器编号、模拟雨强、分辨力等。

f. 检查雨量传感器现场检定装置的水量，确保充足。

g. 启动雨量传感器检定装置，向被检雨量传感器注入清水，同时对翻斗翻转次数进行计数，当翻斗翻转至 10mm/c 次（c 为雨量传感器分辨力）时，自动停止注水，自动记录注入水量、历时，计算并显示检定结果。

5.10.8.3.9 重复性

在相同工作条件下，按 5.10.8.3.8 要求，重复操作 6 次。

5.10.8.3.10 数据处理

5.10.8.3.10.1 检定记录

检定数据的记录格式见附表。

5.10.8.3.10.2 翻斗计量误差计算

翻斗计量误差按式（1）计算，即

$$E_b = \frac{V_t - \bar{V}_a}{\bar{V}_a} \times 100\% \tag{1}$$

式中 E_b——翻斗计量误差，用百分数表示，%；

V_t——翻斗计量值，mm；

$\bar{V}_a$——实际注入（或排出）水量值，mm。

5.10.8.3.10.3 重复性计算

重复性用试验标准差表示，按式（2）计算，即

$$s = \sqrt{\frac{\sum_{i=1}^{n}(x_i - \bar{x})^2}{n-1}} \tag{2}$$

式中 s——重复性，用百分数表示，%；

x_i——第 i 次测量的翻斗计量误差；

$\bar{x}$——n 次测量翻斗计量误差的算术平均值；

n——测量次数。

5.10.8.4 检定结果的处理

经检定符合本规程要求的翻斗式雨量计，出具检定证书；检定不符合本规程要求的翻斗式雨量计，出具检定结果通知书，并注明不符合项目。

5.10.8.5 检定周期

在正常使用情况下，检定周期不宜超过两年。有下列情况时应及时检定。

a. 传感器经过维修或更换后；

b. 对计量性能产生怀疑或察觉到功能失常时。

附录B　检定测试记录表

1. 承雨口内径尺寸检定记录表

表 B.1　　承雨口内径尺寸检定记录表　　单位：mm

测　次	承雨口内径尺寸	备　注
1		
2		
3		
4		
5		
6		

注：小数点后有效数字位数均应保留 2 位。

检定：　　校核：　　日期：

2. 承雨口刃口角度检定记录表

表 B.2　　承雨口刃口角度检定记录表　　单位：(°)

测　次	承雨口刃口角度	备　注
1		
2		
3		
4		

注：刃口角度数据应记录至（′）。

检定：　　校核：　　日期：

3. 承雨口内壁深度检定记录表

表 B.3　　承雨口内壁深度检定记录表　　单位：mm

测　次	承雨口内壁深度	备　注
1		
2		
3		
4		

注：小数点后有效数字位数均应保留 1 位。

检定：　　校核：　　日期：

4. 翻斗计量误差检定记录表

表 B.4　翻斗计量误差检定记录表

样品编号：　　　　分辨力：　　mm

雨强/(mm/min)	测次	注入/排出水量/g	注入/排出水量/mm	历时/s	翻转次数	误差/%	重复性/%
	1						
	2						
	3						
	4						
	5						
	6						
	1						
	2						
	3						
	4						
	5						
	6						
	1						
	2						
	3						
	4						
	5						
	6						
最大误差							
重复性							
准确度等级							

注：1. 若注入（排出）水量为质量（g）计量单位时，应转换成降水量的计量单位（mm）。
2. 后续检定与使用中检查不需检定重复性。
3. 若为小数，其小数点后有效数字位数均应保留1位。

检定：　　　　校核：　　　　日期：

参 考 文 献

［1］ 罗国平. 水文测验［M］. 北京：中国水利水电出版社，2017.

［2］《中国水利百科全书》编委会. 中国水利百科全书［M］. 北京：中国水利水电出版社，2006.

［3］ 杨大文，杨汉波，雷慧闽. 流域水文学［M］. 北京：清华大学出版社，2014.

［4］ 朱晓原，张留柱，姚永熙. 水文测验实用手册［M］. 北京：中国水利水电出版社，2013.

［5］ 林祚顶，等. 水文现代化与水文新技术［M］. 北京：中国水利水电出版社，2008.

［6］ 水利电力部水利司. 水文测验手册（第一册）——野外工作［M］. 北京：水利电力出版社，1975.

［7］ 姚永熙. 水文仪器与水利水文自动化［M］. 南京：河海大学出版社，2001.

［8］ 中华人民共和国水利部. SL 21—2015 降水量观测规范［S］. 北京：中国水利水电出版社，2015.

［9］ 中华人民共和国水利部. SL 630—2013 水面蒸发观测规范［S］. 北京：中国水利水电出版社，2014.

［10］ 中华人民共和国水利部. GB/T 50095—2014 水文基本术语和符号标准［S］. 北京：中国计划出版社，2014.

［11］ 中华人民共和国水利部. SL 58—2014 水文测量规范［S］. 北京：中国水利水电出版社，2014.

［12］ 水利电力部水利司. 水文测验手册（第 3 册）［M］. 北京：水利电力出版社，1980.